科学新悦读文丛

计量单位进化史

从度量身体到度量宇宙

宋宁世◎著

U0234261

人民邮电出版社

北京

图书在版编目（ＣＩＰ）数据

计量单位进化史：从度量身体到度量宇宙 / 宋宁世
著. -- 北京：人民邮电出版社，2021.1
（科学新悦读文丛）
ISBN 978-7-115-53878-9

Ⅰ．①计… Ⅱ．①宋… Ⅲ．①计量单位制－历史－世
界－普及读物 Ⅳ．①TB91-091

中国版本图书馆CIP数据核字(2020)第070114号

◆ 著　　　　宋宁世
责任编辑　王朝辉
责任印制　陈　犇

◆ 人民邮电出版社出版发行　　北京市丰台区成寿寺路 11 号
邮编　100164　电子邮件　315@ptpress.com.cn
网址　https://www.ptpress.com.cn
涿州市般润文化传播有限公司印刷

◆ 开本：700×1000　1/16
印张：17.75　　　　　　　　2021 年 1 月第 1 版
字数：285 千字　　　　　　2024 年 7 月河北第 11 次印刷

定价：59.00 元

读者服务热线：(010)81055410　印装质量热线：(010)81055316
反盗版热线：(010)81055315
广告经营许可证：京东市监广登字 20170147 号

内容提要

为什么英制单位的换算这么奇怪？为什么中国古人的身高在不同朝代似乎不一样？中国古代为什么有两种"亿"？为什么质量的基本单位是"千克"而不是"克"？为什么圆周率的平方和重力加速度的值这么接近？为什么没有一个叫"爱因斯坦"的单位？为什么美国不用公制单位？为什么中国的市制单位和公制单位这么容易换算？为什么要对国际单位制进行重新定义？

本书将从历史、科学、趣味知识与工具书等多个方面，对"计量单位"这一看似无比熟悉、实际上却蕴含着无数奥秘的话题，做一个全面的介绍。书中会讲述计量单位的"前世今生"，剖析与每个人的生活息息相关的米、千克、秒背后的故事，也会把上面这些问题的答案一一道来。

通过本书，你不仅能了解人类从度量自己的身体到度量整个宇宙的计量单位进化史，也能了解许多课堂上学不到的科学"冷知识"，你会对这些从小到大使用了无数次的单位产生全新的认识。书中还提供了丰富的图表和详尽的附录，让你在阅读之余，还能在需要时查询与各式各样的单位有关的信息和资料。

我们为什么谈论"单位"

2018 年 11 月 16 日，在法国巴黎召开的第 26 届国际计量大会上，与会代表通过投票，一致通过了国际单位制的重新定义方案。2019 年 5 月 20 日起，新的定义方案正式生效。而保存在巴黎国际计量局的国际千克原器（俗称"大 K"），在这一天正式完成了其历史使命。

这个新闻在当时的科学界引起了非常大的反响，但它对平民大众的生活会有什么影响呢？除了我们的中学、大学课本得修改，很难说它会对我们的日常生活产生什么直接的影响。毕竟谁在厨房里做菜时，会思考"一摩尔"的食盐应该怎样定义呢？

其实我们不妨换一个角度来看这个问题。"单位"对于我们每个人来说，已经是习以为常的东西，我们从小到大都在理所当然地使用它，我们甚至能根据生活经验判断出一个"一米八"的人究竟是多高，"一公里"的路程大概有多远，"三十摄氏度"的天气会有多热，等等。我们从来不需要去思考"米""公里""摄氏度"是怎么来的，我们只是按习惯不停地使用它们而已。我们会在物理课上见到"小球质量 500 克"，也会在超市里看到"每 500 克 ×× 元"的标价，我们只是在自然而然地使用"克"而已。

不过，在上大学的时候，我第一次碰到了不那么"自然"的单位，这种"不自然"甚至到了使我怀疑人生的程度。为什么呢？当时在学习一门工科专业课，我们用到了一本美国原版的教材，打开那本书时，映入眼帘的却是一个个怪异的符号——你肯定猜到了，那本书使用了一大堆 ft、lb、℉、gallon 等英制单位，于是我们得不停地从课本附录里查换算表，在计算器里敲入一个个莫名其妙的数字，还要不停提防中间哪一步换算错了。

我记得那个时候印象最深的，是课本上的"lbmol"这个单位，当时大概用了半个学期才弄懂这"磅摩尔"到底是什么东西——它表示如果 CO_2 的相对分子质量是 44，一个"磅摩尔" CO_2 的质量就是 44 磅，但这时阿伏伽德罗常数就不是 6.02×10^{23} 了。

后来我才了解到，当今的美国主要使用的并不是我们过去学过的那些单位，过去在电子辞典中无意间翻到的"单位换算"功能里冒出的那一大堆闻所未闻的东西，就是美国人现在主要使用的单位。但为什么美国的这些单位如此怪异？我还记得那时看到的有人对美国单位制的吐槽——

为什么 1 mile = 5280 foot？大概是因为制定这个单位的人被一头骡子（mule）踢了 5280 脚，结果还被踢糊涂了，把骡子记成了"mile"。

后来我到美国读研究生，却发现这里的实际情况与我所想的并不一样。我曾以为在美国上课、写作业需要不停地换算单位，兴许还要背摄氏度与华氏度换算规则、英制重力加速度或气体常数之类的公式或数字，可实际上，我一点也没被这些奇怪的换算困扰——因为用到的大多是公制，即便偶尔有英制，换算也就是一两步。

但居住在美国，你身边确实还满是你不知道的"英尺""磅""加仑"等单位。你可能不知道一英里有多远，但只要你在开车，你脑子里可能就只剩下"英里"了。

置身于这么一个"魔幻"的单位世界中，我开始有意收集和单位有关的资料，同时一直在有意观察：如今美国的媒体、教育、政府、出版、零售、科研等各个领域，究竟在使用什么单位？

而且，为什么 1 英里就是 5280 英尺？为什么磅与千克的换算会精确到小数点后如此多位？为什么华氏度水的冰点和沸点会是 32℉ 和 212℉？这些看似奇怪的数字既然会被人使用，就一定有它们的来历。

更进一步，为什么一米就是这么长？为什么一千克和一升水的质量这么接近？为什么国际单位制中的基本质量单位是"千克"而不是"克"？为什么电流单位安培是基本单位？为什么以粒子个数定义的单位摩尔是基本单位？为什么我们日常所说的 1 斤正好是 500 克？即便对于从小用到大的公制，我们也未必了解它们的来龙去脉。

如果我们以科学的眼光审视单位，待发现的世界要更广阔：为什么国际单位制以时间单位"秒"作为全部定义的起点？为什么可以用普朗克常数定义千克？国际单位制里提到的铯原子钟以及定义千克用到的基布尔秤是什么仪器？你可能还会想到：如果单位是由自然常数定义的，那能不能把这些常数设成"1"——这不就可省去单位了？

这就是单位这个话题的魅力，它的起点看似微不足道，背后的故事却广博深远。它看似来自"高冷"的科学，背后却蕴含着历史、社会、经济等与人们生活息息相关的方方面面。

更有意思的是，从运用全人类最顶尖的仪器和智慧做出的高精尖测量，到菜市场里针对一斤一两的讨价还价，单位是一个渗透人类社会每一个领域、每一个阶层的概念；无论是诺贝尔奖得主，还是菜市场里的大爷，所有人使用单位时，用的都是同一种语言、同一套标准。

著名相声演员马季曾表演过一段相声，设想人类社会如果没有了单位会发生什么，我摘取相声里的一段如下。

甲：我来一碗豆浆。

乙：不好意思，我们这里不论碗。因为没有单位，我们这儿论"忒儿喽"。

甲：那我来五"忒儿喽"？

乙：行了，这位付款了，您就趴那锅那儿"忒儿喽"吧。

甲：噢……不不不，我再掉那锅里头……

相声里说，没有单位，油条论"捞"、花生米论"捏"、雪糕论"舔"、牙膏论"挤"、花露水论"闻"、卫生纸论"擦"、抽烟论"嘬"……的确，没有单位，世界似乎瞬间倒退回了原始社会，我们也就的确得趴在那锅上"忒儿喽"了！

在本书之后的内容里，我会把多年收集的有关单位的话题和资料一一呈现，从单位的起源、演化，到公制和国际单位制的确立和发展，再到近现代以来世界各地的单位变迁历史。上文中的一系列问题，在书中都会得到解答。

本书会介绍一些各个科学领域里使用的单位，但本书并不会把各种单位罗列到一起，然后一个个解释它们的意义（它们都收录于书后的附录中）。本书更希望探讨的是：人们如何为单位建立制度（单位制），如何用单位来实施度量，以及人们对于单位制的认识发生过怎样的变化。我们既会讨论科学，也会讨论历史与社会，更重要的是，我们会讨论单位制的背后，社会如何影响科学，科学又如何作用于社会——这一跨越了几千年的时代沧桑。

你翻看本书时，用的单位应该是"页"。但相信你读到最后一页时，得到的就不仅是这数百单位为"页"的东西了。至于你会用什么单位来描述它，就留到那时决定吧。

本书使用指南

本书的主题是"单位"，不过，我想做的并不只是把世界上存在的各种单位一一罗列出来，供读者一个个查阅。我更希望讲述一种"元科学"的理念，也就是，一种比数学、物理、化学、生物等各门通常意义上的"科学"学科更基础、同时能贯穿这些学科的综合理念。而单位与计量，正是一个不错的切入点。

对于本书，我推荐两种不同的阅读方式。无论采取哪一种方式，你都能得到极佳的阅读体验，同时可以了解许多平时也许并没有特意关注过的知识。

第一种，就是按正常的顺序阅读，从第 1 章读到最后一章。本书各章节大体上是以时间为核心脉络编排的，但在某些章节也会平行地介绍一些关于单位与计量制度的科学与文化知识。总体来说，你可以像读故事一样把正文从头到尾阅览一遍，这也是与本书标题"计量单位进化史"相符的阅读方式。

为了体现"计量单位进化史"的主题，在每一部分的开头，你会看到一份如下所示的年表：

<table>
<tr><th></th><th>年代</th><th>事件</th></tr>
<tr><td rowspan="9">计量进化年表（第一部分）</td><td>约公元前 42000 年</td><td>刻有人类最早的计数符号的"莱邦博骨"</td></tr>
<tr><td>约公元前 10000 年</td><td>最早的农业在东、西方起源</td></tr>
<tr><td>公元前 4000 - 公元前 3000 年</td><td>最早的统一度量衡体系在古埃及、古苏美尔等文明中出现</td></tr>
<tr><td>公元前 3000 - 公元前 2000 年</td><td>最早的天平和砝码出现</td></tr>
<tr><td>约公元前 1500 年</td><td>最早的日晷出现</td></tr>
<tr><td>公元前 344 年</td><td>秦商鞅铸造方升</td></tr>
<tr><td>公元前 221 年</td><td>秦始皇颁布统一度量衡法令</td></tr>
<tr><td>公元 476 年</td><td>西罗马帝国灭亡，但罗马帝国的度量衡制度一直在欧洲延续</td></tr>
<tr><td>公元 800 - 814 年</td><td>查理大帝颁布"国王之足"</td></tr>
</table>

这份年表列举了接下来这一部分涉及的主要历史事件，你可以通过这份年表，快速了解计量史的发展脉络。

在你开始每一节的阅读之前，你会看到如下所示的问题：

1.1 单位的起源

- 英语里为什么会有可数名词和不可数名词？汉语里有相应的概念吗？
- 如果你是古代社会的人，你会怎样表达"小"的概念？

这是我设计的"阅读前思考题"，在每一节前都会有一到两道。这些问题大多来自日常生活，属于"知其然，但不一定知道其所以然"的趣味思考题。读者阅读正文之前，可以先思考一下这些小问题。这些小问题的答案，都可以在正文中找到，我也会在正文里对这些问题进行扩展。

在一些章节里，你可能还会遇到如下所示的专栏：

专栏

其他东亚国家的古代单位：日本尺贯法

这是一个独立的小篇章，它和前文有一定联系，但主要是一些背景故事。读者可以在这些小篇章里稍事休息，然后继续正文的阅读。

读完正文后，你会发现，后面还有"附录"部分。此处推荐本书的第二种阅读方式：**先翻到后面，读本书的附录。**

你会看到，附录由一系列表格组成，这些表格里列举的都是与单位和计量有关的知识点，许多条目还有备注或注释。

长度				
国际单位制单位：米（metre）　符号：m　量纲：L				
中文名	英文名	符号	推导关系	对应基本单位数值
市寸			1/10 市尺 (3.3 cm)	0.0333 m
市尺			1/3 m	0.333 m
市丈			10 市尺	3.33 m
市里			1/2 km	500 m

注释	领域
由民国政府 1929 年颁布的《度量衡法》规定	中国市制

　　如果你希望以第二种阅读方式，从后面的附录读起，可以直接翻到最后，先把附录中的表格（尤其是附录 3）浏览一遍。通过附录中的详细列表，你可以对当今各领域所存在的单位，以及它们的来历、数值和应用场合有一个直观的印象。即便不阅读正文，这个列表也足以作为一份理想的工具参考。当你对"单位"有了一些初步的印象后，你也可以从正文中任意挑选章节来阅读，即便打乱顺序也不会失去阅读的乐趣。

　　准备好了吗？现在就让我们开始计量单位进化史的旅程吧。

CONTENTS 目录

第二部分　从秒摆到国际单位制

第三部分　从大革命到今天

第四部分 新时代

第一部分
从原始社会到科学革命

	年代	事件
计量进化年表（第一部分）	约公元前 42000 年	刻有人类最早的计数符号的"莱邦博骨"
	约公元前 10000 年	最早的农业在东、西方起源
	公元前 4000－公元前 3000 年	最早的统一度量衡体系在古埃及、古苏美尔等文明中出现
	公元前 3000－公元前 2000 年	最早的天平和砝码出现
	约公元前 1500 年	最早的日晷出现
	公元前 344 年	秦商鞅铸造方升
	公元前 221 年	秦始皇颁布统一度量衡法令
	公元 476 年	西罗马帝国灭亡，但罗马帝国的度量衡制度一直在欧洲延续
	公元 800－814 年	查理大帝颁布"国王之足"

人类在单位与计量制度上的进化史，是一段在大量的实践中不断尝试，从生涩一点点走向成熟的历史。从原始社会"数"的意识的产生，到初期测量概念的萌发，再到发展出成熟的、统一的度量衡体系，直至科学革命时代的先哲们用粗糙的测量工具与计量单位，揭示出了更多、更深刻的自然规律。人类早期探索计量单位的历史，正是一部"从粗糙的探索中发现，再从发现中迈向精细"的科学进化史。

　　习惯了现代思维方式的我们，也许会对古人的诸多习惯与制度表示不解——的确，古代的计量制度存在诸多不科学之处，有的甚至有致命的漏洞。但看过本部分后你便会知道，现代的计量单位制度并非一日而成。理解人类早期的蒙昧和生涩，与人类在如此条件下对探索和发现的追求，便是本部分希望带给读者的最大启示。

	年代	事件
计量进化年表（第一部分）	公元 1092 年	北宋建成精密的水流计时仪器"水运仪象台"
	公元 1582 年	罗马教皇格里高利颁布格里历，作为通用历法沿用至今
	公元 1643 年	托里拆利发明水银气压计
	公元 1687 年	牛顿在著作《自然哲学的数学原理》中提出牛顿运动定律，确立现代"力"的概念
	公元 1714 年	华伦海特发明水银温度计
	公元 1742 年	摄尔修斯提出摄氏温标
	公元 1843 年	焦耳测定热功当量

第 1 章

萌芽中的计量

1.1 单位的起源

- 英语里为什么会有可数名词和不可数名词？汉语里有相应的概念吗？
- 如果你是古代社会的人，你会怎样表达"小"的概念？

在正式开始整个故事之前，我们得先做一些准备工作，那就是——请忘记你已经掌握的所有关于单位的知识！根据我多年的观察，网络上的各种相关讨论里，绝大多数有关单位的认识误区，是因为我们先入为主的观念而形成的，毕竟我们对它们实在太熟悉了。

为了理解单位与计量是如何产生的，我们得先穿越回最原始的时代，暂时借用史前人类的大脑来思考那时的世界。要穿越到什么时候呢？我们就设定在人类已经开始大规模地社会性群居、打造石质工具并已经可以使用语言进行沟通的时代吧。那时的人类仍以狩猎和采集为生，尚未发展出成熟的农业。

可以想象，那时的人类在漫长的狩猎、采集生活中，逐渐形成了"数"的概念，更重要的是学会了用创造的符号来表达"数"，这一过程便是"计数"。考古学家能确定的人类最早的计数实践，是在南非莱邦博山脉上发现的"莱邦博骨"（Lebombo bone）（见图 1-1），它的年代在距今 44000 年前左右。这块骨头上刻有 29 个清晰的缺口，很明显具有某种目的的计数功能。

图 1-1　出土于南非的"莱邦博骨"。

　　"计数"的产生需要有两个重要条件。第一个重要条件是人类学会了区分"单个"和"多个"。正如对原始社会的猎人而言，落单的动物是狩猎的较好选择，但面对成群的猛兽显然躲得越远越好。科学家也发现，在现存的一些原始语言，比如在亚马孙热带雨林中发现的皮拉罕（Pirahã）语中，可能存在"单数""双数""复数"的概念，却没有"二"以上数字的表达方式。这说明人们对"数"的认识，应该是从区分"一"和"多"开始的。

　　第二个重要条件是，人类学会了对事物归类。人们逐渐认识到，"人"属于一类，"羊"属于另一类；在认识"多少"的概念时，人们会自觉地把"人"和"羊"视为两类事物，满足"人"属性的才归入"人"的数目中，不会先数3个人，紧接着又数5只羊，最后得到数字8。尽管人和羊各自都存在性别、年龄、长相的差异，但只要先定义好"人"和"羊"这两个类别，划定出"人"和"羊"各自的属性，我们就可以对人和羊分别计数了。这里合并细小差异、突出总体特征的"归类"，其实就是一种原始的"单位"思想。

　　在现代汉语里，这个单位其实已经有了名称，那就是量词"个"。但在远古时代，无论是在汉语还是其他原始语言中，量词都还没有产生，人们只是先想象出了数字的语言，再把数字和被计数的名词放到一起，还可能产生出"名词复数"这一类的语法变化。

　　对原始人类来说，激发他们计数的灵感的，毫无疑问，就是每个人身上天然的参照——双手的10根手指。原始人看见3只羊，再伸出3根手指——这就完成了"羊"与"手指"两个事物的归类和对应，这里的"手指"，也就成了一种原始的单位记号。不过，人类更大的创举应该是：当双手手指全部用完时，某些原始人灵机一动——为何不把每次数遍双手指头的过程记录成一个特殊的记号呢？每数完一次双手手指，我们便把这一过程记成"十"；接着继续重复同样的动作，数完第二个循环，就再写一个"十"的记号；最后，只要把记下来的"十"再用手指数一遍，我们就掌握了表达更大数量的方法——"十""二十""三十"……从单根手指，到由双手得到的"十"，再到把"十个十"转换成"百"，把"十个百"转换成"千"……计数的拓展，其实就是不断地创造新单位的过程，原始人的单位观念由此得到了进一步提升。

　　学会了计数，我们也就算是拿到了原始社会的通行证。但是，仅凭简单的计数，我们就能迈进文明社会吗？

我们首先会发现，有一些东西我们可以很直观地感受出它们的"多少"，但是它们不能"数"。比如说水，汪洋大海里的水当然比涓涓细流里的多，倾盆大雨落下的水也当然比毛毛雨多，但我们不能数水——你也许会说，用个容器盛水不就可以数了吗？但是，当我们说"几桶水"的时候，我们数的其实是"桶"，水在这里并不是计数的对象。

这就是本章前面所说的"可数名词"和"不可数名词"的问题了。我们学英语的时候，老师肯定强调过：apple、book 是"可数"的，而 water、paper、wood、information 这些名词"不可数"。你多半也会疑惑：为什么"纸"在英语里不可数？我们不都是一张一张地用纸的吗？

这里的奥秘，其实就是前文所说的归类。我们数苹果时，定义的是一个完整的苹果个体，进而才能将某种植物果实归类为苹果。但对于水，我们知道水是什么，却不能定义出一个"个体水"。更重要的是，水是可以任意"分割"的，比如一桶水可以倒进几个盆里，每个盆里的水又可以倒进几个杯子里，杯子中的水倒干了还能看到一颗颗水珠——我们可以随意地将水分成若干份，而且分出的每一份都依然是水。相反，可数名词很难进行"分割"，我们不会数出"2.7只羊"或"3.5本书"。如果某个可数个体有残缺，我们仍会把它视为 1 或 0，比如一本缺少封面、少了些书页的书，要是它还能叫"书"，我们仍会把它算成"一本"；要是它只剩极少书页，我们就只能把它视为"残卷"，算入另一套计数系统里了。

所以，我们也就能理解为何"纸"不可数了：对于以莎草纸、羊皮作为书写工具的古代西方，一张纸不论怎么剪裁都仍然是纸，"分割"的概念比"计数"更重要。纸和布匹、毛皮一样，更多强调平面上的延展属性，而不是如今我们所看到的一页页的 A4 打印纸。

那么，对原始社会的人类而言，他们要怎样认识不可数的事物呢？别忘了，我们可以用"一桶水"来计量，也就是说，我们把不可数的水转化成可数的事物——桶，这就转化成了我们已知的问题。但问题又来了，使用桶来计量水，前提是我们得有许多一模一样的桶，可如果我们没有那么多的容器呢？实际上我们根本用不着这么麻烦，因为容器有一个很重要的特性——可以把水倒进去，也可以再把它倒出来！假设现在我们需要数一些未知容量的水，但手上只有一个大盆和一个小桶，这些水倒进桶里有余、倒进盆里却不满，此时我们会怎么做？原始人就能想到：先把水倒满小桶，再把桶里的水倒进盆里，然后数一共倒了几次。只要知道用稍小的容器盛水的次数，我们自然就数出了原本不可数的水，这些水的具体容量也就能表示成"× 桶水"了。

这种使用同一个基准物体反复操作，比如用一个容器反复盛水，或者用一把尺子不断首尾相接地度量，将不可数的量转化为反复操作的"次数"的过程，就叫作"**测量**"（measure）。把测量转化为统计次数，可以说是人类测量思想的精髓。数"羊"这个可数实物的时候，我们需要把每一只羊当成独立的个体，表示成"十只羊"这样的形式。但数"水"这样的不可数事物的时候，我们产生了一种选定"基准"的思维。这样，不可数事物的大小就转化成了基准物的倍数，或者说"**幅度**"（magnitude），比如"三桶水"就表示待测的不可数事物的量是"一桶水"这个基准量的三倍。

在这个测量的过程中，我们所选取的基准物体就是真正意义上的"**单位**"。在数可数事物时，我们已经在用"单位"的思想来划分可数的个体。数简单数目时，每一根手指代表"一"；数复杂数目时，每数完一次双手便记一个"十"，这都是原始的单位思想。数不可数事物的时候，我们的思想需要"进化"到更高的层次——要么只用一个容器，把水装进去再倒出来，数一共倒了几次；要么制作更多的容器，把水装进每个容器里，但要保证所有容器都装一样多的水。无论怎么做，我们都产生了"复制"和"循环"的思想，开始对自然事物的"量"施加人为的控制，并使用抽象的记号（刻痕、结绳，再到文字）来记录复制或循环的次数。这种控制的理念，也就代表了单位和测量的正式发端。

如果说自然界的什么东西给了人类"测量"的灵感，那无疑是与每个人朝夕相伴的日月星辰与人类个体的生老病死，以及隐藏在它们背后的共同力量——时间。最初的人类就能够感受时间，也能够认识到时间是连续、可分割的不可数量。后来人类发现了大自然的昼夜交替，恰好是一个规律、整齐、统一的基准量度。无数次昼夜交替后，人们学会了使用工具将时间记录和定格：将日出的周期设定为"一天"，然后将一段与昼夜间隔有关联的时间，比如妇女的经期，记为若干个"天"的循环，这就是我们前面说到的"莱邦博骨"，也是人类最早完成的测量。到后面我们还会知道，对于测量而言，时间是一个根基性的量，说时间是万物测量之始也绝不夸张。

　　然而，尽管自然界有日出日落这样的周期性规律，但人类要真正掌握测量的方法，还得等到文明时代，毕竟"不可数量"对原始人类来说还是太深奥了。在考古发现中，"莱邦博骨"和其他的原始人类计数工具能追溯到至少20000年前，但关于人类进行测量活动的记录只能追溯到5000年前，这中间还有着漫长的间隔。

　　且慢，作为原始人类，我们还有一个问题没有解决——我们可以把一个比某个单位量大的量表示成该单位量的倍数，并通过计数来完成测量，但是，如果**待测量比单位量小呢**？

　　前面说到了，不可数量最重要的特性就是"可分割"。我们举的大盆与小桶的例子里，待测的水装不满大盆，人们也就不会用"盆"来度量这些水。另一方面，如果确实只剩下一些没装满盆的水，我们也不会像数动物或书本那样，把这些水处理成单纯的"有"或"无"。对于装不满容器或装满后还多出来的水，人们会使用一些特别的概念，比如"半""多""余"等。

　　不过，这些概念往往表述得十分模糊。比如"半"字，虽然它本意是把一个整体平均分割成两部分，但在古人的概念里，只要待测量不足基准，往往都可以叫作"半"。对最早的人类而言，统计比基准大的数量，用双手的十根手指即可；可对于比基准小的数量，他们理解起来并不容易——现代人应用自如的十进制小数和分数，在古人看来其实是反直觉的，因为他们很难对手里的基准，比如绳索和桶，做出标准的十等分。做分割时，份数越少，比如二等分或三等分，操作起来越方便，这样的思维也才是最"合理"的。读到后面你就会看到：古代人对于计数和分割的思维分歧，是很多古代度量衡制度在如今看来颇为怪异的问题根源。当然，这只能怪人，或者大多灵长类动物在几千万年前就定下了"双手十指"——这个刻在基因里的规矩吧。

　　对于原始人类而言，要测量比某单位量小的量，更容易掌握的做法其实是找一个更小的量作为新单位。比如，要测量的水装不满一个桶，我们得换一个更小的罐子，重复同样的测量操作。但是，如果原来的单位叫"桶"，我们创造的新单位就得叫"罐"，它和原单位可以有关系，也可以完全没有关系，因为这并不妨碍我们把水测量成"×桶×罐"。

　　我们从古人遗留下来的计时方式也可见一斑。人类最容易认识的时间显然是"一天"，对于比"天"大的时间，古人往往是根据对月相与季节的实际感知，使用基本的十进制进行累加，按照月亮和太阳的实际运行规律得到"月"和"年"，进而制定出详尽的历法。但对于比"一天"小的时间，人们往往不把它叫作"半天"（在实际语境中，半天是指白天的一半）。人们尝试测量较短的时间时，往往都为它们起了新的名称：比如古代中国的"刻""更""时辰"。此外，全世界古人对一天的划分大都不是十进制（除了中国古代使用的"刻"），这也一直影响到了今天（如图 1-2 中将半天时间划分为十二等份的古埃及日晷）。直到现在，我们依然把比一天短的时间叫作"时""分""秒"等，而不是按"几分之几天"来理解。

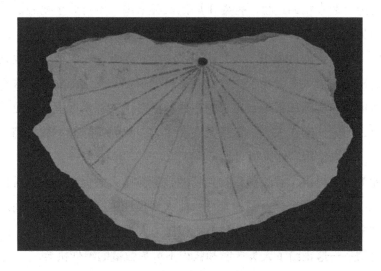

图 1-2　公元前 1500 年的古埃及日晷。

1.2　进入文明社会

- "度量衡"一词的三者各指什么？它们为什么是这个顺序？
- 你能想出一个直观的方式（某种动作或某个可数数量，可以用现代的工具）来表示"面积"吗？

上一节中我们知道，单位起源于人类对不可数事物的认知，以及把不可数事物转化为可数事物的过程。但对于原始人类来说，不可数事物还是太抽象，是怎样的契机让人类真正开始大规模测量实践的呢？

迈进文明社会的过程中，人类认识了一个新领域——农业。农业大大拓展了人类的视野，为人类带来了一些没有见过的事物：无论小麦还是水稻，它们都是看似可数，实际却很难数出来的东西。如对于一碗米饭里的米粒，我们当然可以数，但它们实在太小，数量又实在太大，我们实际并不数它们，而是像对待液体一样，使用容器来衡量。

农业为人类提供了谷物，谷物独特的数量性质大大提高了人类对自然界的量的认识。谷物有两个最重要的特性：能大规模地**生产**，还能长时间地**储存**。和过去"随吃随打/采"的肉类和果实相比，人类不但要获取食物，还必须学会管理食物——这正给了人类接触和认识不可数数量的绝佳机会。

绝大多数带着"文明社会"标志的早期人类活动，都和对粮食的"量"的认识有关。比如为了生产粮食，人们开始有意识地测量并划分现有的土地，同时开始划分氏族的等级，这就是"分配"。人们生产出了自己吃不完的粮食，便希望用它交换其他物品，一开始可能是换斧头，后来逐渐变成了换贝壳或贵金属（即所谓的一般等价物，也就是货币），这个过程便是"贸易"。人类群体中产生了拥有权力的统治阶级，他们体现权威的主要方式便是从农民生产的粮食中征收一定数量，这就是"税收"。这些活动的执行，都依赖于对粮食精确且公平的测量。以贸易为例，无论是一把斧头、还是若干个贝壳，只要它们能够交换粮食，就说明人们已经可以用统一、可靠的基准来测量粮食，否则拥有斧头或贝壳的人怎么信任与自己贸易的对方呢？

随着农业的成熟，人类社会出现了更成熟的社会分工和更大规模的人口聚集，这又产生了更精细的测量需求。比如建造城市和宫殿，开展方圆上百千米区域内的贸易，以及建立军队和发动战争——这些庞大的社会化行为，无一不需要更精密和更严格的测量。这个时候，单位便从日常语言中脱离，比如古埃及的"cubit"和古代中国的"寸"，此时或许都已成为特指度量的用语。

现在，我们回到古人的视角来讨论一个问题：**进入文明社会后的古人需要些什么单位呢？**

要说古人需要什么单位，我们得看古人如何找到单位。首先，我们眼前就有一个现成的单位——**时间**单位"一天"。不过，时间对古人来说是一个很微妙的物理量，"一天"的简单测量，与每天的日出日落相关，这对所有人都不言自明；但它的精密测量要仰仗复杂的天文观测，是大众不易接触的。在古代社会，计时往往是一个自成一统的体系，与大众生活中需要的测量不属于同一领域。

真正让古人产生测量意识的，应该是**长度**。人类能够对长度产生敏感的知觉，或许来自人类在自然界里不大也不小的个体尺寸。原始人类就可以感受到，猛兽与大树比自己大，鸟儿与花草比自己小，人类的体型恰好处在大自然中适中的位置。给这个"度量天赋"加分的，是人类身体上下天然的标记——关节，以及因直立行走而能自由活动的双手。更重要的是，人类在进化中学会了穿着服装，这意味着人类必须频繁地将自己的身体与自然界的其他物体进行比较，长度的测量俨然水到渠成（这似乎还不用等到农业的诞生）。

所以，世界古代文明里产生的基础长度单位，大都是人身体中的某段距离：古埃及和古美索不达米亚的"cubit"，意思就是手肘长；古代中国的"寸"，来自人的手腕。人的指尖、手掌、脚掌、拳头、肩膀……凡是你能想到的人体中可找到突出标记的部位，大都在古文明里充当过基本的长度单位，看来古人对自己的身体的利用可谓"掘地三尺"。在下一章我们会具体讨论这些用作单位的人体部位。

进入文明社会后，长度的测量更是无处不在。从切身的衣物开始，到工具、器皿、兵器、车船、建筑……这一切都依赖于准确的长度测量。另一方面，掌握长度测量也并不困难——人们学会了参照自己的身体，把长度从身体"转移"到另一个物体上，这就是尺子的原理。有了尺子，人们还学会了制作均分的刻度。在3700年前古埃及和古苏美尔文明的出土文物中，便已经发现了这种与现代的尺子相差无几的长度测量工具（见图1-3）。

图1-3　古埃及"肘尺"拓片。

下一个测量的量，便是我们前面提到过的与农业社会密切相关的量——**容积**，也就是液体和粮食的量度。但请注意，今天我们知道容积就是体积，而体积是长度的立方；另一方面，今天我们在超市里买大米时，使用的却是重量单位[①]，如每500克大米××元，这里似乎产生了一些模糊之处。然而在古人眼里，容积就是用容器所装的物体的量，容积的单位也就是容器，虽然早在古希腊时代数学家就研究出了圆柱体、圆锥体和球体的体积公式，并知道了密度的概念，但在平民大众眼里，学会测量不规则物体的体积并没有什么用处，人们需要理解的只有容器的大小。当人们频繁搬运某种特定物品（如大米）的容器时，人们也会把容积理解成重量，如中国古代的单位"石"[②]，它就同时被作为容积和重量的单位。

古人混用容积与重量的单位，似乎说明在"粮食本位"的农业社会里，人们对重量的属性并不敏感。一方面，重量和长度、容积不同，它并不直观，不能靠身体部位或日常所用到的容器来简单类比。虽然古人很早就知道测量重量必须用秤（天平），但秤在古代是相当复杂的仪器。另一方面，重量的单位并不好找，秤本身只能告诉人们孰轻孰重，它并不具备长度和容积那样可简单易复制的绝对标度。许多考古发现中都出土过人类最早的砝码——精心打磨和雕

---

① 在第4章前，我们暂时认为"重量"和"质量"是同一个意思。
② 关于"石"这个单位读什么，按它的本意是"shí"，指石头。但在明清时产生了一个民间的单位"担"，这个单位可能正是用来表示一个既指容积（扁担上挑的容器）又指重量（扁担挑出来的感觉）的量度，这个民间单位和"石"的量级差不多，久而久之在口语中取代了"石"原来的读音。所以在大多数古文的语境中，"石"的读法应该仍是"shí"。

刻过的石块（见图 1-4），足可见重量的单位并不容易获得。

图 1-4　公元前 2900 年至公元前 2300 年古美索不达米亚的石制称重砝码，收藏于美国芝加哥大学东方艺术博物馆。

但一样东西的出现，让重量测量在古代社会里产生了"刚需"，这就是**金属**。古人发现，金属质地坚硬、性状稳定，同时受热能够熔化，熔化后能塑造成任意形状，且熔化、重塑的过程中重量几乎不会耗损。人类发现了金、银等贵金属，还学会将多种金属铸造成合金，这些过程中最重要的变量，无疑就是金属的重量。后来，随着金属被用作货币，金属的重量随之成为货币的单位，这也让重量单位真正走入了千家万户。

我们所说的"度量衡"，指的就是**长度、容积和重量**，它们的顺序，也正是人们认识这三大领域的顺序。在汉字里，"度"从"又"，"又"就是手，象征长度发源于人体，也象征一切测量的根源正是人的双手；"量"从"田"，指的是所有与农耕相关的测量，象征着我们的祖先迈入了以农业为根基的古代文明社会。从字源的角度看，"度"和"量"的区别不大，只是中国古代为了强调不同测量领域而分别为长度和容积规定了名称[1]，在西方"度量"是同一个概念"measure"。但"衡"与另外两者差异显著，在中国古代，表达重量测量的另一个说法是"权"，可见诸"权重""权衡"等今天仍在使用的词语。而"权"的本意就是秤锤（秤砣），后来演变成了"权力"，可见，有"权（秤）"

---

[1]　参见吴承洛《中国度量衡史》，"度"和"量"在"度量衡"一词中有明确区分，始于西汉著名学者刘歆。

者方能掌控重量的测量，才能为整个社会提供准则。"权衡"进入度量，象征着单位脱离原始农业生产，成为文明社会里政权统治的符号。

说完"度量衡"的意义，现在剩下的问题是：古人还需要测量什么？

首先，我们按人体部位测出了长度，但很显然，我们不可能用自己的身体丈量**很远的距离**，比如两座村庄的间距。我们现在常常习惯把较远的距离表述成时间，比如从 A 地走到 B 地的用时，但古人没有能轻易随身携带的计时工具，能依赖的只有太阳或月亮的位置，但这用作测量工具未免太粗糙了。另一个办法是表述成 A 地到 B 地所走过的步数，这似乎是一个容易操作的方式。不过，传统长度单位所用的尺长与测量远距离的步长似乎不容易建立联系。其实在古人眼里，这两者也并不需要有联系：测量衣服、房屋时使用通常的直尺，考量土地或山川距离时则数行走的步数，这两者的应用领域完全不重叠，于是久而久之，"短长度"和"长距离"便成了两套不一样的系统。

还有一项比较重要的量——**面积**。古人知道面积的意义是长度乘长度，但在另一方面，古人不一定会把面积单位理解成长度单位的平方，也就是今天的"平方米"这种表示方式。如何理解面积，这应该是各个古代文明的测量系统里差别最大的一点了。

我们不妨换一个视角，解答一下本节开头的问题——你能想出一个直观的方式来表示面积吗？不限制使用哪个时代的工具的话，我们可以把面积想象成计数问题。如要知道一幅数码照片里某一区域的面积，我们可以先把它圈出来，然后数该区域内像素点的个数，再和整幅照片的像素点总数做比较，最后代入长宽相乘得到的整幅照片面积即可知道该区域面积；另一种思想是使用连续的量，比如使用颜料将待测区域均匀涂满，面积越大消耗的颜料越多，我们就可以把"消耗颜料的重量"直接当成面积了。

上面两个使用现代工具给出的例子想要说明的是——通过"比拟"来测量面积的思路。对古人而言，测量面积的办法其实大同小异。古代社会里和面积关系最紧密的事物是什么？不难想象，就是农业社会的立足之本——农田。所以，我们还可以从农业的角度来想出更多表达面积的方法：均匀播种时消耗的谷物种子量、种满粮食后的植株数、耕牛一天能够耕作的土地范围，等等。

实际上，世界古文明的面积单位也的确大多来自田地的丈量，它属于本节所说的"长距离"度量范畴。古人对面积的理解也多半出自前文所说的简单类比。比如今天英制单位中的"英亩"（acre），它的含义就是一个农夫驱使一头公牛一天能耕作的田地面积。如图1-5所示，图中的每个单位长条就是一个"英亩"。在古代，拖着沉重的犁的耕牛很难在田地里转向，于是，农田的面积单位往往是一个狭窄的长条，表示这一头耕牛在一天内只能犁完这一条土地。在中国古代，面积单位的定义也是这种"长条"的形式，这说明古人对面积的理解的确与农田测量和耕作密不可分。不过，理解了面积的数学意义后，各种古代文明都将面积单位规范成长度单位的衍生，只是它并非简单的"平方长度"。

图1-5　古代英国的农业度量单位示意图，图中的"oxgang""virgate""carucate"等也是基于耕牛的工作量的更大的单位。

长度、容积、重量（度量衡），以及长距离、田地面积和时间，这六大项构成了古代农业社会度量体系的根基，它们是任何一个产生文明的古代人类社会都必须拥有的根本体系。古人的测量需求是不是就止于此呢？显然不是。即便在现代科学尚未产生的时代，古人也已经开始实施一些更复杂的测量尝试。比如，人类在原始社会便发明了音乐，有了音乐，人们自然想到——如何测量声音？在古代，声音的测量称为"音律"，在各个古文明里，它都是一项相当高深的学问，我们在后文还会提到。此外，一些在后世才经由近代科学家研究和完善的物理现象，如光、热、电、磁等，在古代其实都有了比较粗糙的测量尝试。不过，由于古人的科学知识有限，他们无法为这些现象找到科学的"单位"，自然也无法像度量衡一样建立稳固的度量体系。在中国古代，人们常常把难以"捉摸"的物理现象称为"气"，以示其无形、无踪，却又能被实实在在地感知。古人甚至把它们和古代哲学里的阴阳与五行挂钩，这大概是古人对于难以测量的自然现象的一种敬畏之举吧。

到现在，文明社会的单位系统基本齐备。上面所有的测量需求，是每一个发达的人类文明都会自然产生的。所有文明都会具有功能完全相同的度、量、衡单位，只是不同的文明会给它们起不同的名字。那么，世界各大古文明是如何发现这些单位，并给它们命名和定义的？下一章，我们便会从细节上聊一聊全世界古代文明里的单位。

第 2 章

形形色色的古代单位

2.1 中国古代的单位

- 你能说出一些带有计量单位的成语，并用这些单位的实际意义来解释这些成语的意思吗？

本节的"阅读前思考题"非常有意思，我们不妨先在这里暂停一下，思考几分钟。

对于本问题，读者想到相应的成语后，可以再尝试回答下面两个问题。

第一，这个成语里的单位是虚指（只是一个相对或夸张的概念）还是实指（表示具体尺度）？

第二，如果这个成语里出现了两个及以上的单位，这些单位是否有比较关系？它们的比较关系是相对比较（只是笼统地比较大小）关系还是绝对比较（具体数值对比）关系？

长度

即便是现代人，对中国古代的基本长度单位应该也是知道的——毕竟我们现在还把一件物品的长度称为"尺寸"，对应英语的"size"。很明显，在现代汉语里，中国古代最成熟的两个短长度单位"尺"和"寸"仍然会在我们的日常口语里出现，即便它们已不用于测量。

讲长度单位，最合适的切入点，莫过于古人留下的汉字了。我们先看看常用的三个单位"寸""尺""丈"的小篆字形（见图 2-1）。

图 2-1　寸、尺、丈。

"寸"（见图 2-1 左）是一个非常有意思的汉字，画的是人的右手（也就是"又"字），但在手腕处做了个记号，表示此处就是"寸"。显然，古人知道"寸"就是人的脉搏最明显的位置——腕口。"寸"字下面的这一横，使用的是汉字造字法中的"指事"，表示一个虚化的符号。"尺"字（见图 2-1 中）的含义，一说是伸开拇指和另外四指后，用指尖最远（如拇指和中指指尖之间）的间距来比画物体长度的动作，今天的一些方言里仍然有对这个动作的称呼——"拃（zhǎ）"。在汉语古音里"尺"和"拃"的发音很接近，两者很可能是同一个意思。"丈"（见图 2-1 右）的小篆字形则是"十"加"又"（手），这里特指"丈"从"十倍"的意义衍生而来，使用的是汉字造字法中的"会意"。

不过，作为单位的"寸""尺""丈"在汉字里其实出现得比较晚，至少在商周的甲骨文、金文中都还没有普遍的记录。可见，中国的原始社会至上古时代还没有一套规范、成文的单位符号。在上古时代，人手掌的长度还被称为"咫"，一咫为八寸，而一尺为十寸，所以有了"咫尺之间"的说法。同时，上古人又将张开臂手后的长度称为"寻"（"寻"字的字形就表示"双手"）；又参照"八寸为一咫"，将"八尺"称为"仞"（也是周代尺制下成人的平均身高，所以这个字是单人旁）。古人还发现，人横向的臂展和纵向的身高差不多，于是将"寻"的长度也定成了八尺，与"仞"等同①。更甚者，古人还把两倍的"寻"称为"常"，"寻常"表示用身体便可量度的东西，于是便衍生为指代事物的普遍性……

不过，这套八进制和十进制并行的奇怪体系，在周代后就被规范且稳定

---

① 仞和寻之间到底是什么关系实际还不太明确，有研究认为仞是四尺而寻是八尺，但东汉时的《说文解字》将仞定为八尺且等于寻。另外寻究竟指张开一臂还是两臂也有争议，比如孔子说的"舒肱知寻，舒身知常"，从后一句对"常"的定义来看，这句话的"舒肱"是伸出一臂，但显然一臂的长度不可能是八尺。这也侧面说明了仞、寻、常只是从人体度量衍生而来的民间习惯，并不是官方规范的单位。

的十进制"丈-尺-寸"体系取代。中国古代计量普遍接受十进制后，还以十进制原则进一步扩展了单位系统："丈"以上为"引"，"寸"以下则为"分""厘""毫""忽"（分、厘、毫进一步衍生为表示小量的通用符号，不仅限于长度）等。在各种古代文明里，几乎只有中国文明里有如此明确的十进制意识，这无疑是相当先进的。

在成语里，"寸"也从长度单位的本意衍生成了强调小的虚称，如寸土寸金、寸草不生、寸步难行、肝肠寸断等；"丈"则用于强调大，如一落千丈、光芒万丈等。后代人多少会用"仞"表虚指，如"一片孤城万仞山"，但"寻""常"的单位用法已基本不见。居于中间的"尺"，是生活中最常见的长度，也就成了长度测量工具的统称——尺子。

我们也可以找到一些表示相对比较的成语，如"得寸进尺"或"道高一尺，魔高一丈"。我们再来看几个有绝对数量的成语，如"三寸不烂之舌"，这里的"三寸"指的是人舌头的实际长度，和战国时期至汉代的寸（约 2.31 厘米）对应得很好。另一个重要的实际长度依据是"丈夫"——在上古（商周）时期，成年男子的身高大概是一丈，根据我国现代男性的平均身高，我们可以推算上古时的一丈大概是 1.6 米。不过，中国古代的长度度量有一个奇怪现象——单位一直在"膨胀"：上古时成年男子是"丈夫"，西周时是"八尺男儿"，战国时期就变成"七尺之躯"了[①]——我们可以按照 1.6 米的估计，把这时的"尺"换算出来（约 23 厘米），这个数值已经得到了考古发现的验证。对中国古代短长度单位的总结，见表 2-1。

表 2-1　中国古代短长度单位总结

单位	厘	分	寸	咫	尺	仞	寻	丈	常	引
换算	1/10 分	1/10 寸	1寸	8寸	10寸	4尺或8尺	8尺	10尺	2寻（16尺）	10丈

距离与面积

上一章我们讲到，古人对于日常物品的测量和土地测量的认识并不相同，

---

① "七尺之躯"的典故出自《荀子·劝学》，整句为"小人之学也，入乎耳，出乎口；口耳之间，则四寸耳，曷足以美七尺之躯哉！"这里还提供了一个数据：人的口和耳相距四寸，折合约 9.2 厘米。

这两者从诞生起就发展出了两套不同的系统。与农田、土地相关的测量单位，最普遍的词源来自人的步伐，不过也有部分来自丈量土地用的绳索或棍棒。对于使用人的步伐来测量的长距离，我们可以称之为"动态长度"，与使用标尺测量的"静态长度"进行区别。实际上，把步长视为单位的依据在于：成年人自然行走的速度其实是较为稳定的（每小时 5 千米左右），它在人与人之间的相对偏差比身高、体重等参数小得多。而"步长"这个单位，本质就是速度——双腿完成一次摆动的时间人前进的距离。所以与其说古人对长度和距离有不同的概念，倒不如说这是古人对长度和速度的不同认识，只是古人还不具有近代物理学平均速度和瞬时速度的知识。

不过，我们要先提一个问题：用作单位的"步"是迈几次腿？我们现在理解的步数，包括各位读者手机里的计步器，都是把迈一次腿称为一步。但在中国古代，迈一次腿叫作"跬"，迈两次腿才是"步"，所以《荀子·劝学》里才说"故不积跬步，无以至千里"。从测量的角度看，前进一个双腿交替周期的距离，要比单迈一次腿的距离稳定得多，这个距离约为 1.5 米，和静态长度里的"寻"或"仞"的大小接近。中国古人一般把"步"规定为五尺或六尺，这样便能让短长度和长距离建立起联系。

有了"步"这个单位，更长的距离也就能表示成一定的步数了。我国从上古到现代，表示长距离的单位"里"的名字几乎未变。而且，古人表达长距离（城市间距、山河尺度）时几乎只用"里"，没有和"里"换算的其他单位。但实际上"里"这个单位有些小，一里从上古到清朝都不过 300~500 米。"里"字的"田"和"土"，本身就表示人居住的地方，即"乡里"。可见，"里"的概念来自古人聚落内部的相互交流，大概是一个村庄的规模，所以"里"的实际距离不会很长。"里"的换算关系一般与"步"挂钩，在历史上出现过 300步和 360 步两种换算。

我们还说过，中国古代的面积计量同样出自对土地的丈量，所以，面积单位的出发点同样是"步"。中国古代的基本面积单位是"亩"（古代写作"畮"或"畂"）和"顷"。微妙的是，亩的定义也来自"步"，比如《说文解字》就说"步百为亩"，后来"亩"变成了 240 步。上一章提到过，全世界古人其实都不太理解"平方单位"。对中国古人而言，面积在字面上似乎就是长度。你也可以理解成：一亩是一个 240 步 × 1 步的矩形面积，或一亩等于 240"平方步"。在古代的文献里，表距离的"里"和表面积的"亩"都出自动态长度单位"步"，古人并没有觉得"违和"。

对中国古代距离与面积单位的总结，见表2-2。

表2-2 中国古代距离与面积单位总结

单位	跬	步	里	亩	顷
换算	1/2 步	5 尺或 6 尺	300 步或 360 步	100 或 240 "平方步"	100 亩

容积

说完了复杂的长度单位，再看容积单位就简单多了。在中国古代的容积度量体系中，单位名称几乎都是容器自己的名称，相互换算也几乎都是十进制（见表2-3）。毕竟，长度单位大多源自人的身体，但人体各部位的比例终究是有约束的，而容积单位几乎没有什么参考，它们直接来自容器，而容器的制式自然是很容易统一的。

表2-3 中国古代容积单位总结

单位	合	升	斗	斛	石
换算	1/10 升	1 升	10 升	10 斗或 5 斗	2 斛

中国古代的基本容积单位是"升""斗"和"斛"（其他单位也多是容器名），三者以十进制换算，即 1 斛 =10 斗 =100 升。汉字的"升"和"斗"在甲骨文里就有记录，比"尺"与"寸"早很多。这两个字的关系也非常有意思，"斗"表示的是一个用来舀水的勺子（见图2-2左），这也正是"北斗七星"的形状；"升"画的也是一个勺子（也就是"斗"），但勺子里装满了液体或粮食，还从边缘溢出了两点（见图2-2右）。这便表示"升"是个比"斗"小的容器，因为一"斗"的液体倒进"升"里便溢了出来——这个意味可谓绝妙！

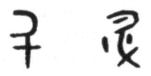

图2-2 斗、升。

　　"斛"以"斗"为形旁，是比斗大一级的容器。比斛大一级的通常是"石"，但"石"本是重量单位，我们在上一章说过，古人在量级较大的单位上，就不怎么区分容积和重量了。至于古代的容积单位的具体数量，最重要的资料无疑是古代官员的俸禄制度了。从陶渊明的"不为五斗米折腰"到白居易的"吏禄三百石"，以及汉代的郡太守又称"两千石"，可见容积在古代吏制中起到了举足轻重的作用。"五斗米"按后人考证的东晋量制，折合重量约为现代的16斤，这足够一个成年人吃十几顿饭了，但这只是一个县令每天的薪水，可见县令的待遇是颇为丰厚的。像白居易那样年薪"三百石"，养活一家老小后还能"岁晏有余粮"，自然得发出"今我何功德，曾不事农桑"的感慨了。

重量

　　我国古代代表"权衡"的重量单位，在性质上与长度和容积单位有很大的差异，最显著的便是——重量单位不是十进制（见表2-4）。我们都知道成语"半斤八两"，它就是字面上的意思：半斤等于八两，即一斤是十六两。可能正因为习惯了十进制的中国古人难得碰见一组不是十进制的日常单位，这个看似稀松平常的换算便被编成了成语。

表2-4　中国古代重量单位总结

单位	铢	钱	锱	两	斤	钧	石
换算	1/24 两	1/10 两	1/4 两	1 两	16 两	30 斤	4 钧

　　为什么重量单位不是十进制？我们知道，衡器单位的实物是天平所用的砝码，然而，砝码不能像直尺那样在一条直线段上简单地划分十等份，也不好像方形容器那样通过调节长宽高来增减体积。你可以回忆一下，中学物理课上一开始学习天平称重时是怎样操作的？其实，我们今天使用的也就是古人的方法：先从大砝码摆起，依次缩小区间，直至锁定一个最合适的目标。如称量一个物体，我们在第一步拿出两个1斤砝码，发现物体比一个1斤砝码重，比两个1斤砝码轻；那么，下一步就是用一个1斤砝码加一个1/2斤砝码，如果物体比砝码轻，说明它的重量介于1斤到1.5斤，如果物体比砝码重，自然就表示物体的重量介于1.5斤到2斤。依次类推，我们就可以靠不断地半切割来锁定物体重量的区间了。很明显，把重量单位"斤"按二的倍数分割比十等分更容易操作，重

量单位不用十进制的原因也就不难理解了。

中国的传统重量单位中最常用的是"斤"和"两"。"斤"在汉字里指斧头，这大概就是指一把斧子的重量吧；"两"本是古代兵车上的一种成对的器具，用作重量单位大概也是衍生而来。由此可见，重量单位的确不像长度和容积那样直观。比"斤"大的有"钧"和"石"，比"两"小的有"锱""铢""钱"。在成语"雷霆万钧""千钧一发""锱铢必较"等中，便可见到这些单位。这些单位间的换算基本是 2 或 3 的倍数，如 1 石 = 4 钧，1 钧 = 30 斤，1 斤 = 16 两，1 两 = 4 锱，1 锱 = 6 铢等。

重量单位的另一个特质是：实践中对应的数量级跨度非常大。我们知道，长度单位中，短的"尺寸"和长的"里"发展成了两套不同系统，对应的是完全不同的测量手段，它们之间的换算纯属为了方便所设。但需要称重的物体，从细小的钱币、药材，到庞大的兵器、建筑材料，所做的归根结底仍然是同一件事——平衡。中国古人测量重量的范围从大致 1 克的量级（药材、谷粒等的重量），到一个人能搬动的重量（30 千克左右）。再往上的重量呢？由于如此重的砝码不易搬动，古人所知的天平平衡法就不好操作了，但想必你听说过曹冲称象的故事：让大象站在木舟上，测量船身下沉的深度，然后在船上放上可以分割和测量的石块来代替大象，最后将各个石块测得的重量加起来。其实，不论历史上有没有这回事，这个典故正好说明了：古代的重量单位是有"可操作范围"的限制的，超过这个范围，人们就只能使用间接的方式进行测算。不过，从 1 克到 30 千克，这个范围已经足够惊人了，类比长度，相当于从一根头发丝的长度到整个人体的长度。掌握称重是文明社会的象征，有了各色的重量测量基准，才有了文明社会的各种高级活动。

时间

说完度量衡，我们简单介绍一下中国古代的时间单位。对古人来说，时间测量有一个很可靠的参照——每天的正午，太阳的位置最高，物体的影子最短。而且，两次太阳最高（日影最短）时刻之间的时间是恒定的，这一段时间就是一个天然的统一基准。古代中国将这段时间等分成十二份，每一份称作"时"或"时辰"，并按古代占星学里的十二地支命名。古人最早的计时工具——日晷，测量的就是按一天时间十二等分的时辰。

　　同时，中国古代还将一昼夜的时间划分成100份，每一份称为"刻"。"刻"的计时方式适合于古代的另一种计时方法——流体计时，即俗称的"水钟"。我们已经看到，中国古代的长度、容积单位都是十进制，这自然与同样是十进制的时间单位"刻"高度贴合，因而计时可以直接通过计量容器中液面的高度来实现。为了提高精确度，古人还会使用多级的水漏。中国古代的许多天文学家都曾尝试设计制造过所谓的"水运仪象台"，即整合天文观测与水钟计时的大型精密机械，这之中最著名的是北宋苏颂设计的装置（见图2-3），兼有天体测量、天体运行演示与水漏计时这三方面的功能。不过苏颂的水运仪象台在北宋末年的宋金战争中不幸失传，这个代表着古代计时精度巅峰的仪器也就随之湮没在历史长河中。直到现代，才有科学史学者大致复制出了这一古代精密仪器的构造。

　　十二时辰制和百刻制这两套基于不同仪器的方案，在中国古代长期并行。后来到了清朝，随着西方钟表的传入，为了使"时"和"刻"更好地吻合，"刻"被修改成了一天的1/96，即我们现在所用的"1刻=15分钟"。另外，西方的24时制也随着西方钟表一并在中国流传开来，于是人们将中国传统"时"称为"大时"，西方"时"称为"小时"，"1小时=4刻"的换算也正式确立。

　　此外，中国古代对于夜间计时引入了另一个单位——更，通常将一夜分为五更，每更对应一时，所以"三更"即为"半夜"（这也是个成语）。每一更又分成五点，每点折合24分钟。

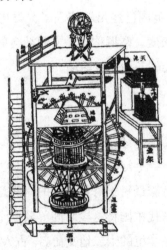

图2-3　北宋苏颂制造的大型计时仪器水运仪象台。

专栏

其他东亚国家的古代单位：日本尺贯法

随着古代中华文化向周边国家传播，日本、朝鲜、越南等周边国家深受华夏文化影响，它们不仅接受了中国的文字——汉字，也接受了中国古代的度量衡体系。在这之前，这些周边国家可能已经有了一些自己的单位，但当汉字传入后，它们也就将类似的概念并入了相应的汉字中，进而归入同一套单位系统。

不过，当周边国家开始接受中国文化时，中国的传统度量衡体系已经相当抽象，基本脱离了日常生活的参照物。所以，东亚各国在本土的实践中依然创造了一些独有的单位，这之中最具代表性的，便是在日本发展成独立体系的"尺贯法"（见图 2-4），"尺"为长度，"贯"为重量。在这个专栏里，我们便以日本尺贯法为例，简单介绍一下它与中国古代单位的区别。

在长度方面，日本引进了一个比"里"小的距离单位"町"（丁），规定 1 町 = 60 步 = 360 尺，折合 100 米左右。这个"町"字在如今日本的地名中仍无处不在。日本的"里"起初和中国的"里"定义相同，但后来变成了一个非常大的距离单位，在 16 世纪的日本战国时代规定 1 里 = 36 町，折合近 4 千米。

日本单位与中国单位最大的区别，是日本根据本土的"和室"文化，定义了一系列的建筑用单位。这之中最有特色的是在中国单位里不容易见到的小面积（房室面积）单位。日本人把和室中柱子的间距定为"间"，规定 1 间 = 6 尺，而边长为 1 间的正方形面积为"坪"（tsubo），类似中国面积单位里所用的"步"。这个"坪"影响了近代的朝鲜和台湾地区，直到今天仍在许多地方的房地产市场里出现。同时，根据和室内铺的草席，又衍生出了以长方形为基准的面积单位"畳"（tatami，即我们熟悉的"榻榻米"，又称"帖"）。"畳"的大小并不固定，在日本各地分成了"京间""中京间""江户间""团地间"等不同的制式。

另一个日本特有的单位是重量单位"贯"。这个单位来自古代中国的钱币，1000 枚钱币（一枚称一文）串起来是一贯钱。日本将"贯"推广到了物体的重量，并定义 1 贯 = 100 两，又定义 1 两 = 10 匁（momme）。匁这个单位与中国的单位钱（1 两 = 10 钱）类似。可以看到，重量单位变成货币单位后，传统定义中的非十进制换算（如 1 斤 = 16 两）也就自然被淘汰了，这可以说是东亚国家普遍接纳中国传统度量衡思想后起的积极作用。在下一节我们会看到，在西方的古代社会，即便是在要求"精打细算"的货币单位中，十进制也远没有得到普及。

图 2-4　日本"尺"与日本传统量具"合"。

2.2　西方古文明的单位

- 我们已经知道"寸"是人的腕口，"尺"是张开虎口后拇指与另外四指间的最大跨度，那么，你还能想出哪些使用人体记号实施测量的方式？
- 为什么英制单位中重量单位读作"磅"（pound），符号却是"lb"？

在中国古代的单位中，令我感到惊奇的是，中国古人对于单位和度量，已经建立起了相当抽象乃至接近现代科学思想的观念，如长度单位从"寸"出发，用严格的十进制建立完整的长度单位体系。这样的观念不是只停留在少数先贤的思考中，而是很早就深入了普罗大众的日常生活。而在这一方面，古代西方文明都还稍显稚嫩。这一节我们就来简单看一下各种西方古文明是如何建立度量体系的。当然，由于西方古文明中的单位众多，我们只着重关注一些形象、容易理解的单位。此外，我们以两个对后世影响较大的例子——罗马单位和中世纪英国单位，介绍一下古代西方单位的具体形式。

通说

在世界古代文明里，单位其实是很容易传播的，毕竟单位本身只代表一个测量的概念，人们可以轻易地借用，并且不需要关心它的数值是多少。说到底，古代社会的单位只代表一种测量的方式。如果一种文明使用手肘的长度来测量物体，另一种文明听说这个想法后，会很自然地拿自己的身体来尝试。于是，这两种文明也许会发展出长度不完全相同、名字也不一样的两个单位，但它们的本意都是用人的手肘来度量。

这个现象在古代西方各文明的基础长度单位体系中体现得很明显：西起地中海，东至南亚，中间的埃及、美索不达米亚（苏美尔）、希腊、罗马、波斯、阿拉伯乃至印度等一众文明，都采用了几乎同一套基于人体部位的单位体系，但与古代中国单位体系的共通点极少。这个出奇的一致性说明单位在文明的交流中的确极易扩散，并为人吸收。

前面讲到，西方古文明中有一个普遍出现的代表性长度单位"肘"（cubit），一般表示人的肘关节到中指指尖的长度，折合45~55厘米[①]。这个单位见诸埃及、苏美尔、希伯来、印度、波斯、希腊、罗马等各个重要的文明。在古埃及，"肘"的长度是所有长度单位的基础，它直接取自每一任法老的身体，而且制作成"原器"，称为"皇家肘"（royal cubit），用于指导一切测量。可想而知，古埃及宏伟的金字塔上的每一块石块，都与它的主人的身体契合。肘尺原器在古埃及已经非常普遍，在著名的图坦卡蒙法老墓中就有出土，而且已经有了详细的数字和刻度标记。另一大古文明美索不达米亚，也有类似的肘长度原尺，即所谓的尼普尔肘尺（Nippur cubit-rod，见图2-5），由铜合金制成，年代约在公元前2560年，不过上面的标记还比较简单。

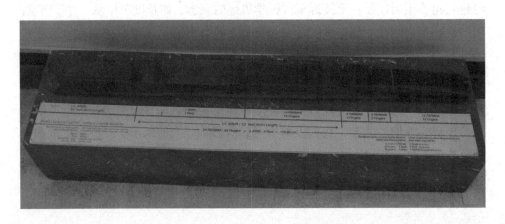

图2-5　古代苏美尔尼普尔肘尺，现存于土耳其伊斯坦布尔考古学博物馆。

其他长度单位，通常也取自人体各个关节之间的距离。本节的开头给大家留了一个自己思考的问题：人体究竟蕴含着多少潜在的"单位"？现在我们就按历史上西方文明里出现过的单位来总结一下。

一般来说，人们能找到的最小单位是指尖的宽度（通常用中指），英语里称为"digit"[②]，这里可以翻译成"指"。除了用指尖，手指关节间的一节，

[①]　在中国单位里，来自整个身体的仞或寻要远超过这个数值，而来自手掌的"尺"远小于这个范围，说明中国古代并没有以手肘为参考的对应单位，东西方的系统是相互独立的。

[②]　这里我们虽然以英语单词为例，但它们在各个古文明中都会有本民族语言的形式，只是表达的意思与此类英语单词相同。

大拇指的关节也是个易于操作的小单位，这个单位即英语里的"thumb"，比指尖稍大一些。测量比较小的长度，比如地图上两个地点间的距离时，我们的手指就是不错的测量工具。

不过，拇指关节的长和指尖的宽之间不容易找到换算关系。这时，如果你把手指并起来，一个无比自然的换算就跃然出现了——四根手指的宽度加在一起，不正是手掌的宽度吗？这个单位是西方文明普遍使用的"掌"（palm）。如果把拇指也并进来，我们就又得到了一个单位，大致是"拳"（fist）或者"手"（hand）。手指与手掌、拳头的长度关系，就是我们的身体为我们提供的第一个单位换算的暗示。

如果要得到比手掌更大的单位，最自然的做法便是把并拢的手指分开。为了测量的稳定，我们还得尽量把五指分开到最大，此时，拇指和中指（或小指）指尖的间距便是之前提到的中国人用的"拃"，很可能也就是中国古代的"尺"。而在西方也有类似的测量概念，英文里称为"span"。

使用手掌这个人体中极为灵活的器官，所能得到的最大长度大概就是"拃"，不过你可以试一试：把自己的手指尽量分开，然后和自己的脚掌长度对比一下，你会发现，人的脚掌长度总比手掌的测量极限更大。对于古人来说，手上一般不需要穿着什么衣物，但脚上是一定要穿鞋的，所以人们必然要反复对脚掌进行测量。于是，一般人的脚掌长度也可以当作一个单位。当然，不同性别、年龄的人的脚掌长度差异很大，当脚掌长度成为单位时，它就势必已经虚化了，再说我们也不可能把自己的脚掌放到案板上"比画"。因而到了这一步，人们必然已经懂得把脚掌的长度"转移"到另一个物体上，并制作成"标准足尺"。在西方古文明里，意思与"足"（foot）相同的单位普遍存在（中国古代也有"郑人买履"的典故）。

除了足，与服装裁缝密切相关的还有人手肘的长度，这就是在西方古文明中普遍出现的"肘"（cubit）的量级，静态长度一般以这一级为最大单位。一些古文明可能还会有更大的单位，如中国古人使用的展开双臂得到的"寻"在古希腊文明里也存在，后来变成了英文里的"fathom"。但古人很难把硬质的刻度尺做得这么长，所以这个概念只是一种粗糙的量度，不容易具体化。真要表示这么大的长度，古人也许会使用一段绳索，把它转移到可以折叠的绳子上，但这已经是动态长度的范畴了。

　　至于换算，一般从标准肘尺开始。对于人体，一肘（肘关节到中指尖）大致是掌宽（四指并拢）的6倍，拃（五指张开最大）的两倍，脚掌长大致是手掌宽的4倍——你可以用自己的左右手脚来验证一下这几个关系，它们还是较为准确的。西方古人注意到了人体的这几个比例关系，进而建立了一套可换算的长度单位体系（以最小的"指"为基准，见表2-5）。

表2-5　古代西方的人体参照长度单位体系的换算关系

单位	指[①]	拇指[②]	掌	手	拃	足	肘
英文	digit	thumb	palm	hand	span	foot	cubit
换算	1指	1拇指	4指	5指	12指	16指/4掌	24指/2拃

　　这套从人体中总结出来的换算关系，是整个古代西方世界长度单位的基础，从古埃及一直持续到2000年后的拜占庭帝国。

　　古代西方文明关于动态长度（距离）的量度大体上有两种思路——使用工具或使用步伐。使用工具（一般是绳索或木棒）所产生的单位在英文里叫"rod"或"pole"，这样的单位一般比较大，可以达到3~5米；使用步伐产生的单位与中国传统单位中的"跬步"一样，存在迈一次腿和迈两次腿的区别，在现代的英语里，这两者仍然分别属于两个词："step"和"pace"。多数文明程度较高的西方古代国家也和古代中国一样，规定了动态长度基准"步"和静态长度基准的关系，一般是1步（pace）=5足（foot）（同期古代中国的规定是1步=6尺或5尺），可见"步"的长度在东西方不会相差太大，都在1.5米左右。

　　此外，古代西方国家还有一些从生活中总结出来的有趣的长距离单位，比如古希腊人有一个单位"stadion"，表示一个竞技场的周长，所以也可以译作"场"。它在当时定义为600希腊足（podes），这个单位显然与举办了最早的奥林匹克运动会的古希腊密切相关。生活在亚欧大陆中央的古代波斯人以频繁的军事征伐著称，于是，他们把一匹马在一定时间内所走过的路程也总结成了一个单位"parasang"，这个单位后来被与波斯相邻的希腊接受，并重新起

---

① 　指尖的宽度。
② 　拇指关节的长度。

了一个名字"league"，这两个词语都有"队列行伍"的含义。这个单位流传到了后来的罗马帝国，并一直使用到近代。我们都听说过法国作家儒勒·凡尔纳创作的著名科幻小说《海底两万里》，这里面的"里"，在原文中其实就是这个"league"（法语"lieues"），它是一个很大的单位（3~5千米）①。

如果你记不住上面这一系列由人体衍生的长度单位，可以参照图 2-6 的总结。

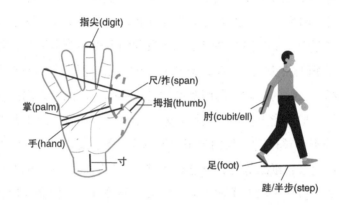

图 2-6　古代社会主要由人体衍生的长度单位总结。

古代西方的面积单位大体上也分为两派，一派与古代中国人的做法类似，将一定量的长度单位直接规定为面积单位，即规定为一个长为一定数量单位、而宽只有一个单位的长条形。古代埃及、希腊等文明都采用这样的方式。另一派则是直接规定为一个长与宽都设定好数值的长方形的面积，这就相当于将一片土地或农田的大小设为基准，用于在别的地方划分土地。与中国的传统面积单位一样，西方的传统面积单位也不会直接叫作"平方长度"，而是同样要另起一个名字。

至于容积单位，在西方单位里基本都是表示实物的专有名词，也就是说，人们用什么容器装东西，容积的单位就是那个容器的名称。不过与只有"升斗斛"这一套体系的古代中国不同，西方古文明对于不同功能的容器普遍还会有不一样的单位，比如，盛粮食的是"干容积"，盛液体的是"湿容积"，两者各自

① 在凡尔纳生活的时代，法国早已经全面改用了公制，而且书名中的"里"如果是指"league"，"两万里"远远超过了地球周长，按照书中的原意，"两万里"指的是潜水艇一共航行过的距离。

有自己的名字，而且相互不一定能够换算。容积单位普遍分成"干"和"湿"，这是西方古代单位和中国古代单位的一大区别。重量单位上，古代西方与古代中国的单位体系类似，通常不是十进制，而是因子为 2 或 3 的倍数关系，这里就不再赘述。

纵观整个西方单位体系，其中最普遍的特征是——几乎没有十进制。当然，长度单位不是十进制，这或许情有可原，因为人体就是这样的。实际上，古人在度量衡上不使用十进制并非"落后"，而是 10 这个数字在一部分场合中并不符合人类的自然习惯。由于人类是灵长类动物，"双手十指"这个属于灵长类的生物属性深深刻在了我们的基因里，导致我们不得不将十进制，确切说是包含 5（每只手或脚的指头数目）和 2（对称的手脚）这两个因子的进制，作为"数数"的首要选择。数数的时候，我们要做的是"累积"，此时我们可以轻易地把数目对应到每一根手指上。但当我们要做"分割"，也就是第 1 章所说的将大单位转化成若干小单位时，我们却很难对应上"5"或"10"。你可以拿一张纸来做实验：把这张纸二等分，自然毫无难度；把它三等分，也不难做到；但如果要五等分（包括 5 以上质数为因子的数量的等分），你会发现做起来十分不自然。这在更大的测量范畴内也是同理的，无论分割一把标尺、一个容器还是一个秤砣时，做出准确的二等分几乎不费吹灰之力，三等分也还不太难，进而 4、6、8、12、16、24 等数量的等分都可以逐步实现。但当需要做五等分或十等分时，操作的难度却陡然增大，要做到完全精确，更是对古人的工艺与技术的挑战。

所以我们只能说，不是西方的古人愿意选择那些不是十进制的奇怪进位，而是十进制分割对于古人来说本来就是"反直觉"的。只是古代中国的能工巧匠们克服了这个难关，不仅成功大批量生产出了按"1 尺 = 10 寸""1 斗 = 10 升"分割的量具，还将十进制的思想贯彻到了整套长度和容积的度量体系中，这其实就是我们在数学里学到的"小数"（在西方小数被称为"decimal"，也就是十进制的意思）。相反，尽管西方人在古希腊时期就发现并证明了无理数的存在，但我们今天看起来无比基础的小数概念，在古代西方却鲜有人能理解。但即便如此，中国古人所用的单位里，长距离、面积、重量等领域依然未能完全统一到十进制下。对于十进制计量思想，我们会在本书的第二部分做进一步讨论。

古罗马单位

"条条大路通罗马"，强大的古罗马帝国无疑是西方历史的巅峰。古罗马帝国的度量衡制度，也达到了空前的统一和权威（见图 2-7）。如同古罗马帝国的文字所使用的拉丁字母一样，古罗马帝国的单位制也被后世欧洲直接继承，成为古罗马帝国留给后世的重要遗产。

图 2-7　古罗马广场遗迹中遗留的"金色里程碑"（Milliarium Aureum），这被认为是"条条大路通罗马"里罗马道路的起点。

不同于以肘尺为准的其他古文明，一方面，古罗马把长度的标准定在了"足"（拉丁语"pes"）这一级，其他古文明使用的指、掌、肘等身体部位单位皆与古罗马的"足"挂钩。另一方面，古罗马将拇指关节的长度确立为小一级的基准，规定其为足的 1/12，并直接以拉丁语中表示"十二分之一"的"uncia"命名[①]。在古罗马文化中，12 这个数字至关重要，古罗马人的分数系统就基于十二分，而非我们今天习惯的十分。古罗马人处理度、量、衡、面积时，也都使用这套十二进制分数机制，而这套机制的基础正是表示 1/12 的"uncia"（请

①　"uncia"代表"1/12"这一数量，但它在字面上并不包含"12"（拉丁语里叫"duodēcim"），而是一个表达十二进制分数的特殊名词，而 11/12 的表达则类似"一减 uncia"。

记住这个词）。

其实在很多古代文明中，12 的地位都可以与 10 媲美，也是一个举足轻重的数字。不难看出，2、3、4 这三个基本数字都是 12 的因子，十二等分是个比十等分更容易操作的分割方式。而且，12 这个数字与古代天文和占星术有着极为紧密的联系：不考虑闰月的情况下，一年有 12 个月；木星（夜空中最容易观测的行星）正好 12 年运行一周。于是西方古人将夜晚的天空划分为"黄道十二宫"，中国古人则使用"十二地支"。此外，全世界的古代文明也几乎都以 12 或 24 来划分一天的时间。一些语言（比如英语）中，11 和 12 两个数字还会存在特殊的读法，表示人们列举最基本的数字时，往往不单说 1~10，还要带上 11 和 12。

动态长度上，古罗马规定 1 步（passus）为 5 足，1 棒（pertica）为 10 足，由此衍生的长度单位包括类似于古希腊的"stadium"（竞技场长度）、"mille"（拉丁语的"千"，即 1000 步）和"leuga"（即前面提到的表示一匹马行进距离的单位"league"的变形）。在面积单位上，古罗马采用的是直接划定"标准长方形"的定义方式，基本面积单位是"jugerum"，来自拉丁语中的"田地，开阔土地"，定义为 240 足 × 120 足，其他面积单位则以"jugerum"等分而来。

如前文所说，古罗马的容积单位也分成液体量和固体量两种。用于液体的单位是"congius"，来自希腊语"贝壳"，表示一个边长半足的正方体的体积；用于固体的基本计量单位是"modius"，表示"大分量"，定义为 congius 的 8/3 倍。至于更小的单位，古罗马单位里会用一个表达数字的前缀，但表示的含义是"几分之一"。如"sextarius"这个单位，"sex"是表示数字 6 的前缀，表示液体容器"congius"或固体容器"modius"的六分之一。在西方语言中，"几倍"和"几分之一"的界线其实一直都很模糊，这甚至一直影响到了后来的公制单位（我们在第 6 章会谈到）。

古罗马的基本重量单位是"libra"，即拉丁语中的"天平"。"libra"同样可以分成十二等份，得到的次级单位也叫"uncia"，和长度单位的名字一样。另外，古罗马的钱币称为"阿斯"（as），并不直接来自重量单位，而是古罗马分数系统中表示"一"（12/12）的数量概念，这与很多世界古文明不一样。

中世纪英国单位

不列颠群岛在古罗马帝国时期成为帝国的领土，古罗马人的单位也随之进入不列颠群岛。古罗马帝国覆灭后，不列颠群岛先后遭到了盎格鲁－撒克逊人和法国诺曼人的两次入侵，岛上的度量衡制度逐渐形成了以传统古罗马单位为框架，又兼具部分本土单位的混合体系。

中世纪英国的长度单位的基础仍是古罗马单位制里的"足"，也就是"foot"。古罗马单位中源自拇指关节长度，但文字上意为"十二分之一"的次级单位"uncia"，在中世纪英国变成了"inch"。这两者在古罗马帝国灭亡后的欧洲依然被广泛使用。不过，与不断开疆拓土的古罗马人不同，居于不列颠群岛之隅的盎格鲁－撒克逊人似乎用不上古罗马人那些以步伐为测量基准的距离单位，于是，在岛上从事农耕的英国人自己创造了一系列基于农业的单位。他们先引进了一个本土概念"yard"（码）①，这个词的本义是棍棒类的物体，定义为3足。"码"的来源众说纷纭，有说来自人的手肘（比如著名的"国王的鼻尖到指尖"说），有说来自人的腰围，也有说来自表示动态距离的"步"，但总之，它是一个独立于古罗马度量衡体系的本土单位。其他较长的单位有fathom（6足或2码，等同于中国古代的"寻"）、rod（棒，也是驱赶耕牛的刺棒的长度，但与"码"之间的换算不定）、chain（链，等于4棒）、furlong（弗隆或浪，一队耕牛不休息连续一天耕作的最远距离，定义为40棒）。基础面积单位则是一个英国本土的词语"acre"，也有"田地，开阔土地"的含义，表示一队耕牛一天内可耕完的地的面积，数量上等于1弗隆乘以1链。这一套基于单位"码"的土地丈量体系，是不列颠群岛上的英国人独立发展出来的本土体系。

但同时，英国人仍然保留了古罗马时期的长距离单位"mille"，在英语里变成了"mile"。这个单位本来指1000步，如果按照罗马时期"1步=5足"的关系，这个单位应该可以和短长度单位"足"简单换算，即"1千步=1000步=5000足"。然而，居住在岛屿上的英国人似乎更青睐于棒、链、弗隆这样的基于农田的距离单位，久而久之，古罗马传来的"mile"的实际意义在英国消失了，但"mile"这个词却依然存在于英国人的语言中。可它究竟是多远？

① 汉语里把"yard"翻译成"码"，可能是取其作为一种通用测量工具的含义。另外，用作单位的"yard"，和英语里表示"庭院"的"yard"是两个来源不同的单词。

可以肯定的是，那时无论城堡里的领主还是田地里的农夫都弄不明白。这可能是今天的英里与英尺的换算（1 英里 = 5280 英尺）看起来如此奇怪的一个原因。我们在第 9 章会介绍这个奇怪换算的更多历史背景故事。

容积是中世纪英国与古罗马单位体系中差异最大的地方，不但有不同的液体和固体容积，而且葡萄酒、啤酒还分别有自己的专用容积单位。容积的基本单位是一个法语里的概念"加仑"（gallon），也是一种容器的名称，液体和固体都使用加仑这个单位，但两者的数量不一样。加仑之下则是类似古罗马单位的分数单位"夸脱"（quart）和"品脱"（pint），分别表示四分之一加仑和八分之一加仑。前者类似今天英语里的"quarter"（四分之一），而后者的本意是"颜料"（即英语里的"paint"），可能是来自人们在容器外用颜料涂的刻度线。表达固体容积则常用一个比较大的单位"蒲式耳"（bushel）（见图 2-8），等于 8 倍固体加仑，这个单位是不列颠群岛被诺曼人征服后引进的，今天还能在一些粮食产品的国际期货交易中见到。

图 2-8　［英］威廉·艾肯·沃克油画《站在一个蒲式耳棉花篮后的黑人》，蒲式耳这个单位与中国的"石"类似。

英国的基础重量单位则是直接继承自古罗马的单位"libra"，这个单位也被很多欧洲国家所继承。有意思的是，古罗马拉丁语中这个单位的全称本是"libra pondo"，"libra"是"秤"，"pondo"是"重量"，一部分国家继承了前半部分"libra"，另一些国家如英国继承了后半部分"pondo"，在英语里变成了"pound"（磅），它同时还成了货币的单位，也就是今天的"英镑"。于是，重量单位在英语里读作"pound"，符号却是"lb"。同样是表示"十二分之一"的古罗马的次一级重量单位"uncia"，比长度单位晚一步进入不列颠群岛，于是变成了另一个形式"ounce"（盎司），最后也就脱离了"十二分之一"的本义。

在中世纪英国,重量单位还要分为常衡、金衡、塔式等不同的种类,不仅单位"磅"的绝对数量不同,"一磅"所对应的"盎司"甚至还有 12、15、16 这三种不同的换算。后来,英国统治者将常衡磅,以及 1 磅 = 16 盎司的换算树立为标准。此外,今天的英制单位中还有一个"液体盎司"(fluid ounce),是个表示容积的单位,它可能来自近代英美两国的酒馆。当时一瓶酒的规格通常是"一品脱",而为了表示一瓶酒能倒出多少杯(一般称为"shot"),人们自然就参考了"盎司"的概念。液体盎司和容积单位"加仑"的换算在如今的英国和美国并不相同,但无论是前者的 1/160 还是后者的 1/128,都显然跟它们最初的源头——古罗马单位"uncia"的本意相差甚远。

中世纪英国的度量衡体系一直延续到了工业革命之后,直到今天依然在世界范围内普遍存在。但由于如今它总是在"英制"与"公制"对比的场合中登场,我们反而不容易看到其来源了。其实,正如今天大多数人把 ABCD 叫作"英文字母",可很少有人知道,它们原本是 2000 多年前的古罗马人创造的"拉丁字母",今天的"英制单位"体系本身也只不过是创造过辉煌的古罗马帝国所使用的度量衡体系的一个后世变种而已。古罗马时期的长度单位"pes"(足)不仅变成了英国的 foot,同样也变成了后世法国的 pied du roi(国王之足,后面会讲到)、德国的 Fuß、西班牙的 pie、俄罗斯的 фут 等。罗马时期的"libra pondo",同样也演变成了整个欧洲的重量单位。只是在后世的公制改革后,除了偏居一隅的英国及其殖民地后裔,其他欧洲人全部放弃了这套古罗马时代的旧度量衡体系,以致全世界只剩下了一套由中世纪英国人创造的、杂糅了罗马度量衡体系和不列颠群岛本土单位的"英制"传统单位体系,人们难以从"英制"的外壳中看到许多单位原本的面目。这也正是本节要专门介绍古罗马度量衡体系的主要原因。

看西方古代单位最让我们头疼的莫过于这错综复杂,且统统不使用十进制的换算了。本节的最后,我们把古罗马和中世纪英国的常用单位名称及换算总结在表 2-6 ~表 2-9 中。由于把单位名称翻译成汉语后会破坏字面上古罗马和古英国体系间的演变关系,下面的表格只列举这些单位的原文形式,并在表格中以注释的形式给出这些词语的含义。表中列于同一行的表示中世纪英国单位继承自古罗马相应的单位。本节里我们从古代社会的角度大致介绍了中世纪英国单位的体系,在第 9 章,我们还会继续介绍这个单位体系在中世纪以后的历史故事。

表2-6 古罗马与中世纪英国度量衡单位总结——长度与面积

古罗马单位	古罗马单位换算	中世纪英国单位	中世纪英国单位换算	含义及注释
长度				
		barleycorn	1/3 inch	一粒麦穗长
digitus	1/16	digit	3/4 inch	指尖
uncia	1/12	inch	1 inch	十二分之一
palmus	1/4	palm	3 inches	手掌
		span	9 inches	张开五指
pes	1（基准）①	foot	12 inches	脚掌
cubitum	1.5	cubit/ell	18 inches	手肘
		yard	3 feet	棍棒类的物体，发源于英国本土
		fathom	6 feet	展开双臂
gradus	2.5			半步
passus	5			一步
pertica	10	rod	≈ 5.5 yards	棒，在英国单位中与 yard 的换算不定
		chain	4 rods	链
stadium	625	furlong	40 rods	竞技场
mille	5000 (1000 passus)	mile	8 furlongs	1000 步，但在英国单位中不遵从这一换算
leuga	7500	league	3 miles	队列行伍
面积				
jugerum	240 pes × 120 pes = 28800 pes²			田地，开阔土地
		perch	1 rod²	棍
		acre	1 furlong × 1 chain = 160 perths	田地，开阔土地

表2-7 古罗马容积单位

古罗马单位	古罗马单位换算	含义及注释
液体容积		
sextarius	1/6	六分之一

---

① 表示同一列中未特别指出的数字皆等于本单位的倍数或分数。

续表

古罗马单位	古罗马单位换算	含义及注释
液体容积		
congius	1（基准）	贝壳
urna	4	容器名
amphora	8	容器名
固体容积		
sextarius	1/6 modius	六分之一
modius	8/3 congius	大量

表 2-8　中世纪英国容积单位

中世纪英国单位	中世纪英国单位换算	含义及注释
液体容积		
pint	1/8	颜料
quart	1/4	四分之一
gallon	1（基准）	容器名
固体容积		
gallon	1（基准）	容器名
bushel	8 gallon	容器名

表 2-9　古罗马与中世纪英国度量衡单位总结——重量

古罗马单位	古罗马单位换算	中世纪英国单位	中世纪英国单位换算	含义及注释
		grain	1/7000	麦穗的重量
obolus	1/576（1/48 uncia）			金属碎块
uncia	1/12	ounce	1/16	本指十二分之一，但在中世纪英国发生了复杂变化，此处指英制的"常衡盎司"
libra pondo	1（基准）	pound	1（基准）	天平称重。在常衡、金衡、塔式等体系下代表的重量不同
		stone	14	石，常用于人的体重
		ton	2240	大型酒桶的重量

第 3 章

权力与规范

3.1 精确度的难题

- 你在中学学习古文的时候，遇到尺、斤等单位时，是不是按照今天的定义（如 1 斤 = 0.5 千克）来理解的？另外，在描述手机屏幕、车轮直径等时，你是不是会直接说"寸"，如"14 寸笔记本电脑"（也就是你已经把中国市制里的"寸"当成了英制的英寸）？

经过前面的一段古代文明之旅，读者想必已初步了解古人的测量思想。我们知道，单位诞生于人们把不可数量转化成可数量的过程，人们人为地规定一个基准物体，并把不可数量的大小，表示成相对于这个基准的比例，这就是测量的过程。

不过你可能会注意到，之前为了表达某一个单位到底是多少时，我们使用了"折合 ×× 米"这样的现代说法，这不是犯规了吗？古人怎么会知道一样东西是多少"米"？那么，有什么既能不借助现代人的方法，又能直观地表达出某个度量的大小，或者说"绝对数量"的方式吗？

表示"绝对数量"，换句话说，就是要让单位足够精确，而单位要精确，最关键的一点便是——稳定。无论在何时、何地，这个单位都应该维持恒定，只有这样，我们才能信任它的精确度，也才能知道它究竟该有多大。

以古代人的生活条件来说，如何才能获得一个尽可能稳定的度量基准呢？我们提到过对中国古代成年男子平均身高描述的变化——从上古时期的"丈夫"，变成"八尺男儿"，又变成了"七尺之躯"。这给了我们一个启发：用一个从大容量的样本中得到的平均数量，比如古代成年男子的平均身高，来作为度量基准的稳定参照。如根据上古时的"丈夫"变成战国时期的"七尺之躯"，我们可以在不借助现代单位的情况下，推断出战国尺相对于上古尺所增加的幅度（$10/7 \approx 140\%$）。假如认为从夏朝到战国时期中国的成年男子平均身高没有显著变动，我们就可以以之为基准，推算出其间每个时期的"尺"究竟是多长。

前文还提到过，人类步行的平均速度和行走时迈出一步（两次摆腿）所走过的距离也是比较稳定的，因而人行走的步长同样是一个可用的、较为稳定的基准。利用这一层关系，我们可以根据中国古代的"步"出现过 6 尺和 5 尺两种换算反推出"尺"在历史上的变化，还能通过中国和西方共有的"步"与换算关系建立中国尺与西方的足、肘、棒等单位的联系。比如，古罗马曾规定 1 罗马步（passus）为 5 罗马足（pes），我们立刻就能知道，罗马足（pes）的大小应该与古代中国后期的尺接近，但必定大于古代中国早期"1 步 = 6 尺"时所使用的尺。

然而，这样的基准仅仅能做到大体上稳定，对于精确的测量来说，它们的可靠性要大打折扣。比如，按现代学者推算的战国时期"1 尺 = 23 厘米"，根据"七尺之躯"反推，当时的成年男子身高不过 1.61 米，但营养条件更好的现代人远比古人长得高（现代中国成年男子的平均身高大约是 1.67 米）。同样，人双腿迈出一个周期走过的距离的确都在 1.5 米左右，但不同年龄、性别、身体状况的人走出的步幅会有相当大的差异，它远未达到可作为"亘古不变"的稳定标准的要求。

看到这里，你应该能想到问题的根源所在了：古代度量体系里，人们总是得"**自己定义自己**"——长度单位是人手肘的长度、重量单位是"斤"这个物体的重量，时间单位是一个昼夜循环的时间……然而，这样的定义方式始终得面临一个问题：如果这个用来"定义自己"的基准量自己改变了，该怎么办？

对古人来说，基准量自身发生改变的原因很多，如因为技术限制，对基准器难以复制出一模一样的复制件，导致用复制件实施的测量与基准器本身产生偏差；又如随着时间流逝，基准器自身出现锈蚀、磨损乃至被大火焚毁；或如保管基准器的人为了牟取私利，自己把基准器给改了，这也是历史上屡见不鲜的现象。

"自己定义自己"使得基准器一旦发生变化，人们想要重新制作时，不可能还原出一模一样的基准，因为能倚靠的唯一参照已经不复存在。更糟糕的是，古人很难知悉这个变化究竟是何时发生的，是在长年累月间持续不断地改变，还是在某个时刻突然变化？在自我定义的单位体系下，这些问题都是近乎无解的。

那么，有什么可以达到真正的"精确"的定义方式呢？其实在人类的认知中，"绝对精确"的事物是存在的，那就是"数"，比如自然数1、2、3等，它们就是精确的（我们会在第6章进一步讨论）。古人其实很早就知道了这一点，所以他们在设置单位体系时，已经有意建立了"换算"体系。如古人有"肘"和"掌"两个单位，在最原始的测量里，人们也许会用手掌来测量一个小东西，用手肘测量大东西，这两者都是基准。一个原始人测量一个石块，可能会先比画两次手肘，再比画一次手掌，得到结果"二肘一掌"。但是，因为"肘"和"掌"都是各自的基准，这个结果就存在两重独立的不确定性。后来的人取消了"掌"这个基准，只保留其名字，并规定一掌永远等于一肘的六分之一（即便对所有人来说，手掌宽度不会恰好就是手肘长度的1/6）。这意味着"掌"的不确定度只在于"肘"，可从根本上减少测量的误差。

另一种可能实现"精确"的定义方式是有明确意义的几何形体，如三角形、圆、抛物线、圆锥体、正四面体等。在几何图形中，三角形的内角和一定是180度，圆的周长与直径之比一定是π，这也是在数学上绝对精确的指标。

然而，在古人的认知体系里，数学意义上的"精确"终究还是空中楼阁。古人仍然只能用长度定义长度单位，用重量定义重量单位，他们难以找到一套摆脱这种定义方式的数学量度。当然，古人也确实意识到了这个问题，也做过诸多尝试，这一点我们会在之后详细说明。

对古人来说的另一个问题是，他们使用单位，往往并不是要使用它的绝对数值。"飞流直下三千尺"并不代表庐山瀑布的高度是精确的唐尺3000尺，"四两拨千斤"也不是真把4两和1000斤的物体放到秤上比较。在平民大众的语言里，单位更多时候是一个将形容词具体化的虚指概念。其实直到今天，绝大多数人对于单位并没有一个绝对性的认识，我们使用单位的绝大多数场合，只是为了让一个抽象的物理量具象化。比如，要表达"长"，让小孩子来表述，那也许就是"很长很长很长……"，或者"超长""巨长""宇宙无敌长"之类。这类说法只能用简单的形容词与副词进行机械组合，但几乎没有任何具体的概念。而有了单位，我们就有了一套既简洁又明确的语言，比如"万里长城"，只用两个字就清晰地勾勒出了长城的"长"，以及它大致的数量级。当然，真正的长城和"万里"的精确长度并没有什么关联，我们只是借用了"里"的度量概念来把一个抽象的形容词具象化而已。

本节开头的问题里我们提到，作为现代人，我们对单位语言的认识似乎比较随意，也许有些人就把"万里长城"理解成5000千米，或者把英语里说成"inch"的手机屏幕规格直接理解成汉语里的"寸"。但换个角度说，单位也就是个表达约数的用语，只要知道"万里长城"的长度在10^3千米这样的数量级，英语"inch"的含义跟汉语里的寸差不多，这在生活中就足够了。我们平常只用理解它是大还是小，并不真正需要知道它的数值。今人如此，古人就更是如此了。

正因如此，在古代世界里，人们在大多数场合中使用单位时，往往并不关心单位的精确性。准确地说，人们使用单位交流，比如在市场上做买卖时，交易双方都认可了单位的精确性。在古代集市上，商人吆喝"每斤大米××文钱"时，所有人都会默认一个事实，卖方吆喝的"斤"和买方需要的"斤"，即便未经执法者认证，也一定会指代同一回事。

但是，怎样才能取得每个人的认可呢？在古代社会，背后的决定性因素就是——**权力**。

前文里我们说过，"权"的本意是秤砣，有能力制作、规定"权"的重量的人，也就有了统治整个社会的权威。有"权"的人，可以按任意一个数值定义长度、容积、重量的实物单位。在"权"的统治范围内，人们的生产、赋税、交易等活动，只使用相对于这个单位的数值，而唯一的绝对数量，便握在掌权者的手中。

"权"的另一面是"衡"，这也是掌权者的另一项职能——主持公道，也就是执行法律。如一个古代奸商按1斤肉100文钱卖肉，可他偷偷把自己的秤砣挖空了1两，于是在一次交易里，奸商不但得到100文钱、还少付出了1两肉，买家付出了100文钱，却白白损失了1两肉，相较于公平状态，买方被迫承受了双重的损失。买家怎样寻求公道呢？这时就得让掌权者拿出规定好的"斤"的标准，和奸商手里的秤砣比一比，公道便自在人心。所以，有资格制定和拥有标准器具的人，就是社会中的当权者。记载中国周代官制的《周礼》便提到了当时的"司市"和"质人"两种官职，司市负责管理市场，监督市场的度量衡体系，根据官方的标准评定物价；质人则负责监督市场秩序，尤其是解决因度量衡产生的纠纷，惩罚作奸者。可见对古人而言，单位有没有精确的数值不重要，重要的是它对每个人公平，而且在产生纠纷时有人主持公道。

在古代世界，单位往往就等同于权力。我们已经知道汉字"权"就是秤砣，掌握着测量规则的人也就是掌"权"人。英语里的"ruler"既表示测量长度的尺子，也表示社会的统治者，它的动词"rule"也就是统治、管理之意。古希腊神话中象征法律与正义的女神泰美斯（Themis）的形象是左手持剑，右手举着一个天平，同时遮蔽住双眼，象征权力与公正（见图 3-1）。可见无论在东方还是西方，单位都是统治的象征。

图 3-1　古希腊的"正义女神"泰美斯。

不过，单位即权力，于是，权力的管辖范围和有效时间，也就直接决定了单位在人们眼中的认可程度。一套度量衡标准，也许只需要让一个地方政府管理好自己管辖的几百几千号人，让买卖双方不至于因为缺斤少两发生纠纷。但是，城市乃至村庄的不同的政府管理者之间如果没有交流，他们可能会使用根本不一样的标准。放到不同时代，这个标准就更难以维持稳定。总之，一切只取决于掌权者手中的器具。

在中国历史上，朝代的更替总会伴随着社会度量衡体系的混乱。春秋战国时期是中国历史上的第一个度量衡体系大混乱期，当时除了周朝制定的"公量"，各诸侯国还各自规定了一套"家量"，度量衡单位的名称和换算关系极为混乱，标准量的大小也互不通用，直到秦始皇统一全国后才改变了这一情形。然而，数百年后魏晋南北朝时期度量衡体系再次混乱，这一时期堪称中国计量史上最黑暗的时代，地方掌权者徇私舞弊成风，私自篡改标准器、滥征税赋都是家常便饭，乃至造成了中国度量衡史上最大的一次"膨胀"。可见，古代度量衡的制度设定并不能有效阻止贪婪的掌权者利用单位以权谋私。

在中世纪欧洲，封建制度同样导致了各领地间度量衡的不一致，每一块领地都各自定立标准，领地间也许说着同样的语言，但单位却互不相通。例如，在以森严的封建秩序著称的神圣罗马帝国，人们使用的长度单位都是古罗马遗留下来的"足"（德语 Fuß），但根据后人的考证，帝国内每一块领地的足单位几乎都不相同，最大和最小数值相差了近一倍！度量衡的不一致加剧了地域的隔离，也阻碍了社会经济的发展。

与权力挂钩的古代度量衡制度造成的另一个问题，便是度量单位的绝对数值在不同历史时代中存在波动（见图 3-2）。在前面的介绍里，我们已经简单涉及中国古代单位神奇的**"膨胀"**现象，比如从"丈夫"到"七尺之躯"，到清朝的《红楼梦》里，成年男子的身高已经只剩"五尺"，尺的实际长度从上古到清朝膨胀了一倍[①]。还有一个例子是："蛇打七寸"还是"蛇打三寸"？显然，成语产生时是"七寸"，而"三寸"应该是后代人的说法。不光长度单位，容积和重量单位在 2000 多年的历史中也发生了明显的膨胀，以致在南北朝之后，国家的度量衡制度只能被官方规定成"大小制"，大制为社会通用，小制则用于考订秦汉以前的旧制度。到明朝时，长度单位更是分化成了营造尺、裁衣尺、量地尺这三套系统，其中以裁衣尺最大、营造尺最小。而膨胀幅度最大的量制单位"升"，在魏晋南北朝与宋朝时发生过两次明显的膨胀，涨幅超过了 500%。

为什么古代度量衡的绝对数量会膨胀？假设在古代的乱世中，有一个贪婪的地方县官发现：如果把自己手中的量具偷偷改大，用这个器具到老百姓家里征税，上报上一级官员时，再换成原来的标准容器装满粮食上交，上一级官员毫不知情，自己又能中饱私囊，私吞下这一部分多余的税收。"无权"的老百

[①] 有趣的是，明代的《三国演义》和《水浒传》对英雄好汉身高的描述常常是"身长八尺"，乃至连武大郎的身高都有六尺，而按现代考证的明代尺（1 尺折合约 30 厘米）来看，这样的描述显然是失实的，罗贯中和施耐庵可能是刻意使用了古尺（大概是汉代的尺），以实现夸张的效果。

姓无法知情，"有权"的上一级官员又能被轻易糊弄过去。然而，这么个油水十足的操作很容易就会引来其他地方官员的效仿，直到最后，一个省里的地方度量基准也许就在暗地里全部"膨胀"了。这时，上一级官员也许才猛然察觉到度量基准的异常。

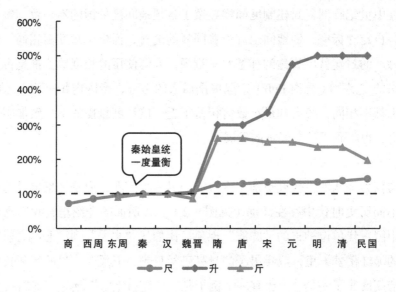

图 3-2　中国各朝代"尺""升""斤"实际大小的演变（以秦始皇时期为基准）。

可是，即便处置了贪赃枉法的官员，掌权者仍然会发现：如果全社会的度量基准在无形中变大，那么，再想把它改小就很困难了。我们不妨代入老百姓的视角：过去用了好几年的膨胀的"一升"，但自己家中收成挺好，没有察觉到。然而，如果掌权者强制地将地方官府里的"一升"修改成以前的小数量，可在信息交流闭塞的古代，市场上的商家很难根据这突然变化的量度改变物价（也可能是商人为了私利而故意不修改价钱）。此时的结果便是——老百姓的日常必需品又在暗地里涨价了！这可算把老百姓坑了第二回，"单位膨胀"这下子转化成了通货膨胀，这在古代社会可是很危险的。所以，高位的掌权者往往只能按社会的习惯重新制定度量基准，使得度量的膨胀就此定型。然而，我们难保下一批贪婪的地方官员不重启这个恶性循环，放到整个中国古代历史中，各个朝代的度量衡也就走上了无休止的膨胀之路。

也许以人性的角度来看，古代社会的度量衡膨胀是难以避免的。古代社会没有一项足够精确的度量衡监督标准，加上交通闭塞、信息传递不畅，手中握有单位这项"权"的人，着实抵抗不了这巨大无比的诱惑。而且，一两个人篡改量器以权谋私的行为，几乎无法被古代的民众察觉，这更会让贪婪者铤而走险。说到底，古代农业社会中，掌权者同时拥有度量衡管理权和基于农业的征税权，这本就是个无解的悖论。因而和赋税最紧密相关的古代量制（容积），也是中国历史上膨胀最严重的单位，从秦朝的"商鞅方升"到民国时的市制，一升的实际容量竟然扩大了整整 5 倍!

度量衡膨胀不只发生在中国，同样也出现在古代西方国家，上一章提到的中世纪英格兰单位就是一个很好的示例。比如，我们知道英尺（foot）的本意就是人的脚掌长，然而，即便以现代成年男性为准，也极少有人的脚掌长能超过 30 厘米（一般男性脚长只有 25~27 厘米），很显然，如今的"英尺"在历史上必然发生过膨胀，文献中也有"英寸"所对应的麦粒数目随时代"莫名"增多的记录。这也可能是表达远距离的英里偏离"1 英里 = 1000 步 = 5000 英尺"的简单法则的一个很好的解释：英国人能够理解"1 英里 = 8 弗隆 = 320 棒"这一层较简单的关系，但由于短长度单位在"码"一级出现了膨胀，导致"棒"与"码"之间的关系变得飘忽不定，进而影响了最终一级"英里"的具体数量。

因而，古人为单位的"权衡"而赋予的公平价值，在人的贪欲面前不堪一击。归根结底，在难以实现"精确"的古代社会里，度量衡的公平只能是空中楼阁。不过，古代的平民大众依然渴望一套统一、稳定、可靠的度量衡体系，帝王君主们也希望用度量衡制度昭示"溥天之下，莫非王土；率土之滨，莫非王臣。"那么，古人（主要是中国的古代帝王和谋臣）为度量衡的统一做过哪些努力？接下来，我们将会为你一一道来。

专栏

准确度、精密度、精确度

3.1 节的标题里出现了"精确度"一词，你可能会联想到：在科学读物和学术文献里，准确、精密、精确这三个词都经常出现，那么，它们究竟有什么区别？

我们首先要说明，英文文献里一般会提到两个重要概念：**accuracy** 和 **precision**。这两者在学术领域有严格的区分，它们的区别甚至写在了国际标准化组织（ISO）颁布的国际标准中。不过我在互联网上搜索了一下，发现这两者的翻译似乎并不统一，出现最多的是"准确""精密""精确"这三个词。在这一部分，我们不妨从翻译和测量科学实践两个方面来看看这三个词究竟应该如何区别。

要解释这三个词，可以参照下面的射击弹着点分布图（见图 3-3）。我们会看到，如果每枪都打在靶心内，见图 3-3(1)，这自然是最"准"的成绩；如果每枪打到四面八方，不但偏离靶心，而且看不出任何规律，见图 3-3(4)，这就是最"不准"。不过让我们感兴趣的是中间两组情况：如果一个射手打的总环数不高，可他的偏差能够显现出某种规律，见图 3-3(2)，把他打的每一枪记录成一个坐标，以靶心为原点，他的弹着点坐标的平均值，也许会恰好落在靶心，从科学意义上来说，这种情况其实也能算作"准"；最后，如果一个射手打的位置偏离靶心，可每一枪都打在一个极小的范围内，见图 3-3(3)，他显然打得不准，但在科学上，我们会说他的"精度"仍然很高。

在测量中，如果多次测量结果（弹着点）的**平均值**与**真实值**（靶心）的偏差较小，我们通常称这个测量"**准确**"。另一方面，如果在多次测量中**每一次测量**的结果与**平均值**的偏差都比较小，我们称这个测量"**精密**"。图 3-3 中，(1) 的准确度和精密度都很高；(2) 的准确度尚可，但精密度低；(3) 的精密度高，但准确度低；(4) 则准确度和精密度都较低（弹着点不仅离中心远，而且明显偏向左边）。

可以看到，在实际的测量中，只满足准确度和精密度之一的结果是不可靠的。如果只有"准确"，这表明单次测量的结果非常不可靠，我们必须不断地进行重复多次的测量，在实践中这会造成巨大的成本与浪费；如果只有"精密"，这就更不用说了——连结果都是错的，测得再精密不也是无用功吗？

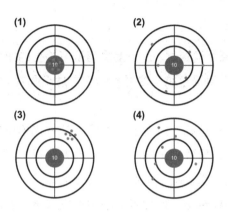

图 3-3　用射击靶纸解释"准确度"与"精密度"。

如果我们的测量既"准确"又"精密"，在汉语里，我们可以从两个词中各取一个字，说得比较顺口的一般是 **"精确"** 或 **"精准"**。显然，图 3-3(1) 所示的结果是人类所有测量所追求的终极目标。而在古代社会，人们的测量通常难以同时兼顾精密与准确，遇到的情况往往如图 3-3(3)——虽然精密，但不准确。我们讲到，古代的计量思想离不开"自己定义自己"，也就是，用来测量一个量的基准单位，只是这个量在某种条件下的特殊情况。然而，万一这个基准在人们没有察觉的情况下发生改变，即便古人把每次测量做得再仔细，他们也只能得到偏离了靶心、却密密麻麻挤在一起的成绩。现实中，这种情况往往是人们最不愿意看到的——你付出了很大心血，可得到的结果却毫无意义，甚至不如一个胡乱开枪却碰运气撞出了图 3-3(2) 所示成绩的人。

在英语里，根据国际标准化组织的建议，"precision"一词表示图 3-3(3) 的情况，所以它基本对应于"精密度"。对于图 3-3(2) 的情况，国际标准化组织建议使用"trueness"，也就是"真实度"。同时达到"precision"和"trueness"的，才能称为"accuracy"。一些人可能会把"accuracy"翻译成准确度，不过在本书中，我们以"精确度"来翻译这个词，表示"精密"与"准确"两者的结合，这也符合国际标准化组织的规定。

3.2　从方升到黄钟：度量的统一

> ● 我们在历史课上学到过，统一度量衡是秦始皇的重要功绩之一。现在，你能重新思考秦始皇统一度量衡的历史意义吗？

我们已经知道，不精确，或者说不透明，是古代单位制度固有的缺陷。度量基准不透明的问题，导致制定和管理单位的人获得了巨大的权力，平民大众生活里的一切测量依据都取决于他们手中的标准器具。单位与权力密不可分，而底层大众又如此需要单位，这使得再小的地方官员都会因为手中的这一法宝而炙手可热。权力与人的贪念，更导致单位的统一举步维艰。

但正因为这样的关系，寻求大一统帝国中央集权的统治者们才认识到了单位的重要性。古代单位的不一致，很大程度上源于地方政治的分裂与混乱。反过来，如果国家政权稳固、统一，稳定的社会度量衡体系也就必不可少。同样，既然地方官员以掌权之便牟取私利，我们同样可以以最高的统治者——国王或皇帝之名来为一切度量衡标准背书。政府以国家最高名义制作和复制标准量具，并从上到下颁布，下层官吏若私改量具，即视为冒犯皇权，以国法处置，以达到最强的震慑效果。

我们在上一章提到过古埃及的所谓"皇家肘尺"，即直接取自法老本人手肘长度的标尺。在古埃及的权力架构下，直接取自法老身体的肘尺，自然成了他身体的延伸。也正是在这至高无上的权威下，成千上万的古埃及劳工用皇家肘尺测量石块，为法老本人修建存世千年的陵墓——金字塔。甚至直到法老去世，肘尺也会作为陪葬品来封存他的权威。

这种直接取自君主本人身体的单位统一方式，在西方一直持续到中世纪欧洲。著名的查理大帝就定义了所谓"国王之足"（pied du Roi），这个名称甚至一直用到了法国大革命后推行公制之时。还有个著名但不太可靠的传言，即英格兰国王亨利一世用自己鼻尖到指尖的距离定义了本国类似于手肘的长度单位"ell"，后来演变成了英制的码①。这个传言也多少说明了封建时代君主在度量衡统一上的作用。

当然，用某位现实人物的身体来规定单位，乃至要让后世千秋万代地流传，这在封建社会的古人自己眼里看来都有些荒谬。毕竟，一旦他寿终正寝，用他身体规定的单位基准也就死无对证。就连古埃及法老的皇家肘尺，在这一任法老死后都必须随法老本人入土封存，继任法老需要用自己的身体重新划定肘尺的长度。另外，君主的身体充其量只是提供了长度的参照，但人的身上怎么找到一个普遍适用的容积和重量标准呢？

不用某个现实人物来做标准，以国家的名义制定实物规范，并以国家的最高权力监督标准的实施，这是古代社会保证社会度量衡统一的基本原则。在这方面，度量衡的制度和法律、货币制度等非常类似——都是依靠最高权力机关，从上到下颁布、执行的。这也正是古代政治运转的缩影。

在古代中国，对度量衡制度影响最深远的，莫过于2300多年前的商鞅变法，以及它遗留至今的证明——商鞅方升（见图3-4）。方升是商鞅本人监制铸造的青铜制标准量具，其中的一件有幸为后人发掘，现收藏于上海博物馆，是我国禁止出境展览的重量级国宝文物。方升本身似乎只是件其貌不扬的斗状青铜制容器，没有装饰和纹路，只有若干铭文，但它的意义，读过之前几章的读者很快就能明白——它基于严格、精确的测量，以长度单位为基准定义了体积的基准单位"升"。而具体的尺寸，就写在方升的铭文里——爰（yuán，于是）积十六尊（寸）五分尊（寸）壹为升。这里表示方升的容积是"十六又五分之一立方寸"。考古学家对它的实际测量结果显示，方升的容积为202.15立方厘米，与后世根据文献推定的秦朝容积单位的绝对数值吻合。

---

① "鼻尖到指尖"被后人认为是杜撰的说法。亨利一世在位时应该确实改革过长度的标准，不过长度单位直接取自他本人身体的说法显然是站不住脚的。

图 3-4 "商鞅方升"的实物，现保存于上海博物馆。

我们知道，古代的平民大众其实并不了解"体积是长度的立方"这层关系，他们了解的体积，只是对液体或粮食这种能填充任何一种容器的物体的直接计量。但方升的出现表明，至少在商鞅的时代，社会上层的统治者已经知道了体积与长度的几何关系，更重要的是，他们知道长方体的体积是最精确的。对古人而言，铸造标准容器并不难，但在古代的工艺条件下，造出的金属容器大多是圆柱状的（因为旋转体容器更容易倒模）。然而，只要涉及圆，考虑体积和长度的关系时就势必要考虑到圆周率的选取，在没有圆周率精确数值的时代，这样的器具容积很难与长度直接挂钩，人们使用时也不会代入长度的概念。

当然，商鞅方升的珍贵，还在于它的表面刻了另一段铭文：秦始皇二十六年（公元前 221 年），统一全中国的始皇帝正是使用此方升的标准诏令天下，统一度量衡的。此时距离方升上记录的铸造时间（公元前 344 年）已过了一个多世纪。可见，这一件器具见证了商鞅变法统一秦国内部、使秦一跃成为最强大的诸侯国，又见证了秦始皇一统六合、将统一的制度推及天下。而它背后的原则与理念，不仅经历了秦国存在时寥寥百来年，即便随覆亡的秦朝深藏地底后，仍历经千年而不朽。

正是在秦始皇之后，中国任何一个统一王朝都会将度量衡的标定和统一视为事关政权稳定的大事。同时，正是在秦朝以来天下大一统理念的指导下，古代的统治者开始寻求度量衡的严密化和精确化，这在客观上也大大促进了古代科学，尤其是数学的发展。

中国古人的一大智慧，是使用自然参照物来定义长度单位，而不依赖于统治者主观制造的器具。农业社会最容易找到的参照物，自然是代表农业社会根基的——粮食谷粒。古人发现，谷粒这样的微小物体的尺寸是相对一致的，只要根据几颗谷粒并列的长度定义出最小的单位，再根据规定好的换算得到其他单位，这就是一个放之四海皆准的定义。而且，大量谷粒排列成比它自身大得多的长度（比如尺）时，结果反而会更精确——在后世的统计学里，这正是所谓的"大数定律"。中国古代的政治中心位于北方，古人便选择了一种北方特有的谷物"**黍**"，现在又称"黄米"（见图 3-5）。将黍的谷粒长定为一分，于是一尺就是一百粒黍并排的长度，此长度便可用于制作标准尺。这个用来定义长度的谷物，在古代史书里也被称为"**矩黍**"，即用来标示长度的谷物。后人使用现代的黍粒再现的汉代尺，长度与考古出土的实物颇为吻合，可见 2000年前的汉朝人就已经有了相当的数理统计观念。

图 3-5　中国古代用于标定长度单位的谷物——黍。

　　关于"矩黍"的记载出自《汉书·律历志》，"律历"是历代史书里常见的总结度量衡制度的章节。"历"指时间的测定——历法制度，而"律"是个非常有趣的概念。狭义地说，"律"在史书的这一章里指音律，即古人对音乐的测量与标定，为何计量单位会出现在音律的章节中？《汉书》里直接给出了答案——"同律度量衡"。这是中国古人信奉的自然哲学：计量与声音，皆为由一个基准演变至无穷的自然规律。古人认为可以打造出一件"终极原器"，将敲击它产生的声音作为音律的基准——宫，而它自身的长度、容积、重量，能分别作为三个标准单位，这件器具也就是中国五声调式的基音"宫调"所对应的乐器"黄钟"。对这个设想的实践，早在 2000 多年前的《考工记》中就已有记录，而后来的朝代也都将"同律度量衡"作为标定单位的基本原则。

以现代科学的眼光来看，中国古人 2000 多年前就提出的"同律度量衡"设想着实令人啧舌。我们知道，声音高低的实质是振动的频率高低，这是一个和时间相关的属性。用不同维度的物理量定义，这是从根本上摆脱"自己定义自己"，实现更高精确度的法则，也正是现代科学采取的方式。用一件器具同时得到度、量、衡，这也是古人的一大创新。古人在尝试统一度量衡的过程中，积累了丰富的数学和科学知识，尤其是精确计算圆周率（用以测定圆柱体状容器的长度与体积的关系）和测量密度（用于确定体积和重量的关系）——无疑可跻身中国古代科学中最为耀眼的成就之列。

遗憾的是，古人并不能用仪器准确测出音高。不借助其他度量工具，又要直接测定和校准音律的途径只有人的双耳，但仅凭双耳的测量显然不够可靠。而且，无论度、量还是衡，对古人而言都可以做成一件看得见摸得着的实体器具，但古代没有录音设备，声音无法以实物的形式保存。先人由音律定义度量的设想，在实践中却只好相反——古人只能先制造琴弦或笙管，再用它们的长度来校准音律，考订古乐。而长度单位仍然只能由相对更可靠的形式，也就是"矩黍"来实现。中国古人梦寐以求的"终极原器"——黄钟，尽管早在 3000 年前的上古时代就已见诸纸面，但最终仍只能成为史书中的寥寥数笔，未能真正成为实际。

几千年的大一统思想，使得中国古人掌握了很先进的测量技术。中国的历代古人用智慧创造了颇多的精密测量仪器，比如汉代学者刘歆设计并流传至今的"新莽嘉量"，在一件容器中同时容纳了斛、升、斗、合、龠五个单位的标准量，而且已经用精确的圆周率数值准确计算了每一个量的体积与长度关系，它无疑是商鞅方升后中国标准量器的里程碑。同样在王莽新朝，中国人已经制作出了相当接近现代的"卡尺"，由固定尺和移动尺两部分组成，能直接测量圆的外径。到了宋代，掌管皇家内库的官员刘承珪制造出了能够测量高精密度重量的"戥（děng）秤"（见图 3-6），形态类似今天的杆秤，能测出精度达一厘（相当于 40 毫克）的重量。这个仪器后来在民间普及，尤其为中药业所青睐，一直到当代还能时常见诸全国各地的农贸市场和中药店。可见，中国古人在单位与测量上所积累的科学知识与管理理念（包括先进的十进制思想），足以在世界文明史上写下璀璨的一笔。

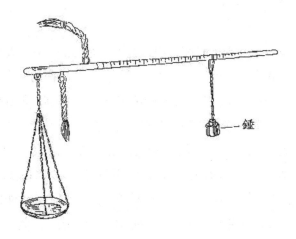

图 3-6 中国古代精密测量重量的仪器——戥秤。

专栏

时间的统一与历法

　　人类的测量观念发端于时间，但人类测量时间的方式，却与使用度量衡测量其他事物的方式大相径庭。对古人来说，度、量、衡的标准都可以用实物体现，并需要由国家权力机关规定和颁布相应的实物标准。但在时间这一块，没有机械钟表的古人似乎很难找到一个看得见摸得着的实物。不过，人们对时间的感知却有着天然的统一——人人都能感受到昼夜的变化。人们还发现，每天都有一个所谓的"正午"时分，此时，太阳的高度会达到最高，这个"最高"还有一个完美的参照——在阳光下树一根竿，日光照射产生的影长最短的时刻。更有意思的是，每两个正午之间的时间是几乎等同的（尽管古人不知道这是地球自转的结果）。所以，地球本身便赋予了人们一个高度精确的时间单位，不需要人为地订立标准，也不会被统治者的主观意愿左右。

　　正午时刻的固定性，使得古代天然产生了"日"或"一天"这个时间基准。测量比一天小的时间，只需要将一天进行等分，这样的测量工具便是利用日影的角度精确读取一天的等分时间的"日晷"。不过，由于古代的生产生活方式大多是"日出而作，日落而息"的简单安排，人们对短时间的测量并没有很迫切的需求。

　　在以农业为立国之本的时代，统治者和人民群众其实更关心比一天长的时间——每隔多少天，人们能遇到一些更重要的周期性变化呢？首先进入人们视野的是夜空中的月亮，以及它显著的阴晴圆缺。月相的变化同样是一个有明确周期的过程，古人也就把观察到两次新月之间的时间大致规定为"月"（朔望月）。其次，人们意识到了四季的变迁，还从四季的自然现象中总结出了一些规律，比如一天的昼夜长短会不断变化，以及显示日影的竿子总会在每年的某一天正午显现出最短的影长（冬至），又会在半年后变成最长（夏至），这样的规律性变化也就是"年"（回归年）[①]。对"靠天吃饭"的农业生产来说，月和年

[①]　严格地说，在中国古代，通过日影长度及冬至点的周期得到的一年（回归年）应该叫作"岁"，由历法上 12 或 13（闰月）个月加起来得到的才叫"年"。

的准确观测关系到国计民生，这使之成为古代管理者眼里与度量衡有着同等地位的大事，这就是所谓"历法"。

你可能会说，既然一天的时间就是个标准的单位，历法制定能否像传统的度量衡一样，直接把年和月定义成一天的若干倍？但问题在于，年和月的本质是天文观测，细心的古代观测者已经发现，用"日"来衡量"月"与"年"，得到的并不是整数。按现在的眼光，地球自转、月球公转、地球公转是各自独立的天文现象，它们自然不会恰好存在某种整数倍数的关联。此外，"月"和"年"实际上都有不止一种，"月"有"朔望月"和"恒星月"之分，"年"也分为"回归年"和"恒星年"①，它们与一天也都不是简单的整数倍数关系。对于非整数的数量，定义度量衡的简单操作就不适用了。比如测量长度时，若是要测的东西有不够一尺的部分，我们可以把这部分归到"寸"这一级，如"三尺两寸"。可制定历法时，如果要严格依照天文规律，我们只能把一个月说成有"29 天"加上一个"半天"，可老百姓要怎样去过这个"半天"？难道人们外出干活到一半时，日期突然就变成下一天，然后人们观念里的"白天"和"夜晚"要颠倒一遍？显然，对于习惯日常昼夜更替周期的人类来说，日历中的每一个日期都必须是完全一样的"一天"，这样才能保证人们的正常作息。

所以，要说"历法"究竟是什么，其实道理很简单——把不是整数的年、月、天，通过换算"凑"成整数。具体怎么做呢？比如，古人很早就测量出一个回归年，也就是两次冬至之间的时间，大概是 365 又 1/4 天。怎样抹掉这多出来的 1/4？很简单，在每四年中多插入一天，这样年和天就都是整数了，这就是我们熟悉的"闰年"。又比如，一年里大致有 365 天和 12 月，可这两者不能整除，于是我们将一部分月设为 31 天，一部分设为 30 天，这样也就得到了整数的日期。但古人又发现，一个月相周期（朔望月）的时间只有 29.5 天，12 个月相周期与 365 天差了 11 天，把一个月设成 30 天会积累很大的偏差。对于这个麻烦的数字，观测月相的古人只好又引进了"闰月"，为了协调太阳和月亮的周期，通常每 19 年里要放 7 个闰月。归根结底，古人需要保证：历法既能在相当长的时间内符合实际的天文规律，又能让日历中的基本单位始终是完全一样的"一天"。

---

① "恒星月"和"恒星年"中的"恒星"所指的都是天空中相对位置固定的天体（恒星），而移动的天体（月球或太阳）与"恒星"之间相对位置会发生周期性的变化。

　　在世界古代文明里，只计算年与天的关系的历法即为阳历，它不考虑一月的实际时间，因而每个月的天数会比月球的实际公转周期稍长（30 天或 31 天）。阳历的代表便是我们现在使用的公历，它发源于古罗马历法，在著名的凯撒大帝时期确立为"儒略历"（即以凯撒的名字命名的历法）。在 1582 年，罗马教皇格里高利将其修正为今天使用的格里高利历（见图 3-7）。格里高利历的特点是"四年一闰，一百年不闰，四百年再闰"。"四年一闰"便是我们熟悉的，在每个能被 4 整除的年份的 2 月插入一天；但如果年份是整 100 年，除了能被 400 整除的年份（如 1600 年、2000 年），其余年份（如 1800 年、1900 年）都不是闰年。格里高利历的这个规定也是为了对地球的实际公转周期（365.2425天）做的进一步修正，它还导致 1582 年的日历里少了 10 天，以抵消自凯撒时期以来的西方历法里积累的误差。此外，古代印度、波斯等文明使用的也是阳历。而只计算月与天关系的即为阴历，代表是伊斯兰历，这种历法的一年比实际的地球公转周期短，使得它的新年和重要节日会在春夏秋冬各季节间浮动，比如伊斯兰教的"斋月"，它可能会出现在现在的公元历法里任何一个月。

图 3-7　1582 年格里高利历的原始文件。

　　有人会说中国传统历法是阴历，这是不准确的。中国传统历法是"阴阳合历"，既照顾了月相周期，又照顾了太阳周期，这之中最重要的参照就是前文所说的"闰月"。此外，中国传统历法中的二十四节气，也是严格根据太阳运行的规律订立的。所以在采用了公历的今天，我们会发现清明、冬至等中国传统节日在日历中的日期颇为固定，往往只差一两天。而春节、中秋节等按中国传统历法日期设立的节日，在公历中的偏差也不超过一个月，不会出现伊斯兰历里那么大的偏差。

　　在追求大一统的古代中国，历法与度量衡制度一样，凝聚了古人的智慧。在中国古人眼里，历法与度量衡同为政权"千秋万代"稳固统治的根基，所以它们既要体现国家最高的权威，又要与自然之理有最大程度的契合，这两者背后，都是中国古人探求严谨、精确之极致的朴素科学理念。当然，中国的阴阳合历里烦琐的闰月、节气、正朔（正月位置）、年号，加上和传统文化中生肖、干支交织的规定，使得中国传统历法极为复杂，几乎无规律可循，不同朝代也时常不统一，客观上造成了平民大众理解的困难。古代历法制度的解释权被统治者完全垄断（在中国古代，平民私自观测和学习天象是违法的！），也就成了封建秩序的陈旧基石。它在中国近代旧制度严重腐朽落后时自然也摇摇欲坠，并在辛亥革命后被引进的西方历法所取代。不过，千百年来产生的传统文化依然保存在如今经过科学修订的传统历法中，如春节、中秋节和二十四节气等，在我们今天的生活中依然随处可见。

第 4 章

叩开科学大门

4.1 科学的钥匙

- 在你的生活中，你会如何形容"力"，如什么是"省力""费力"？
  什么是"力气大"？你能够想到一种用具体的数量来描述力的方法吗？

经过了前三章的讲述，我们从茹毛饮血的原始时代开始，纵览了人类古代社会的单位与度量史。我们知道，人类从认识可数量到认识不可数量的过程中，领悟了单位、基准与测量的基本思想——人们把不可数量转化成可数量的过程，也就是测量的过程。我们还知道，从原始社会就产生的测量方式，实质是一种"用自己定义自己"的不精确测量。人们测量一个物理量，必须先人为地规定一个属于同一种物理量的基准，并在后面的测量过程中假定它不会改变——但我们不能保证它不变。由于这一层不确定性，单位演变成统治阶级掌握的政治工具，被写进法律中，这就是古代的度量衡制度。

我们知道，近代的欧洲爆发了科学革命，科学革命的一大标志，便是人们在科学思想与科学方法上重要的革新。以"近代科学之父"伽利略为代表的科学家确立了以实验为根基的近代科学研究方法，大量强有力的实验观察与记录，最终演变成科学理论体系的革命性突破。

不过，伽利略的实验思想是在 17 世纪突然产生的吗？其实并不是。至少在其中的一点上，伽利略等人依靠的仍然是古人已有的智慧，他们只是将这些智慧推广到更广泛的领域，并为它们建立了更严谨的逻辑体系。这些智慧看似不起眼，但实际上这正是以实验科学为根基的近代科学的钥匙，掌握这把钥匙的人，才能真正打开近代科学之门。这把钥匙究竟是什么呢？让我们先回到古人的视角，从古代的测量与度量衡体系讲起。

在前三章里，我们会看到一个有意思的点：如果要寻找现代人与古代人在思维上的共通点，最好的切入点就是现代语言里的俗语、惯用语。我们在前面举了一些例子，如今人使用的成语和俗语，还有表达约数的习惯，这些都是古今人的相通之处。从这个角度看，我们还会发现：汉语里有一种非常独特的表达方式——把人们对自然界中各种"量"的感知，表示成由一对反义形容词构成的词组（偏义复词），比如度、量、衡分别对应长短、多少、轻重。顺着这个思路，距离是远近、面积是宽窄，还有很多这样的词组：高低、粗细、快慢、冷热、刚柔、锐钝、贵贱、长幼、尊卑……我们能看到，中国古人对于自然界中的各种现象，已经有了相当敏锐的数量观念，并能以比较的形式产生一个抽象的数量。在今天的语言里，如果要表达上面这些概念的实际数量，我们会怎么说？——大小。没错，依然是一个偏义复词，这正是古人为我们流传下来的数量思维。

我们还会发现，有一些概念可以用肉眼感知，自然也能简单地规定出标准。如长短、高低、粗细，我们知道它们都属于长度的范畴，而且可以轻易地使用基准单位测量它们。但对于另一些概念，我们也许能看到一些表面现象，但具体感觉来自于其他的感官。如"冷热"，夏日的骄阳、冬日的白雪，也许都是"冷热"的一面，但"冷热"的基准究竟是什么？除了依赖模糊的感官，我们完全没有头绪。还有一些概念，比如贵贱、尊卑，甚至连感官都不起作用，我们只能依赖非常抽象的社会规则来认识和比较它们。

第 1 章提到过，度量衡三者中，"衡"是一种更高级的测量，因为物体的轻重是看不到的。但人们也许是从自身对称的感官中得到了启发——左手放一片树叶，右手放一粒石块，身体的两侧会感到明显不一样的力度，重的一侧会给手掌更大的压力；那么反过来，在一个对称杠杆的两侧放两个物体，被压下去的一边更重，这不就是一个"看"到轻重的方式吗？

权衡的出现，告诉了我们一种转化看不见的量的方式——两两相互比较。这个思想也能用到其他量上，如"软硬"，古人说"以卵击石"，我们看到鸡蛋碰到石头后化为粉碎，于是知道鸡蛋比石头软；又如很抽象的"尊卑"，我们让两个人见面，看谁要对谁卑躬屈膝，也就立刻知道谁更尊贵。更重要的是，权衡不仅能告诉我们相对的大小，还能告诉我们数量——我们可以规定好一个比较的基准，然后测量多少个基准能与待测量物达到平衡，这样，即便物体的轻重无法为人直接感知，我们依然能"看"到物体究竟有多重。

我们还提到过中国古人打算使用"黄钟"标定长度，也打算反过来用长度来考证音高——若非天生听觉灵敏的人，我们很难仅凭相互比较就分辨出声音细微的高低，乃至仅凭一个声响就能断定绝对的音高。但只要制作和演奏乐器，我们很容易发现，音高和发出声音的物体的长度有明显关联，这自然暗示我们：声音可以表示成长度，音高的差距也就是长度的比例关系。尽管古人对于声音的了解还比较简单，但用长度指代音高，我们至少能把听到的声音明确转化成可观、可测的事物。

现在我们知道了，古人留下来的这把科学的钥匙，正是把这些抽象的形容词转化成数量的**定量思维**。我们在第 1 章说过，"测量"是将不可数量转化为可数量的过程。现在我们可以把这句话再扩展一下：将一切的抽象、不易观察，乃至无法直接感知的事物或概念，转化成可以观察、并且可以表达成基本的数量的操作，都属于"测量"的范畴。所以，测量的关键正是这种"定量"的思维。科学革命时期的科学家们正是继承了这种思维，用严谨的实验与观测发现了物体运动的数量规律。

定量思维的要点是"转化"，为了实现转化，我们可以像天平称重那样，以观察到的两侧秤盘平衡为标志；也可以像琴弦调音一样，用性质完全不同的事物来"类比"我们所需的量。很多时候，测量本身不一定是直接与事物的物理本质契合的，比如音高的本质是琴弦的振动频率，而不是发音段弦线的长度。但是，只有当我们知道了物理量在数量上的规律时，我们才有进一步认识它们的本质的前提——这是科学发展的历程中一条至关重要的原则。

现在，我们的故事就可以正式进入下一段历史时期，也就是 17 世纪以后，对后世产生巨大影响的西方科学革命的内容了。进入下一部分前，也请读者稍缓一缓，像一开始阅读本书时那样，暂时清空我们从中学或大学的物理、化学课本上学到的公式和单位，然后，让我们回到这些公式出现之前的时代。这里先"剧透"一下：你在课本上学到的公式，都是近代几百年以来，科学家通过无数的实验才总结出来的，在几百年前的人们眼里，它们绝不是天然如此。

在今天的教科书上，我们学到的也许就是 $F = ma$、$I = U/R$ 这样简单的公式，但历史上的人们能这么容易想到它们吗？实际上，人们是先从过去的经验中总结出定量测量某个物理量的方式，再从这个定量关系中分析出所有可能存在的影响因素，并用严格的实验对它们一一验证或排除。前面的每一个步骤中的定量关系，我们都可以称之为"经验关系"，而当科学家验证过所有的因素后，最后得到的才是"定律"，这是整个近代科学遵从的最基本的方法。

但是，从单位的角度看，人们验证一个科学关系的每一个测量步骤，都势必会产生出一个作为基准的单位。人们也许只是暂时"借用"这个单位，但为了书面表达的方便，也许会直接将研究的量类比成这个借用的量，甚至和它画上等号。这样的单位同上面提到的"经验关系"类似，我们称之为"经验单位"或"习惯单位"。

下面我们就以一个非常重要的概念"力"为例，回顾一下人们对它的认识和测量的过程，并解答本节的"阅读前思考题"：怎样用数量来表示"力"？

我们先不从物理学的角度来思考这个问题。对于"力"，我们可以提出各种各样的感受：力能提起物体、推动物体、拉伸物体、破坏物体，等等。不过，能不能用一个数量来表示出力究竟有多大？我们不妨按第 2 章所说的方法，从成语里找到一些提示。我们很快就会想到"九牛二虎之力"，这不就是力的数量吗？一头牛具有的最大力量，可以当成"力"的一个基本单位"牛"（当然此"牛"非后来的力的单位，牛顿名字之"牛"）。

一头牛具有的力量，这个概念太模糊了，而且测量起来也太费劲了。有没有操作起来简单，而且数量更清楚的表示方法？古人还说"力拔千钧""四两拨千斤"，钧、斤、两，这些都是重量单位。联系到现代奥运会上的体育运动，最能直接展示"力"的项目是什么？答案自然是——举重。而举重项目是怎么决定成绩的？同样，看运动员能举起的物体的最大重量。如果你看过现代的大力士锦标赛（见图 4-1），

图 4-1　大力士锦标赛。

你会看到，这项比赛上运动员要挑战各种奇怪的项目，比如搬圆木、拖卡车、挑冰箱、举巨石等，但一切项目要挑战的都是同一个指标——重量。

所以，在我们的日常生活中，力与重量有千丝万缕的联系。而且我们会发现，让一个静止的物体运动，无论是上提、前推、后拉，需要付出的力总与物体重量成正比（实际上，上提和推拉的确都与重量有关，但它们的原理是截然不同的）。这个经验上的关系，自然让我们想到——用重量来表示力，或者说，力的单位也可以是重量的单位。

其实，直到现在的大多数语境里，我们都仍然在用重量的单位来解释力的概念。很多时候，当提及某个作用产生的"力"时，即便我们计算出来的是力的单位，但在通俗表达的场合，我们依然会借用质量的单位。比如，要形容台风对窗户的破坏力，我们会定量地说"14级台风的风压是1250帕"，对于"1250帕"，最通俗易懂的解释是"一平方米玻璃上压着125千克的重物"。显然，即便台风的施力方向不是竖直的，将之比拟成竖直方向上放置的重物，仍是个十分简便的定量方法。

人们在生活中认识的力大多与物体重量有关，但古人很早以来就接触到了另一种力——弹力，这是一种与重量没有直接关联的力。人类认识弹力的契机，自然是早在原始时代就掌握的，依靠弹力制造远程杀伤的武器——弓。古人在制造弓的过程中，学会了测量弓弦张力，你应该也能想到，就是在弦上挂上重物。中国古代便以石、钧、斤等重量单位直接标注弓弩的规格，如"四钧弓""九石弩"等（见图4-2）。直至今日，弓箭爱好者仍把弓的张力称为"磅数"，这仍然是在借用着重量的单位。

弹力与重力的这层关系也使古人进一步掌握了精确测量力的方式。中国东汉时期学者郑玄就已经发现，在弹性弓弦的一端挂置重物，重物的重量与弓弦的拉伸长度有数量上的关系。到了17世

图4-2　明朝宋应星所著《天工开物》中用重物测量弓弦张力的"试弓定力"插图。

纪西方科学革命时期，英国科学家罗伯特·胡克将这个关系总结成了胡克定律——弹力与弹性形变成正比。有了这一层关系，人们也就可以通过弹簧来得到一个定量的力了：把一个单位重量的物体挂在弹簧上，弹簧拉伸的长度就等于一个"单位力"。那么，无论力的方向、大小如何，只要能使它直接作用到弹簧上，根据弹簧的长度变化，就能知道力的大小。这个"单位力"在数值上就等于用来校准的物体的重量（用天平测量），因而力与重量的关系变得更为密不可分。

这里我们能看到一个规律：把抽象的物理量转化为长度进行测量。这是整体测量水平不高的年代里，人类能够掌握的最有用的测量技术。我们在前面已经提到，古代人会用测量长度的方式来测量时间、音高、重量（即前文提到的"戥秤"）；这一节里，人们掌握了使用弹性形变的长度来测量力（也包括重量）；在下一节我们还会看到，早期人们测量大气压和温度的方式，其实也是在测量长度（这种用长度表示其他物理量的测量结构通常叫作"刻度"）。长度是古代社会最基本、也是最精确的测量领域，把抽象的测量转化为最容易操作的长度，不愧是古人朴素但十分先进的科学思想。

然而，尽管人们知道如何测量力，但对于力究竟是什么，这个问题直到今天都还没人能给出一个完整的答案。如今我们以牛顿第二定律来定义力和力的单位，但牛顿本人在《自然哲学的数学原理》中对其第二定律的原始表述更接近于"冲量等于动量的变化率"，而不是我们今天熟悉的"$F = ma$"，里面没有给出"力"的明确定义。所以可以肯定的是，即便在牛顿生活的时代，力依然是个模糊的概念，它的测量依然没有与重量完全分开。

对于初入科学大门的人类来说，物理量的测量与对其本质的认识，其实是两条完全独立的道路。在人们最初的测量观念里，力、重力、重量、质量，这四者并没有实质的区别。即便有区别，也大概只是直线长度与曲线长度的区别而已。更重要的是，在人们的早期实践中，将力等价于重量，这样的处理"够用"——换言之，**精确度**足够满足实践的要求。直到牛顿之后的一个多世纪，当工业革命的蒸汽能量将人类掌控的动力提升了数个数量级时，工程师用来计量力的单位依然和质量单位一模一样，在工业革命发源地英国，它们就都是"磅"。在使用公制的国家，工程师在很长时间里也仍然以"千克"来表达力。甚至直到现代，很多英美工程师（尤其是建筑工程师）的观念里依然不区分力、

重量和质量 [①] 。在很多的工程领域，把力当成质量来处理不但不会产生很大的误差，反而会使一些问题处理起来更简便。

在今天的中学物理课上我们知道，重力与质量的区别在于重力加速度。重力加速度不是常数，它的数值在地球的不同位置不一样，在月球上或其他星球上，它的数值也完全不同。所以，力和质量二者至少在物理意义上是绝对不能等同的。如果强行把力与质量的单位等同，后果便是——不够精确。一个在地球上某一处以"一磅力"为基准校准的弹簧测力计，拿到地球上另一处时，测量出的"一磅力"可能会与校准时不符。在精确度要求严格的实验里，这个"一磅力"标准会带来显著的**系统误差**，也就是第 3 章的图 3-3(3) 所示的情况。

不过，现实中整个地球上的重力加速度变化区间（相对不确定度）还不过 0.5% [②] 。对于工程师而言，只要误差在实验器材与工程器械的允许范围内，用质量单位测量和表示力就是可行的。当然，为了严谨起见，工程师会把表示力的单位名称规定为"磅力"（pound-force）。除了写起来容易混淆，这样的处理不会在真正的工业生产中造成明显的问题，工程师也就习惯了这样的表述。

今天的物理课本上给出的定义、公式、单位，其实是整个近代科学发展成熟后，由学者提炼、修饰过的结果。但在科学的发展史上，即使测量的工具和理念还很粗糙，人们也不可能坐在原地等待。人们用粗糙的单位不断地测量，从实验中发现了新的误差因素后，再反过来修正之前的观念，得到更精确的单位和测量工具——这正是近代科学的核心脉络。一切的实验、测量与工业应用，都建立在精确度需求的基础上。只要现有的精确度允许，人们的实验与生产就不会有后顾之忧，产业的革命也就能轰轰烈烈地开动起来。

---

① 　根据我自己的接触，在习惯传统力单位的工程师眼里，力和质量的确是一回事。他们甚至会认为公制里力的单位"牛顿"和质量单位"千克"是性质相同的物理量，只是要按"1 千克＝9.81 牛顿"进行换算。

② 　地球表面的重力加速度变化范围是 $9.78 \sim 9.83 \ \mathrm{m/s^2}$。

4.2 门槛上的"习惯单位"

- 你知道为什么华氏温标里水的冰点和沸点这么奇怪吗（华氏温标中，水的冰点定义为 32℉，水的沸点定义为 212℉）？
- 我们平常经常接触的"卡路里"是个什么单位？你知道它是怎样测量出来的吗？

我们以力的单位为例，回顾了人类在科学时代的早期测量新的物理量的历史。科学和工业革命带给人类的，是许许多多在过去的农业社会没有见过，或者即便见过但没有测量的意识或能力的新现象。早期科学家的任务，就是尽可能把这些新现象表示成数量关系，从而能够对其测量。后人将伽利略尊称为"近代科学之父"，主要原因就是对伽利略建立的基于严格的实验与测量的定量研究方法的认可。

我们已经知道，早在近代科学革命之前，人类在长期的测量实践中已经培养了"定量"的思维习惯。但是，此时的科学家们才刚刚踩在科学世界的"门槛"上，对门后这无穷无尽的未知世界还所知甚少。上一节我们讲到了近代的基本科学研究方法：先用粗糙的单位和测量工具进行实验，通过大量的实验总结出数量关系，从中发现误差的来源，最后改进最初的测量方法，得到更精确的结果。处在最初阶段的科学家，此时就像刚刚打开了一扇通向完全未知的大门，他们只能用当下所拥有的工具来理解打开门后看到的世界。

但与 2000 年前的古希腊时期不同的是，经过伽利略等人的奠基，严谨、客观的定量分析取代了那时基于推理和演绎的科学思想。对于未知的自然现象，科学家们不仅知道用定量的方式来理解它们，更重要的是，学会用严格控制变量的实验来获取自然现象背后更真实的数量关系，从而知悉它们背后的本质规律。正是这样的思想，让 17–18 世纪的科学家们真正叩开了科学的大门，站到了科学的门槛上。

由于实验先于理论，在实验这一环节中使用的测量单位，往往是简单、粗糙的，我们称之为**"习惯单位"**或**"经验单位"**。它们也如本节标题所说，是人们站在科学世界的门槛上时所能使用的工具。习惯单位的重要性，在于人们可以用直观的方式看到不直观的物理量，进而制作出实用的测量工具。正如古人使用尺子和天平测量长度与重量，构建了农业社会文明的根基，近代人掌握了更多的测量技术后，才能发现更多的自然规律，制造出更复杂、精密的仪器，进而推动近代的产业革命。

　　测量的精髓是将抽象、不直观的概念，转化为直观的数量。对于近代学者来说，这个过程中用到的习惯单位可以分成下面的两种类型。

　　第一种习惯单位通常用于概念比较直观，背后的科学意义也相对明确的物理量。古代人通过传统的度量衡加上古代的计时技术就可以对这些物理量进行简单的测量。它们并非由度量衡直接而来，但它们大致的数量可以使用简单的古代度量衡来表示和比较。尽管农业社会的人们已经可以理解这样的物理量，但以农业社会的技术水平，人们很难对其进行科学意义上的精确测量。

　　一个典型的例子便是**速度**，或者说，在时间累积的过程中，总累积量（运动路程、液体体积等）与所消耗时间之比。古人早有"日行千里"这样的描述，也早就知道利用水钟或燃香这样的匀速过程来计时，说明古人能够明白"平均速度"的概念。近代的英国水手还发明了一种航海时的简便测速方式：在一根绳索上打上等距离的结，再把绳子一端系上重物抛到水流中，测量时，一手用沙漏计时，另一手则数出一段时间有多少绳结划过指间，也就能间接测得航行的速度。这样得到的速度单位称为**"结"**或**"节"**（knot），后来被规定成了数值接近的"海里每小时"（"海里"最初表示地球纬线上 1/60 度所对应的弧长），至今还在航海和航空领域广泛使用（见图 4-3）。但是，

图 4-3　以"节"（knot）标记的海上限速标志。

直到微积分出现之后，人们才建立了严格的"瞬时速度"模型，知晓了速度的真正科学意义。至于在实验中精确测量出每一个时刻的瞬时速度，这得等到 19 世纪末，电磁传感器出现之后。

类似于速度的物理量，还包括从浮力关系中发现的**密度**，以及从医学与炼金术中总结的**浓度**。密度是质量（重量）比体积，浓度是溶质质量比溶液体积，这是古人就能理解的，它们的单位也自然与上述描述有关。但古人对密度和浓度的定义都非常模糊，缺乏严格的数量描述。

以浓度为例，古人理解的浓度，其实只是药剂师和炼金术士的"配方"，表示把多少固体和液体混合到一起，实际意义和今天的菜谱里写的"一勺盐、两勺酱油"差不多。但在现代化学里，浓度的概念已经复杂得多，它涉及溶液反应、化学平衡、质量传递、混合效应等诸多复杂的自然规律，需要借助复杂的微积分和微分方程来表示。对浓度的实验认识，也不仅仅是依照配方的简单混合，相反，现代科学更关心的是——如何从一个未知的体系中精确地测量出某种物质的浓度，犹如从一盘做好的菜中反推出厨师放了多少盐、多少糖，这是古人根本无能为力的。

第二种习惯单位便是"力"这样的，古人或许可以从生活中感知，但可能无法从严谨的科学层面上来实施测量。不过，在研究这些物理量的过程中，早期的科学家仍然发现了一些可以将它们有效转化为具体的数量的实验方法。实施这样的实验时，科学家运用的也许只是基于农业时代简单度量衡的粗糙工具，但通过实验，人们至少掌握了一套把抽象的自然现象转化成具体的数量的方法，这为后续工作奠定了坚实的根基。

相比前一类物理量，这一类物理量的本质并不为古人所知。人们能够对其进行测量，只是因为它们与某个容易测量的物理量之间恰好只存在一个与测量无关的比例系数。如重力和质量之间恰好只有一个与物体在地球上所处位置有关的重力加速度 g，弹力和拉伸长度之间也恰好只有一个与弹簧自身性质有关的系数 k，所以人们才得以用重量单位标定弹簧测力计，并测量出任意方向的力，也才有了"磅力"这样的习惯单位。

从这个角度来说，习惯单位正是利用"巧合"设计的测量工具。而发现自然界留给人们的这些巧合，并利用它们来实施粗糙的测量，正是近代科学革命中最伟大的功绩之一。当然，它们毕竟来自巧合，用后世的科学眼光来看，这些习惯单位未免显得有些"稚嫩"。而且，既然是巧合，那它们总会有不适用的时候，正如地球上标定为"一磅"的力，在月球上却能举起六磅重的物体。这也揭示了习惯单位的一个重要的特性：它们的使用会受到外界条件的制约，故而存在某种"适用区间"，超出这一区间，它们就无法给出可靠的测量结果。

但无论如何，习惯单位依然为后世开启了科学之门，也成了人类科学探索之路上重要的铺路石。下面我们就来简单介绍一下近代科学与工程史上出现过的习惯单位。由于科学革命与工业革命皆发端于英国，下面的多数单位都以英制为基础，它们有些来自本书第 2 章介绍的中世纪英国单位，也有些来自近代科学家的创造。

与力有关的单位

我们已经看到，古代社会里，力的测量单位就是重量，进一步说也就是质量，三者的概念几乎没有区分。在牛顿发表万有引力定律乃至近一个世纪后詹姆斯·瓦特改良蒸汽机的时代，绝大多数英国人依然把力的单位当成"磅"，而且力的单位"磅"和质量单位"磅"可以不做区分。后来为了严谨起见，早期英国科学家和工程师将力的单位称为"**磅力**"。在物理学中，从力的概念出发，能够推导出一系列的物理量，它们的单位，也自然就是带着"磅力"的形式。

首先，力乘以距离是"**功**"，那么功的单位就是"**英尺·磅**"（foot-pound），这里的"磅"指的是力，这个单位的意义是"将 1 磅的物体竖直匀速提起 1 英尺所做的功"。在物理学里，力和长度相乘还能得到一个物理量"力矩"，它与功的物理意义不同，在英制习惯单位里，这个单位会写成"**磅·英尺**"（pound-foot）以示区别。

然后，力除以面积是"压强"，按同样的方法，压强的单位便是"**磅每平方英寸**"（pound per square inch，psi），此处的"磅"同样指力而非质量。如果表示力平均分配到一条线上，此时的单位也就是"**磅每英寸**"，在物理学里，这个概念即弹性定律中的弹性系数，在材料力学中叫作"刚度"。

实际上，不仅在英国，即便在已经使用公制的欧洲大陆，工业革命时期的工程师也同样会以质量单位来表示力，相应的单位即"**千克力**"。上面用"磅力"推导出的习惯单位，只要换成"千克力"，就变成了同一时间法、德等国的工程师使用的单位。

按课本里的说法，功除以时间就是"**功率**"（power），那么它的习惯单位是"英尺磅每秒"吗？其实并不是，这也是习惯单位的一个问题——单位名字并不一定遵从物理层面的推导关系。读者想必听说过，工程师表达功率会用到另一个概念——"**马力**"（horsepower，hp），意思是一匹马的功率，看上去有点像上一节所说的"九牛二虎之力"。其实，"力"的大小只表示短时间搬动一件重物的难易，但要衡量无论牲畜还是机器的"性能"，我们需要知道它们能否在长时间内持续地输出力，其物理意义正是"功率"。所以"马力"一词中的"力"对应 "power"，表示的正是持续不断输出力的概念。

"马力"这一概念的提出者正是现在使用的功率单位的名称，工业革命的先驱詹姆斯·瓦特。他不仅尝试用农业社会重要的生产工具——马，来比拟新时代的蒸汽机的性能，更重要的是，他为这个抽象的概念找到了一个具体的数量关系。瓦特观察了英国农村中常见的一种马拉式磨盘（见图4-4），他发现一匹马在一个小时内拉动一架半径12英尺的磨盘转动了144圈，这意味着磨盘的转动速度为181英尺每分钟；同时，这匹马拉动磨盘时所输出的力大概能稳定举起180磅的重物。于是根据"$P = Fv$"的关系，瓦特所定义的"马力"大约等于33000英尺磅每分钟（550英尺磅每秒），即一台能每秒把一个550磅的物体竖直匀速提起1英尺的机器，其性能与一匹马等同[1]。这个单位约等于现代的745.7瓦。

"马力"这一概念提出后受到了当时工程师的欢迎，把一台机器的性能等效为"×× 匹马的性能"，这正是对工业革命带来的巨大变革的注解。以至于法、德等国家改用公制后，机械工程师仍然青睐这个颇为形象的概念。于是，法国和德国的工程师基于同样的原理，用公制重新校准了"马力"，定义为"每秒将75千克重的物体竖直匀速提起1米的输出功率"，约等于现代的735.5瓦。在这些国家，这个单位的名称也就是英语"horsepower"一词的翻译，比如法国的"cheval-vapeur"，德国的"Pferdestärke"等。

---

[1] 相比于人类来说，这个数字实际上相当大，正常人持续运动的输出功率只能达到0.1马力左右。

图 4-4　[英]詹姆斯·多伊尔·彭罗斯的油画《靛蓝工坊的内部》，这幅油画描绘了一座马拉磨盘带动滚轮运作的英国靛蓝染料工坊，"马力"的数量概念源自这样的传统生产活动。

与压强有关的单位

在现代的物理课上，我们总是先学习"压强是分配到一块面积上的力"，再接触液体和气体的压强概念。但在科学的历史上，人们是先发现了液体与气体的特殊性质——在一个容器里，液体和气体会对所接触的容器面产生均匀、持续且不分方向的作用力，最后才把这个现象总结成了"单位面积上的作用力"，即按力与面积之比定义的压强。

我们知道，液体的压强可以用"$p = \rho gh$"表示。显然，无论液体在管道中呈现出怎样的形状，液体的压强只与液面的相对高度有关，它的习惯单位自然就是长度单位。在科学领域，使用高度表示的液体压强通常称为"**压头**"（pressure head）。

人类对气体压强的认识，称得上是近代科学革命里的一次里程碑似的突破。古人对空气性质的认识还比较浅薄，对于空气究竟是什么、是否存在真空这样的问题尚无明确的答案。不过，科学革命时期的意大利科学家托里拆利（Torricelli）成功实施了水银气压计实验（见图 4-5），加上后来著名的马德堡半球实验，使得人类对于气压和真空终于有了科学的认识。

托里拆利通过实验顺理成章地提出了气体压强的测量原理：一定压强的气

体能在倒置的试管内托起一个固定高度的液柱，而这个
液柱所对应的液体压强正是刚刚提到的液体压头，也就
是用长度单位表示的压强。一般来说，表示气体压强可
以直接使用日常的水，相应单位是"长度水柱"，如"**厘
米水**"（cmH$_2$O），但由于大气压的数值很大，使用水
测量很不方便。所以托里拆利找到了一种神奇的液体——
水银（汞），它的比重极大，只需要很少的水银和很短
的试管就可以把大气压强转化为水银柱高度，并据此制
作出水银气压计。早期的科学家甚至没有给水银气压计
上的单位起一个别的名字，这使得气压的单位就是长度
单位，只是为了避免混淆才写成"**英寸汞柱**"（inHg）
或"**毫米汞柱**"（mmHg）。

图 4-5 托里拆利实验。

　　与之同时，科学家还发现了另一个现象：在地表附
近测量时，水银柱的高度总是在 760 毫米左右。于是，
人们把温度 0℃、标准重力下，对应气压计中 760 毫米汞
柱的气压值规定为"**标准大气压**"（atm）。然后，将一个标准大气压的 1/760
定义为"**托**"（torr），以纪念大气压研究的先驱托里拆利。"托"这个单位
最初用来表示比较小的气压，尤其是真空的程度。后来，物理与化学方面的国
际组织将标准大气压人为规定成了"101325 帕"，此时的标准大气压便只是一
个数字，不再与水银柱的测量挂钩。

　　此后，蒸汽动力的开发利用才使人们明白了气压的本质——作用在单位面
积上的力。正是这样的力推动了机器里的活塞，带动了火车和万吨的巨轮。对
于这一概念，早期的英国工程师便用到了上面提到的"**磅力每平方英寸**"（psi）。
现在我们知道，用平方英寸而非平方英尺，是因为这样得到的单位比较接近大
气压强的数量级（1 psi = 0.068 atm）。早期欧陆国家的工程师同样尝试过性质
相同的"**千克力每平方厘米**"，后来人们又逐渐抛弃了这样的表示形式，而是
改以国际单位制下的"牛顿每平方米"来定义压强单位。但这样的单位太小，
人们只好把它放大了十万倍，重新发明了一个单位"**巴**"（bar），这个单位的
名字来自英语中表示压力计的"barometer"，它在数量上接近于"千克力每平
方厘米"，也接近"标准大气压"。至于我们现在使用的"**帕斯卡**"（Pascal，

Pa），出现时已经是 1971 年了。直到现在，物理、化学、工程、气象、医学等各个领域内使用的压强单位都还没有达成一致，上面提到的 Pa、mmHg、atm、torr、bar、psi 等单位今天仍然各自在某些领域里使用。

与温度有关的单位——温标

与大气压的发现一样，温度的测量也是近代科学革命的一大里程碑。对人类来说，冷热是与生俱来的基本知觉，却也是一种无法定量化的感觉。而且，尽管古人能找到无数种间接观察冷热现象的方式——篝火燃烧到熄灭，食物烹饪时的颜色变化，水的结冰与沸腾，金属的熔化与固化等，但古人始终找不到像"力等于弓弦上挂的重量"这样的描述冷热的数量关系。古人最接近"测量"温度的方式，也只是如成语"炉火纯青"这样，通过火焰的颜色来描述某一个稍微精确的温度而已。毕竟对古人而言，要想了解冷热，最基本的实体就是火焰，但要测量火焰的性质，以古人的知识和能力来说实在太难了。

一直到 17 世纪，以伽利略为代表的实验科学先驱发现了一些与温度有关，但平常不容易观察到的现象，这些现象恰好可以为测量温度提供灵感。伽利略的思路是：液体的密度受温度影响，因而液体所能提供的浮力就与温度有关，那么，如果一个已知重量的物体正好悬浮在液体的中央，此时液体的温度也就能通过该物体的重量表示出来；液体温度改变，物体会上浮或下沉，此时通过调整浮标的重量使其重新悬浮于液体中，得到的便是下一个温度值（见图 4-6）。你会发现，这样的定量转化原理，不正是人类 3000 年前就已经学会的天平称重吗？使用伽利略温度计时，我们或许就得说水温是"多少克"了，听起来实在是有些怪异……其实，只要能实现定量转化，习惯单位本身并不介意这样奇怪的说法。

同时期的科学家还提出了一个思路：利用毛细管的上升液柱，温度越高则液体表面张力越低，毛细管的液柱高度也越低。于是，温度也就表示成了长度的单位。不过，无论伽利略的浮标温度计还是毛细管温度计，二者在设计时都选用了人们最容易获得的媒介——水。然而，水并不是良好的导热材料，如果以水为媒介来测量其他介质（比如空气）的温度，这个过程会极其缓慢，误差也很难控制。

图 4-6 后人仿制的伽利略温度计，玻璃球浮标下的指示牌即为温度的标识。

此时，我们刚刚提到的神奇液体——**水银**，再一次登场了。18 世纪初的科学家发现：作为一种液体金属，水银与其他金属一样非常容易导热，同时，液体的特性又使其在不同温度下的热胀冷缩行为极其敏感。只要把水银装到一根玻璃管里，体积的变化会使水银像弹簧一样在不同温度上下摆动，测量出摆动的幅度（水银柱的长度变化），不正好是温度的变化量吗？水银还有一个特点——熔点比水低（-38.8℃）、沸点比水高（356.7℃），于是，我们可以用水的物性变化点来标定水银温度计，而标定好的温度计几乎可以应对人们生活中遇到的一切温度测量需求。尽管水银的剧毒使得一些科学家也在尝试用其他液体（如酒精）替代，但酒精的沸点比水低，量程不足。而水银的这般近乎"完美"的物理性质，在当时可算无可替代了。

1714 年，科学家丹尼尔·华伦海特（Daniel Fahrenheit）制作出了第一个现代玻璃水银温度计，实现了对温度的精准测量；1742 年，科学家安德斯·摄尔修斯（Anders Celsius）提出了百分制（即由水的冰点和沸点 100 等分标定的温标）。这两者随后发展成了今天的华氏度（℉）和摄氏度（℃）。

但请注意，无论华氏度还是摄氏度，它们都是"温标"。换言之，它们并不是真正意义上的单位。实际上，玻璃管密封的水银只解决了温度定量转化问题的一半：我们只能够知道 B 介质的温度相比 A 介质变化了多少，但无法得知介质的绝对温度数值。这里不妨用弹簧来类比：我们能用弹簧测量力，其中一个先决条件是——弹簧有"不挂重物"，也就是受力为零的初始状态，挂上单位重物时，弹簧的伸长度表示的便是力的绝对数值。但在温度测量里，17–18 世纪的人们并不知道温度的"初始状态"是什么，或者说，人们手里握着的是一个自身有一定重量，却不知道究竟是多重的弹簧。于是，人们只能先把弹簧拉到一个位置，做上记号，然后再拉到另一个位置，再做一个记号——"温标"的实质，就是这两个记号之间人为地等分出的若干分度。

所以我们在说温度时，一定要说成多少"度"。这个"度"的含义只是一个物体的冷热状态，在水的冰点（0）和沸点（100）之间的百分之多少，表示的是"分度"或"进度"，与长度或重量这样表示绝对数量的单位并不一样。这之中一个主要的差别是，温标是人为规定的，它并不完全反映实际的情况。如一把 30 厘米长的尺子上，2 厘米和 1 厘米刻度的差别应该与 30 厘米和 29 厘米刻度的差别完全一致，因为我们默认长度的单位是**均匀**、**线性**的。但是，一把量程为 0℃ ~100℃ 的水银温度计上，"100℃ ~99℃"和"2℃ ~1℃"所对应的实际温度变化是一样的吗？严格说并不一样，因为水银的体积随温度的变化关系不是一条完美的直线。但是，设定温标的时候，我们忽略了这些误差并人为规定：温度计上的每一份刻度都是均匀的。这就意味着，一把基于水校准的水银温度计的刻度盘上，每一份标示为"度"的刻度并不能完全反映实际的温度变化，存在着科学原理上的误差（并非标示刻度的过程本身产生的误差）。只有在选取的参照点上，比如水的冰点上，水银温度计的刻度才是准确的（这里应该使用"准确"）。所以，后来的科学家把水银替换成空气，制作出了更准确的气体温度计，就是因为空气的体积–温度曲线更平直，每一份刻度更均匀。

此外，基于水银热膨胀性质的温标还存在一个问题：它只在可测量的范围，也就是水银呈现液态的区间内有意义。虽然只要选好两个参照点，我们就可以按照它们之间的距离把温标扩展到无穷大，但是，当水银变成气体后，基于水银物性得到的温标也就没有任何的物理意义了。1000℃ 与 900℃ 之间的温度差距是否等于 100℃ 与 0℃ 之间的差距？对于 18 世纪初的人来说，对这个问题还

无法给出答案 [①]。因为当时的人们仅仅知道如何测量温度，但温度的本质究竟是什么？这个问题的最终解答起码还得等上两个世纪。

温标的定义，也是理解"习惯单位"的极佳样例。你应该也注意到了本节前的问题：华氏温标将水的冰点定义为 32℉，水的沸点定义为 212℉，为什么这两个数字这么奇怪？而且，既然华氏温标出现得更早，为什么它的发明人华伦海特不能直接按 0 到 100 来设计这个标度呢？其实，温标中的参照点该规定为什么数字，这是完全自由的。早期的很多科学家，包括一代科学巨匠牛顿都尝试过制定自己的温标，每个人所用的数字各不相同。真正困扰人们的问题是：该选取哪一个参照点？我们今天提及水的冰点和沸点的时候，必须要先标注一个重要的前提—— 一个**标准大气压**下。诚然，水有冰点和沸点这两个显著的物性变化标志，但科学家很早就发现，不同地点，尤其是不同海拔高度下的大气压差异会导致水的沸点发生显著变化，所以水的沸点并不是理想的参考点 [②]。

早期包括牛顿在内的科学家倾向于以人的体温作为标定点。后来，一位实验技术高超的玻璃吹塑师丹尼尔·华伦海特找到了另一个标定点——盐溶液的冰点。那时人们已经发现，高浓度盐溶液的冰点比纯水低，而且凝固时温度的下降只和溶液的浓度有关。于是，华伦海特以古代就已发现的制冷剂氯化铵为溶剂，配制了当时能够人工制造出的最冷的溶液，并把它结冰的温度设成零点（这个"零"倒是个不错的设计）。然后，华伦海特将盐溶液的冰点、纯水的冰点和人体的平均体温这三者同时选为水银温度计的标定点。根据三者的比例，盐溶液的冰点为 0 度，纯水的冰点为 32 度，人体体温为 96 度。后面两个数字正好是 2 的幂，制作温度计刻度时只要不断对半分就可以了（见图 4-7）。

可以看到，华伦海特的设计放在 18 世纪初来说很巧妙，它充分利用了那时科学家所能掌握的实验技术，最大的优点就是容易复制。华伦海特本人在 1724 年正式发表了自己的温标，但在此之前，他已经在荷兰阿姆斯特丹的工坊

① 实际上，直到今天，人们使用的温度也还存在一个有效范围，即所谓"国际实用温标"，规定范围为 0.65 K ~ 1357.77 K（−272.50℃ ~1084.62℃）。这里的上下限是人们利用物性参照点的方式标定的最高和最低温度。一般来说，只有在这个范围内测量出温度数值才是足够可靠的。
② 水的沸点受大气压的影响非常显著（通常海拔每上升 1000 米沸点就会下降 3℃），但水的冰点受大气压影响不大。比如水有一个非常重要的状态"三相点"，也就是固液气三种水会同时稳定存在于一个系统中。达到这个点要将气压降低到标准状态的近千分之一，但此时水的温度也仅仅是 0.01℃。

里制作了大量的温度计样品。然而，华伦海特的设计
里，无论这个"最冷的盐溶液"还是"人体体温"，
定义都显得太模糊，制作出来的温度计很难保证足够
的精确度。直到 1742 年，瑞典科学家摄尔修斯才用规
定好的"标准大气压"校准了水的沸点条件。此时，
标定温度计不再需要设置华氏度那些描述不准确的参
照点。在实验室里，人们只需加热一杯水，然后精确
地测量出实验室的大气压（温度计和气压计正好都是
由水银制成的），最后把测量结果代入以"标准大气压"
的数值为参照的换算公式，得出当地水的沸点值相比
"100"偏离了多少——也就间接知道了"100"的位置，
从而完成了标定。

图 4-7 一件早期的华氏
刻度温度计，可以看到刻
度从"0"开始，每个最
小刻度是 2 度。

　　不过，在最初的时候，摄尔修斯是将水的沸点
设为 0、冰点设为 100 的。这是因为瑞典冬天的温
度时常低于冰点，而负数在当时不太符合民众的习
惯。几年后，瑞典的自然博物学家卡尔·林奈（Carl
Linnaeus）将摄尔修斯的方案修正到了今天"越冷数
字越小"的方向。因而，现在的摄氏温标与摄尔修斯
本人的设计并不一样，它在早期被称为"百分温度"
（degree centigrade）。直到一个世纪后，人们为了纪
念摄尔修斯，才把它重新命名为"摄氏度"。

　　可见，摄氏度相比华氏度的进化，不仅是把数字改成了更自然的百分制，
更重要的是，它明确了大气压对物质物性转变的影响，还成功给出了这种影响
的数量关系。这也正揭示了本章开头所说的近代科学探索的基本原则——通过
粗糙的工具进行实验，从中揭示出实质的原理后，再反过来得到更精确的新
工具。

　　更科学的百分温标提出后，尽管当时的欧洲各国纷纷接受了这一新度量，
可当时已经广泛使用华氏度的英国却并没有采纳（英国科学院在 1724 年就官
方采纳了华氏度，此时想必已经制造了大量的华氏温度计）。然而，英国科学
院仿效摄氏温标的做法修改了华氏度：在标准大气压下，水的冰点仍为 32 度，

但另一个参照点同样改成了标准大气压下水的沸点，其数值为 212 度。32 与 212 之间间隔 180 度，正好是一个半圆的度数值。然而，华伦海特最初使用的另外两个参照（盐溶液和人体体温），在修改之后就不再是当时的 0 度和 96 度了（大概分别是现在的 4℉ 和 98℉，两者调整的幅度不同）。所以，今天所谓的"摄氏度"和"华氏度"，其实都不是他们的发明者摄尔修斯和华伦海特一开始发明的标度。当然，相比只是换了个方向的摄氏度，华氏度在整个尺度上都已经"名不副实"了。

我们可以看到，受实验技术限制，华氏度的确显得比较粗糙，从"以人体温为 96 度"到"以水沸点为 212 度"，使用这些数字的目的仅仅是方便制作刻度。但这也说明，习惯单位本身并不需要非常严格的科学依据，人们使用它，只是因为它有用。所以，华氏度直到今天仍在使用，其实仅仅是因为它出现得更早。而且，华伦海特用水银温度计解决了"简便测量温度"，这个困扰了人类几千年的问题。它一出现便迅速普及，尤其是被牛顿之后跃升为西方科学中心的英国接受，之后又随着英国的殖民历程传向全世界。这也正印证了我们所说的习惯单位的特质——它并不是很严格或很精确的，但它能够解决问题，所以人们需要使用它，而且就这么用下去了。

与能量有关的单位

"能量"这个概念，在科学史上其实出现得很晚。西方文献中的"energy"一词，是直到 19 世纪初才由英国科学家托马斯·杨提出。在那之前，人们只是能够在不同的领域里感受到一种类似的、使物体状态发生改变的"力量"。比如，用力推物体使之运动，这个过程中力做了功，于是人们用力乘以其作用方向上的距离来定义"功"（实际上"功"这一概念也是 19 世纪才出现的）。在英制里，习惯单位也就是前文所说的"英尺·磅"。另一方面，早期的人们对"热"也没有确切的概念，有人认为热与温度是同一回事，还有人认为热是一种有质量的物质，即所谓"热质说"。从实验的角度，加热物质会使之升温，用相同的热源加热同一物质，温度升高的程度还取决于物质的质量，于是，人们将"使一个单位质量的物质（通常是水）加热升高一单位温度的热量"定义为热的基本单位[①]。在工业革命时的英国，热量单位的定义是"将1磅水加热升温1华氏度需要的热量"，这个单位就叫"**英制热单位**"（British Thermal Unit, BTU）。在推行公制后的欧洲大陆，科学家在公制下定义了"1千克水加热升温1摄氏度需要的热量"，也就是我们今天说的"**卡路里**"（calorie）[②]，这个词来自拉丁文中的"热"。现在我们也可以解答本节的另一个问题了：食品包装上的热量值，最初就是靠燃烧食品加热水，测量水温的变化而得到的，这个测量装置叫"卡路里计"或"热量计"（见图4-8）。当然，我们现在不必把每样食品都烧一遍。测出食品中糖类、蛋白质、脂肪等物质的含量，再乘上这些物质的单位能量含量，就能得到食品包装上的热量数值。我国现在已经改用了国际单位制下的"千焦"，但世界上依然有很多国家使用"卡路里"，所以在世界各地的食品包装上，我们依然能看到"卡路里"这个单位。

图4-8　通过燃烧物质加热溶液测定能量的热量计。

直到19世纪末，人们开始大规模开发利用电能时，计算能量所用的依然

[①]　由于水的比热容在不同温度下变化得不完全均匀，在严格的定义中往往还要指明"从某一温度上加热升高1摄氏度"，比如"卡路里"就有基于4摄氏度、15摄氏度、20摄氏度等起点，或者取所有起点的平均值的不同定义。

[②]　下一章会讲到，19世纪时科学领域的主流单位制其实是"厘米–克–秒制"，所以当时通行的"卡路里"其实是指"加热1克水升温1摄氏度的热量"，但显然"加热1克水"在实验室里不好操作，人们测量热量时仍然是按加热千克量级的水来操作的。后来，按1克水定义的"卡路里"被称为"小卡"，符号是小写的"cal"，按1千克水定义的则是"大卡"或"千卡"，符号写成大写的"Cal"或"kcal"。

是习惯单位。那时，人们从电磁学的物理关系中推导出了"电功率等于电流与电压的乘积（$P = UI$）"这一关系，于是，著名工程师维尔纳·西门子提出：以工业革命先驱瓦特的名字命名电功率的单位，并规定其为电学单位"伏特"与"安培"的乘积（电磁学单位会在第二部分谈到）。而电能的单位便是电功率单位瓦特与时间的乘积，也就是直到今天还在使用的"**千瓦时**"（kW·h）[①]。可见，此时的电功率、电能单位与机械能和热能领域仍然是独立的。

19 世纪中叶，英国科学家詹姆斯·焦耳（James Joule）精确测定了"热功当量"，显示出热与功的单位有严格的数值关联，不久后，焦耳的实验与其他结果被总结为能量守恒定律。与之同时，两次工业革命带来的巨大变革使人们终于意识到了力、热、电、光、化学反应等各个现象背后蕴含的共同本质——能量。能量可以从一种形式转化成另一种形式，而且它的总量保持不变。不过，当时的工程领域里，力、热、电的能量单位早已"山头林立"，不同形式的习惯单位依然持续使用了很长时间，直到一个世纪后才缓慢走下历史舞台。

我们可以看到，习惯单位并不是英制单位特有的现象，即便在公制单位下，我们依然会遇到诸多习惯单位，如气压单位毫米汞柱和热量单位卡路里等，还包括后来科学家引进的电子伏特、光年、秒差距等更"尖端""现代"的单位。所以，今天的国际单位制系统，并不是在公制诞生的一瞬间便从天而降的。从 17 世纪时理念的提出，经过一代代科学家不断修补、完善，直到 20 世纪中叶，它才真正成了今天我们习以为常的模样。在下一部分，我们将正式告别人类自原始时代以来的蒙昧，告别基于强权政治的旧式度量衡秩序，告别早期科学家粗糙的测量习惯——我们以几千年的测量史叩开了科学的大门，迎接我们的，将是一套恩泽千秋万代的新制度的曙光。

[①] 汉语里常把这个单位叫作"度"，这可能与电度表圆形的表盘有关，指针在上面走过的一格很像一个角度。

第二部分
从秒摆到国际单位制

	年代	事件
计量进化年表（第二部分）	1202 年	斐波那契将阿拉伯数字引入欧洲
	1585 年	西蒙·斯蒂文发明现代十进制小数
	1602 年	伽利略研究单摆
	1614 年	纳皮尔提出对数
	1652 年	惠更斯提出单摆周期公式并制造出摆钟
	1668 年	约翰·威尔金斯发表《关于真实符号和哲学语言的论述》，提出基于秒摆和十进制系统的科学度量衡系统
	1783 年	瓦特提出用水的密度定义质量单位
	1790 年	法国科学院正式开始第一套普适性单位制的研究，并于两年后派出测量地球周长的调查队
	1795 年	法国政府正式颁布公制

现代的科学计量制度，是轰轰烈烈的科学革命为人类社会留下的非常宝贵的遗产之一。近代的先驱们经过多年的摸索，用科学理念彻底颠覆了前人的体系。这之中的精髓，便是诞生于18世纪末法国大革命时代的公制，以及由之演变而来的国际单位制。公制上启前两个世纪的科学革命与启蒙运动，下接后两个世纪的工业革命与科学技术的进一步大爆发，直到以国际单位制的形式，为科学计量制度打造了高度完整、成熟的终极形态。

　　本部分的目的，就是把这套科学计量制度的终极形态一点点地剖析出来，我们将会看到它的思想始源、设计理念与一步步走向完善的过程，也会详细地解析它的各个细节，并揭示出它更多的秘密。

	年代	事件
计量进化年表（第二部分）	1798 年	法国科学院调查队完成地球周长的测量任务，确定"米"的长度
	1822 年	傅里叶提出量纲分析理念
	1832 年	高斯在测量地磁场的过程中首次应用基于公制的科学单位系统
	1861 年	以麦克斯韦、开尔文男爵为代表的英国科学促进会正式提出基于一致性的完整单位系统——CGS 制
	1875 年	17 国在巴黎签署《米制公约》，成立国际计量大会
	1889 年	国际米原器和国际千克原器正式投入使用
	1899 年	普朗克提出自然单位系统（普朗克单位制）
	1960 年	国际单位制正式建立

第 5 章

科学单位制的历史

5.1 秒摆革命

> - 你是否发现过圆周率的平方和重力加速度很接近？为什么水的密度也十分接近 1000 kg/m³？

现在，让我们把时间拨到 17 世纪，实验科学革命在文艺复兴后期的欧洲轰轰烈烈上演的时代。

讲到实验科学带动下的测量技术革新，有一个人是无论如何也绕不开的，他的名字在测量领域着实是无处不在，我们在前面也已经多次提及。他用斜面实验测量了速度和加速度，制作了温度计，还发明了天文望远镜，想必你已经猜到，他就是近代科学之父——**伽利略**（见图 5-1）。除了上述

图 5-1　"近代科学之父"伽利略·伽利雷（1564–1642）。

的实验，伽利略还研究过一个问题。这项研究也许不如他的前几项工作那么赫赫有名，但在科学单位制的历史上，伽利略的这个发现足以和他的其他功绩一样彪炳千古。

伽利略做了什么呢？据说，伽利略观察自己故乡的比萨大教堂天顶上吊灯的摆动，敏锐地察觉到：吊灯每一次摆动所需的时间似乎是一样的。实验意识极强的伽利略当然不会放过这样一个重大发现，他将庞大的吊灯简化成了可操

控的绳索和摆锤，并用数脉搏的方式计时，最终确定了摆锤的摆动具有等时性，摆动周期与物体质量无关，并且与摆长的平方根成正比。

伽利略的发现，就是我们今天在物理课上学到的单摆现象。伽利略生前没有给出单摆运动的具体公式，这项工作最终由荷兰科学家克里斯蒂安·惠更斯完成，他推导出了我们今天在课本上见到的单摆周期公式：

$$T = 2\pi\sqrt{\frac{l}{g}}$$

根据这个公式，惠更斯制造出了第一台摆钟（见图 5-2）。摆钟的问世，意味着与温度一样的，人类自原始社会以来的另一个悬而未决的测量难题——短时间计时，终于有了革命性的突破。我们在前几章讲到，古人对时间的观测说到底只是古代天文学与占星学的一个分支，对于比一天长的时间，古人依靠观测日月星辰制定了细致入微的历法制度，并将其写成易于理解的历书，用于平民大众的日常生活。但对于比一天短的时间，古人只能使用日晷这样依赖于天象的仪器。即便中国古人利用流水计速的原理制造了庞大的"水运仪象台"（见 2.1 节），这个仪器也依然只是附加在"天文星象复合套件"中的一个模块而已。说到底，古人缺乏足够日常的计时工具，使得计时这项今天看来十分简单、也十分基本的工作，在古代却离不开庞大、繁杂的天文观测活动，无法进入大众生活。

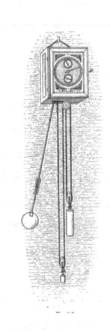

图 5-2 早期的摆钟。

即便在今天看起来有些"原始"的沙漏，面世的时间也只比摆钟早 300 年而已。

对摆钟而言，它的构造简单，易于制作，更重要的是，它在原理上完全脱离了对天象的依赖，使得计时真正成为一个独立的测量领域。对于摆钟的制作者来说，只要对传统的时间标准"一天"做一次校准，接下来的全部工作就都是——测量长度。在古代几千年的度量史里，人们对于测量出尽量精确的长度，应该比其他所有领域更有自信了。很快，欧洲的机械工程师利用摆钟的原理，将计时装置组装到精密的机械结构中，并将狭长的钟摆浓缩成了锚型擒纵器，机械钟表就此普及千家万户。

这里补充一点：今天汉语里使用的短时间单位主要是时、分和秒。汉语里的"时"和英语里的"hour"（来自拉丁语"hora"），都源于古人对一天时间的初步分割。那么"分"（minute）和"秒"（second）又是如何来的呢？历史上，"minute"和"second"这两个词在文艺复兴时期以前就已经作为特指"六十等分"的概念出现了。英语中的"minute"来自拉丁语，表示"细小的划分"。而"second"就是它字面上的意思——第二，也就是比"minute"更小一级的划分。近代中国人引进西方钟表后，首先找到了一个在传统的十进制度量衡体系中已经普遍使用的"分"，用来对应"minute"，它一般置于"寸"这样的基础长度之后，类似小数点后的第一位；然后又找到了一个本指禾苗细芒的"秒"（也是古代使用过的细小的长度计量单位），用来对应"second"。

读者更关心的也许是：为什么是 60？可以肯定，这个数字必定是为旋转的指针和表盘定制的。全世界古人几乎都以 12 这个数字来划分一天，而 60 这个数字，说到底是把 12 乘上 5，也就是在过去的十二等分中加上了 5 这个与人的十进制计数习惯相协调的因子。我们今天习以为常的圆形钟表盘——先划分12 小时，每小时分成 5 份，总共得到 60 分和 60 秒的布局，最早出现于 15 世纪欧洲人制造的弹簧钟。摆钟出现之后，由于摆锤运动与"秒"一级的时间有直接关联，今天这种秒针一次走一格、再逐级带动分针和时针运动的钟表盘也就基本定型，时、分、秒三者这种有些奇怪的换算关系也就遗留至今。所以，分和秒实际上也应算作上一章所说的"习惯单位"，它们诞生的背景离不开数百年前的传统机械，也只好为更贴合以齿轮传动的六十等分圆形表盘而妥协（后文会讲到，法国大革命时期一度想要改革时、分、秒的换算，但迫于习惯力量只能作罢）。

在这里你可能会问：摆钟好像只是解决了"用长度来更精确地测量时间"的问题，这和中国古代测量长度定音律，或是用弹簧的拉伸长度测力似乎没什么区别，它对于科学单位制为何会有革命性的影响呢？

这要从时间这个物理量的特殊意义说起了。我们会发现，古代的度量衡制度，说到底只是一时、一地的统治者的强制性规定。我们谈到过政治对度量衡的巨大影响力，古代的度量衡统一，说到底只是统治者政治命令的一部分，乃至会受某位君主的个人好恶的影响（比如西方的"国王之足"）。若统治王朝覆灭，本朝的度量衡制度也就不复存在，下一朝又会以新的统治者的个人命令对度量衡制度进行修改。即便古人有以黄钟"同律度量衡"的理想，姑且不考虑技术难度，关键问题是，这个所谓的"黄钟"基准音高又应该如何定义呢？谁又能保证各朝的皇帝对这样的基准音高不会朝令夕改呢？

但是，我们在一开始就提到过——测量时间，是人类的一切测量之始。人类正是从每天的周期循环中产生了计数的意识，又在对日、月、年的理解中产生了测量的观念。更重要的是，从史前到现在，人类每天所看见的依然是同样的日出日落、同样的月圆月缺，没有哪个国王能用政令来修改一天的时限，或是修改一次月相周期的间隔。再"只手遮天"的统治者，能做到的也只是将日月星辰的规律观测到极致，并借由历法制度来满足自己"永葆江山""万世一系"的美梦。换言之，时间对全体人类而言是**平等**的。

此外，时间还有一项极为重要的特性——只使用传统的测量方法，并不能把时间测准。想象一下，当你要测量一个物体的长度，你要如何做才能把它测得更准确？课本会告诉你：测量多次，取平均值。也就是说，如果要测量一张桌子的长度，测量第一次得到一个结果后，我们可以通过测量第二次、第三次来验证这一结果，还可以通过取平均值的方式来得到一个误差较小的结果。我们可以这么做的前提是：无论是否测量，桌子都放在那儿。但是，如果你要测量一段时间，比如从 A 村庄走到 B 村庄的时间，你的这一次行走也许用了 1 小时，但当你测量了这一段时间后，你还能把它"拿回来"重新测一遍吗？你前一次行走时所用的路线、步伐的频率和跨度，乃至当天的天气与你的心情，这些都已经永远成为过去。即便你重新走一遍，测量出用时依旧是"1 小时"，也只能说：你这一次行动的相关变量恰好得到了类似的结果。但之前那一次行走的测量结果究竟是不是准确的？有可能第一次表慢了，第二次表是准的但走得慢了，而两次测量的时间却恰好相同，然而，你已经无法对"第一次行走"的测量准确性进行直接验证了。时间的这种明显的方向性，使得古人在传统度量衡体系里使用的测量方式对测量时间无能为力，这也是时间测量在古代依托于天文与历法，却与度量衡不成一系的主要原因。

要注意，这里并不是说时间不能测准，而是说它不能用尺子量体裁衣那样的方式来减少测量误差。这意味着，如果我们要使用其他的度量单位（比如秒摆的摆长）来"校准"时间，这在原理上就会存在不可避免的系统误差，也就会大大地制约计时技术精确度的进步。

不过，虽然时间不能通过"测"的方式来达到更高的精准度，但是我们可以通过400年前那个时候最精密的机械装置、最稳定的运转机关，并以日月星辰变化这般由大自然赋予的"永恒"规律为基准，事先规定一个最可靠的时间单位。以这个时间单位为"1"，然后通过单摆周期这样的自然规律，使其他单位与时间单位"1"直接联系，其他单位的不确定度只取决于时间的测量，而不再取决于人为设定的标准器，这样的单位制，不就是更稳定、也更精确的制度吗？

在古代度量衡的章节里我们说过，古代制度最大的缺陷就是"自己定义自己"，比如"长度的单位是谷粒的长度"。前文已经多次提过，每进行一次这样的操作，都意味着我们用强制规定的方式"抹杀"掉了这个单位自身的一切误差，犹如"杀敌一千，自损八百"。所以，尽管古代的度和量一直分属不同领域，但智慧的中国古人很早就知道用长度来定义容积，这样才能尽量减少标准器的使用。若是单独规定一个基准容积，要是它热胀冷缩、被腐蚀或者干脆损坏了，谁能保证造出来的下一个容器能与前一个绝对等同呢？

现在，我们把"强制规定"只留给不容易测准的时间，并让其他所有单位都根据时间来校准，这样，我们的整个单位制中，"自我定义"的不确定性就只存在于时间测量，剩下的任务就很明确了——尽一切可能把时间测准，或者说把时间单位的误差范围缩小更多的数量级。在古代的认知体系里，时间测量来自日月星辰这些所谓"天道"规律，而"天"的力量要远远比地面上人类制作的简单度量器具强大，通过几千年文明史里不间断的天文观测，人类对于"天道"的恒定与准确已基本深信不疑。同时，科学革命时期的日心说、开普勒定律与万有引力定律的发现，将所谓"天道"转化成了直观的数学语言，更强化了当时人们对宇宙规律"永恒性"的信念。因而，尽最大可能将时间测准，这也带有一定的哲学乃至宗教意味。

至于用来定义时间的基准是什么，人类从原始社会就给出了答案——一天。科学革命之后，"一天"有了更科学的定义——地球自转一周所需的时间，至少在17世纪以前，人们都认为"一天"的时间是足够稳定和可靠的（这里先不论后来科学家发现的"平太阳日"和"真太阳日"的区别）。当然后来的科学家发现，时间其实有更合适的定义方式，而且完全可以不使用自我定义，不过这是后话了。

于是，时间的平等性对全人类社会就有了关键的作用。地球上的每一个人都可以自然地接触到我们规定的时间单位——一天的时间，也都可以很轻易地对其进行再现和调校。根据欧洲机械钟表匠确立的时间单位划分习惯，1 天是 24 时，1 时为 60 分，1 分为 60 秒，那么，1 天的时间就严格等于 $24 \times 60 \times 60$ = 86400 秒。如果一个单摆在规定的校准区间内（日晷下两次日影最短时刻之间的时间）正好摆动了 86400 次（摆两次是一个周期），这个单摆的摆长，不就是一个只与时间单位挂钩，不存在自身不确定性的单位了吗？（先不考虑重力加速度的变化）地球上的任何一个人，不论他在何时、何地，也不论他的居住地是否产黍（中国古代常用的长度基准谷物），他都可以借助自然现象轻易地复制出这样的一个长度，而不再需要有一个衙门来主持公道。

以上正是 17 世纪的科学家所设计的制度。根据惠更斯的单摆公式，我们可以将摆长表示为：

$$l = \frac{gT^2}{4\pi^2}$$

现在我们将一天的时间固定，一天时间的 1/86400 也就是固定的 1 秒，根据这个时间制作的"秒摆"的周期为 2 秒（摆动一次时间 1 秒，一个周期就是 2 秒）。我们先认为重力加速度是常数（别忘了那时还在用重量单位"磅"来表示力，重量和质量尚未分家），而圆周率自然也是个常数。但是，我们并不需要知道重力加速度和圆周率的具体数值，我们要做的是：制作一个单摆，通过调节摆长，使它的摆动周期正好为 2 秒。于是我们定义：我们每次秒摆实验得到的长度，都表示一个"普适长度"。对于地球上的任何一个人，他都可以准确地重复上述单摆实验，复制出一个相同的长度。这个长度的数值精度仅仅取决于实验误差，而不受统治者政令左右，这样的思想正是"科学单位"的根源。

现在我们来看一看本节开头所提出的问题：在单摆周期公式里，如果令 $l = 1\text{m}$，$T = 2\text{s}$，我们就能得到：

$$g = \pi^2$$

也就是说，如果长度单位（先不论叫什么）是根据单摆周期公式和预先设定的时间单位"秒"定义的，此时的重力加速度在数值上严格等于圆周率的平方，它是一个通过人为规定、不存在误差的常数。

可以肯定，欧洲人在 17 世纪以来制造了大量的摆钟之后，现在 1 米的大致长度已经在当时人眼里定型（但这个长度和当时欧洲人使用的传统长度单位几乎没有对应，与相对较接近的英国"码"仍差了不少）。有一个通过秒摆定义的长度单位后，所有与长度、时间有关的单位，包括面积、体积、速度、加速度、体积流量等，也就都可以通过科学的形式定义，不再需要与长度单位不甚相关的"英亩"或"加仑"。对于这样一个由时间而来、对全人类普适的长度单位，后人觉得，不妨起名为拉丁文"metre"[①]，其含义正是"测量"。这个名字既表示长度是一切测量的根基，另一方面也许暗示了时间比测量更基础，计时和测量属于不同的领域。

现在我们解决了"度量衡"中的前两者。剩下的衡制，也就是重量（质量）的单位该如何通过"挂钩"的方式定义？对科学家来说，定义质量意味着定义物质，在当时人们认识的物质体系中，最适合作为单一、纯净的物质代表的就是**水**。水自古以来就是世界各地的早期哲学里不可或缺的"基本元素"，也是人类生活中最普遍、最重要的物质之一。所以我们能够看到，华伦海特和摄尔修斯设计温度单位时，都不约而同地参考了水的物性。若将水设定为"基准物质"，水的体积已经通过长度单位定义，于是基准的质量也就可以直接规定为一定体积的水的质量了。在历史上，提出以水作为质量单位定义的基准物质的正是工业革命的先驱，英国科学家詹姆斯·瓦特。他在 1783 年与欧洲大陆的工程师通信时，由于察觉到双方所用计量基准的差异，进而产生了以水为统一媒介来定义质量的构想。

所以，为什么我们在课本上使用的水的密度这么"整"？其实这就是人们最初的规定。人们将水作为基准物质，那么水的"比重"（相对的密度）便应

[①]　在近代的欧洲，各国的语言不同，因而从古代流传下来的拉丁语成了当时不同国家的学者沟通交流的共同语言。又因为拉丁语具有共同语言的地位，学者们给拉丁语赋予了不随使用者母语变化，人人皆可理解、使用的中介意义。使用拉丁语表达的概念和术语，也就具有了"共同、普适"这一层含义。

该是 1，换算成绝对密度也应该是 10 的若干次方。但由于根据长度基准"米"得到的体积基准"立方米"对应的水太重，为了生活需要，人们将质量单位的基准调整成了立方米的 1/1000，即 1 立方分米的水。温度测量技术成熟后，人们考虑到密度会受温度影响，在定义质量单位时需要补充温度条件的限定：水的冰点与沸点间存在一个密度的最大值，这个值出现在 4℃ 左右，是一个很有用的标定参考点。最终，用于定义的基准物质被确定为"处于密度达到最大值的温度（4℃）下的水"，质量单位的科学定义才终于完善。

本节所说的"重力加速度是圆周率的平方""水的密度是 1000 kg/m^3"，指的是大致的数量。也就是说，现在的 1 米和 1 千克大致有多长、多重，300 年前的科学家已经可以比画出来。但和现在的尺子和砝码的具体数值相差无几的米、千克实物，要到 19 世纪以后才出现。

你可能还会注意到：我们现在使用的重力加速度是 9.8 m/s^2，圆周率 π 的平方是 9.86，虽然接近，可即便考虑重力加速度不是真正的常数，地表上最大的重力加速度也只有 9.83 m/s^2，两者并不完全相等啊？或者，将 $g = 9.8$ m/s^2 代入单摆周期公式，得到的摆长相比 1 米还有近 0.5 厘米的差距，这个误差在古代的测量条件下也不算小了。为什么按现在的数据算出的秒摆的摆长并不完全等于现在的 1 米？这将是我们在下一节讨论的问题。

5.2　科学单位制

• 你知道在不清楚"里"和"寸"的具体换算关系的情况下，古人怎样表示地图的比例尺吗？

上一节提到的用秒摆定义"普适长度"的设想，最早出自17世纪英国的著名建筑师和科学家克里斯托弗·雷恩（Christopher Wren）。而将这一设想变成一整套科学单位制的则是同时代的英国神学家和哲学家约翰·威尔金斯（John Wilkins），他在1668年的一篇论文《关于真实符号和哲学语言的论述》（见图5-3）中，提出了基于秒摆和十进制系统的科学度量衡体系。

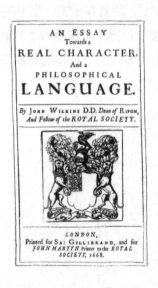

图 5-3　约翰·威尔金斯论文《关于真实符号和哲学语言的论述》的初版封面。

有意思的是，威尔金斯的这篇论文不仅仅讨论了科学单位制的设计，他所构想的其实是一套能让全人类使用的"共同语言"，包括数字、符号、文字、计量单位等各个方面，还包括一门能够取代当时拉丁语的新通用语言。他的这篇论文在今天的计算机科学中都还是语言机器翻译研究的重要参照。

在那个年代，欧洲的科学家们普遍意识到了欧洲各国在政治、宗教、语言、风俗习惯上的分裂现状，科学作为一套基于自然哲学的先进思想，也就被赋予了"统一"的重要使命。在当时的欧洲，政治和宗教迫于现状已无望统一，科学家们便将目光聚焦在以语言和文字为代表的大众习惯上。科学家们所希望的，是发明出一套全新的、从人类普遍的思维和逻辑出发的"共同语言"，用来取代现在的所有语言。当时的著名科学思想家笛卡儿、莱布尼茨等人都有过设计"共同语言"的尝试。

然而，时至今日人类都还没有设计出一种能真正在全世界推广普及的"共同语言"。退而求其次，人们只好将突破口放到了一些相对简单的符号上，比如使用至今的阿拉伯数字，在科学革命之前的 15–16 世纪就已经为欧洲各国所普遍接受。此后，欧洲的学者们开始寻找数字之后的下一个通用符号系统，它们应该简单、日常且能高频率地使用，而单位与度量衡体系正是符合要求的选择。

下面我们就来看看，一套能超越当时的所有度量衡体系的科学单位制应该具有怎样的特性。

普适性

我们先回到前一节末尾留下的问题——为什么根据秒摆算出的摆长并不正好等于 1 米？

答案是，现在使用的"米"，确切说是 18 世纪末法国大革命时期推行公制时规定的 1 米，并不是用秒摆的摆长来确切定义的（但大致的长度肯定参照了秒摆的摆长）。

在 17 世纪末那个时代，与欧洲本土的科学革命一同开展的，是欧洲各国轰轰烈烈的大航海与殖民运动。欧洲人远航到万里之外，这之中最关键的一点便是定位和导航，而导航最困难的一点便是测量经度。当时能够仰仗的最精确的经度测量方式正是计时——在出发地设定好一座参考时钟（航海钟），使其在航海的过程中稳定地运转。航海时，通过太阳高度确定一天的正午时分，观察此时参考时钟所示的时刻，便可以得到所在位置与出发地的时差，进而计算出航行目的地与出发地的经度差。

惠更斯发明的摆钟问世后不久，法国天文学家让·里歇尔（Jean Richer）

在靠近赤道的法属圭亚那调校摆钟时发现：当地的秒摆摆长比在巴黎校准的秒摆短了约 0.3%，这告诉了人们一个事实——单摆周期公式里的重力加速度 g 并不是常数。由于地球不是正球体，物体在赤道附近受到的地球引力更小，另一方面，物体所处的海拔越高，受到的地球引力也越小。这些证据皆表明重力加速度 g 是一个受物体所处地理位置制约的变量。

于是，无论从定义还是实际测量出发，用秒摆来定义长度都似乎不怎么可靠了。秒摆这种定义方式只能就此作罢了吗？倒不是，既然我们已经知道了 g 的制约因素，解决问题的方法也就不难想到——将地球上的某一个点定为"标准点"，根据这个地点的经度、纬度、海拔，测定出一个重力加速度数值，将其作为标准值；或者由地球上的各个位置测定出若干组数据，得到一个不同地理位置的平均值。人们也的确实施了这样的操作：19 世纪时，法国的国际计量局根据其所在地测量的重力加速度，换算到北纬 45 度的地理位置后，给出了一个"9.80665 m/s^2"的精确数值，这个值后来被规定为"标准重力加速度"，是一个人为规定的零误差数值。

我们在上一章也讲过，另一个受地理位置制约的典型物理量是大气压强。受其影响，物质的密度、熔点、沸点等物性参数皆会因位置变化而发生改变。所以，华伦海特等人设计最初的温度计时，有意回避了受大气压影响较大的水沸点温度。后来，摄尔修斯给出了大气压和水的沸点温度之间的数量关系，并根据这个关系定义了"标准大气压"，再以之标定出合理的沸点温度。定义了标准重力加速度的零误差参考值后，科学界也随之给出了标准大气压的人为规定数值"101325 帕"。

然而，定义标准值的做法在人们看来总有些不妥。一方面，定义标准重力加速度或标准大气压时，学术界给出的"9.80665 m/s^2"和"101325 帕"其实已经没什么科学意义了，它们仅仅是两个人为规定的数值。人们之所以强行规定出这两个数字，其实是为了给出一些配套的数量关系，比如，确定一个地方的经纬度和海拔后，我们可以通过 $g_0 = 9.80665$ m/s^2 和相关的实验或经验关系式直接计算出该位置的重力加速度，这样就不必再测量一遍。但用在基本单位的定义里，使用人为规定、而非通过自然规律得来的数值作为物理常量的定义就显得过于随意了。实际上，上面所说的"标准大气压"在今天都还存在着两个数值。前面给出的"101325 帕"是一般国际标准中使用的数值。但在化学领域，所谓的"标准状态"却在1982年被修改成了"100000帕"。可见，这样可以随意改动的数值的确不适合作为普适性标准来使用。

另外，为一个与地理位置有关的物理量设定"标准"，言外之意仍旧是：所谓的"标准"地理位置，解释权终究还是属于某一地区或某一国家。这和过去由一国的国王或政府定义的度量衡又有何区别呢？对于定义地理标准所引发的问题，我们举一个直接的例子：地球的0度经线（本初子午线）该设定在哪？在理论上，地球上任意一条经线都可以选为参考线，所以，这个0度经线的位置只能人为规定。19世纪时欧洲的两大强国——英国和法国，都想将0度经线定在本国的首都。但由于"日不落"的大英帝国在航海上的霸权地位，国际公认的0度经线被设定在经过英国伦敦的格林尼治天文台的位置（见图5-4）。法国人对此相当不满，直到20世纪都仍然坚持将0度经线设在巴黎。然而，无论伦敦还是巴黎，0度经线的设定终究是那个殖民霸权时代西方列强争夺所谓"世界中心"的缩影，它与世界广大地区人民的需求与福祉无关。

图5-4 伦敦格林尼治天文台的0度经线标志。

前面的论述就是为了说明：一套科学的单位制应该对地球上的每一个国家、每一个位置的人都能适用，而且应该对地球上的所有人平等。所以，基于地球上的某个特定位置设定的数值，乃至从地球上各个位置测量后得到的平均值，都不符合科学单位制所追求的"普适"理念。一套普适的度量衡，应该能让地球上任何人无论在何时、何地，都能遵循相同的自然规律，而不能被某个组织或国家轻易地修改。

在18世纪，随着人们对天体，特别是地球运动认识的加深，一门全新的学科——大地测量学诞生了，这门学科的标志性贡献，便是在有限的地域内测量整个地球的精确尺度的技术。当时，人类已经能较为准确地测量和推算出地表一条经线的长度，这给了我们又一个灵感：过地球上任何一点的经线（子午线），长度都应该是相等的，这不正是我们想要的"普适性"的答案吗？[①]而且经线也正是时间的基准——地球自转经过同一条经线的时间间隔正是一天。

18世纪末制定公制的时候，地球经线和标准秒摆成为第一套公制长度标准定义的两大备选方案。而前面提到的"标准重力加速度"问题，历史上确实曾被世界各国放到台面上讨论过，只是结果可想而知：由于法、英、美三国都想让用作标准的纬线通过自己的领土，用标准重力和单摆的方式定义长度单位的提案没有通过。法国政府最终给出的方案是：标准长度"米"参照秒摆摆长的大致数值，但严格的定义只遵从地球子午线的长度。巧合的是，地球表面从赤道到极点的一条半弧长很接近秒摆长的1000万倍。法国大革命时期公制确立时，科学家索性将1米定义成了比较整的值——从赤道到北极点且经过巴黎的子午线弧长的1000万分之一（也就是整条子午线长度就是4000万分之一）。此时，基于标准重力加速度制作的秒摆摆长与真正的1米差了约3毫米，而秒摆摆长和1米、重力加速度和圆周率，也就不存在理论上的关系了。

可实现性与可复制性

尽管仍有诸多的不完善之处，但是我们起码用全人类的"地球母亲"的尺寸定义出了一个比较"普适"的长度——至少它看上去比较适合在全世界推行。然而，使用子午线定义长度仍显得不够理想：一来，它仍然是"长度是某条件下的长度"，放弃了单摆带来的"时间定义长度"的革新理念；二来，地球上

---

① 当然，地球的赤道仍然不是一个完美的圆，甚至地球上各条经线确定的"一天"也不完全等同（因为地球的自转速度不是完全均匀的），所以基于地球的定义仍然不是最佳的方案。但对18世纪的人来说，根据经线长度来定义已经是能做到的最普适的方案了。

每个位置的人的确拥有平等的经线长度，但当人们真正要使用这个"平等单位"的时候，也不能把这条"经线"抽出来，像尺子一样来使用啊！

相比于单摆，子午线的定义模式说着轻巧，但做起来却缺乏实践的可能性（对单摆来说，只要有摆锤、绳索加上计时工具，实验的实施非常简便）。最初选择子午线定义的法国科学家的设想其实是这样的：先用现有的传统长度单位实施一次测量，得到地球子午线长及其四千万分之一的结果后，将这个结果制作成一个"标准米原器"。后续使用时，用的只是这件原器而已。只是说，如果这个原器像古代社会那样莫名地变化，乃至直接损毁了，人们也不必惊慌——再组织一次地球勘测就行了。

实际上，最初的科学家还把地球的经线测短了——后来经过重新测量，地球的实际经线周长比最初严格定义的"4000万米"长了大约 8 千米，这似乎就很尴尬了[①]。法国科学院可算不偏不倚地撞上了"自己定义自己"的致命缺陷：如果定义自己的标准本身就不稳定，即便人们能够察觉到变化的缘由，但如果想继续遵循原定义，那么社会上所有人的尺子就都要替换，以前的长度测量数据全部作废。所以，人们事实上已经别无选择，只好将错就错，沿袭全社会的习惯继续用下去了。

在历史上，法国科学院选定地球经线作为长度基准后，只做了一次历时 7 年的大规模勘测，随后便将测量的结果用性质稳定的白金制成了一件"档案米原器"（mètre des Archives）。随后公制推行的依据，其实也只是这件米原器而已。后来人们发现，地球的实际周长应该大概是四千万零八千米，但法国科学院最终没有修改"档案米原器"，也没有把 1 米的定义调整成类似"地球经线长的四千万零八千分之一"的校正值。这也就意味着，1 米的定义事实上已经变成了"档案米原器"的长度。

这个问题引出了我们对科学单位制的第二个要求——可实现和可复制。可实现，表示一个单位的定义应该能在地球上的任何地方再现出来；可复制，表示每一次实现单位定义的实验得到的结果应该是相等的。我们最初使用的单摆，如果不考虑重力加速度的偏差，确实是一个既能实现，也能复制的理想工具，

---

① 当时测量失误的主要原因是计算时错误估计了地球非正球体的程度（扁率）。以当时的条件，法国的测量队不可能把地球的整条经线都走一遍，他们只能测量经过巴黎、大部分在法国境内的一段经线的弧长，再根据其纬度推算出整个圆弧的周长，产生偏差也情有可原。

只是受地理位置影响的特性使其对地球上不同地域的人不够平等，也就是不够
"普适"。公制初期采用的地球经线定义方式可以实现，但不好复制，毕竟法
国科学院的一次勘测就做了 7 年，依旧存在可观的误差。而使用标准器（原器）
的定义虽无法实现（因为只能有一件原器），但很容易复制——只要通过严格
的品质管理，使复制件偏离原器的误差在一个合理的范围内即可。

以 19 世纪的条件，普适、可实现、可复制，这三者只能做到其中二者。
既然无法达到真正的完美，我们只能选择误差最小的那一种方案。在 19 世纪末，
人们给出的最佳方案就是：依据现代科学理论严格保管和复制的"国际原型器"
（International Prototype）及其分发至世界各国的复制件。这是个不完美但足够
实用的定义方式。1889 年，国际计量大会正式将法国科学院最初制作的米原器
和千克原器升格为"国际米原器"和"国际千克原器"，这两件原器也就成了
国际单位制的通行标准。

那么，国际原器和 2000 多年前的商鞅方升又有何差别呢？论本质，它俩
的差别确实不大。但现代人有着秦人不可能具备的精密测量技术与品质管理能
力，也能够精准地调控原器的材料、纯度、温度、湿度、真空度等参数，这使
得现代原器作为单位的定义精确度比秦朝的方升提升了可观的数量级。更重要
的是，商鞅方升仅代表秦朝国君所制定的制度，出了秦朝的统治范围，方升也
就没有了效力。但国际米原器与国际千克原器是全世界通用的标准，全世界的
每一个国家都有资格拥有若干件原器的高精度复制品。超越一国内的政治管理
而成为国际通用标准，这是国际米原器相比商鞅方升最关键的进步所在。

十进制

现在，我们通过国际米原器和国际千克原器得到了长度和质量的基本单位，
加上以"一天"为基准的时间单位，这便是一套虽然还比较粗糙，但对于 19
世纪的人们来说最合理的方案。下一步，就是从基本单位出发，扩展出一整套
基于科学的单位体系，也就是所谓的"单位制"。

前文用了很多的篇幅来谈论地理话题，下面我们就接着来看一个有意思的
话题——地图和比例尺，以及扩展科学单位系统的第一个基本原理——十进制。

我们在第 2 章讲过，在古代度量衡中，量体裁衣、砌屋筑墙所用的短长度

系统和计算山川或聚落远近所用的长距离系统是两个不同的体系，它们源自不同的测量需求，所依据的也是不同的测量原理。严谨起见，一些古代文明也许会给长度和距离的单位设定一个换算因子，但这个因子往往仅存在于书面上，只有少部分职务相关的政府官员了解。问一个中国古代老百姓"一里为何尺？"，或是问英国农夫"1 mile 等于多少 foot？"，他们多半只会哑口无言，因为他们平日里也许从未思考过这样的问题。

不过，有一样自古以来就存在的事物，却明确地要求短长度和长距离度量之间需要有某种联系。不难想到，这就是古人就需要使用的**地图**。古人究竟如何绘制地图，这里就不展开讲了，我们只讨论这样的一个问题：假设你是一名古代测绘员，你手头有以短长度单位"寸"为刻度的直尺，并且知道长距离单位"里"等于行走 300 步的距离，但你完全不清楚"里"和"寸"之间是什么关系，请问，你能仅凭这些条件画出一幅地图吗？

其实并不难，假如你从村庄甲出发，根据太阳的方位定位，先往正南方行走了 600 步来到村庄乙；第二天，你回到村庄甲，又往正东行走 1200 步来到另一座村庄丙。现在你知道了这两项数据：村庄乙在甲正南 2 里处，村庄丙在甲正东 4 里处。回到平面上，你会在纸上先标上出发点"甲"，然后确定地图所采取的方位，比如向上是正北方。你会发现，甲丙之间的距离是甲乙之间距离的 2 倍，于是，你用尺子将乙绘制在纸上甲的正下方 1 寸处，随后又把丙标在甲的正右方 2 寸处，这样，甲乙丙三座村庄的准确位置就标注在地图上了。同时，由于甲乙之间的实际距离（600 步）被规定为尺子测出的 1 寸，其他所有实地测量的数据，都可以与 600 步相比较，换算成地图上的长度后再由尺子画出，所以，这幅地图所遵循的比例尺就是**"图上的一寸等于实地的二里"**（见图 5-5）

不过，你需要知道"寸"和"里"之间究竟存在怎样的关系吗？似乎不需要。无论一寸实际上等于多少里，这都不影响我们通过地图上的长度读取出实际的距离[1]。这也侧面证实了：古代社会中，短长度和长距离两者确实是不同的概念。直到今天，仍在使用农业时代遗留下来的传统英制单位的美、英等国的测绘师，

---

[1]　中国古人绘制地图时会使用一种称为"计里画方"的标示方式，类似今天的坐标。制图师先在纸上画好纵横交错的方格，并规定每个方格等于实地中一定的里数，这也是"图上一寸等于实地若干里"的一种表现形式。

在表示地图比例尺时仍会写成"图上的 1 英寸等于实际的多少英里"，或者表示成图 5-6 这种比例条形式。

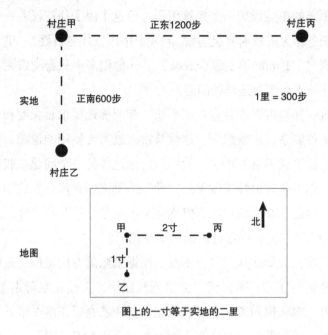

图 5-5　古代长度单位系统下地图比例尺的原理。

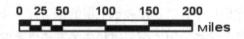

图 5-6　基于英里的地图比例条。

　　然而，古代这种传统比例尺表示法存在一个致命的问题：由于短长度与长距离之间的数量关系不明确，不同地图所依据的换算关系有可能完全不一样，这使得古代的地图很难复制和传播。实际上，依据真实比例尺绘制的地图在古代也的确是十分稀有和宝贵的物品，通常只在政治、军事等场合使用。

　　要解决这个问题，其实很简单，乃至 3000 年前的中国古人就已经明白——**十进制**。但我们讲过，在古人眼中，计数的进位和度量单位的进位一直是分道扬镳的。即便是在十进制概念相当成熟的古代中国，不仅度量衡三者中的衡制一直不是十进制，短长度基准"尺"与长距离基准"里"之间也没有建立十进制关系。说到底，古代度量衡体系必须依附于实际的测量条件，这也就制约了古人的眼界。但在现代的单位系统中，我们只考虑单位对应的物理意义，不再关心它们在现实中对应怎样的测量工具或手段。同时，我们需要将计数和度量、累积和分割全部统一成一套系统，对于人类而言，唯一能达成一致的，便是以数字"10"为核心的进位制度。

科学单位制里的十进制涉及三个方面的统一：第一，数目的累积是十进制，这是人类对十进制的基本共识；第二，对基准数量的分割是十进制，意思是表示数量时应该只采用一个基准单位，不足基准的部分则应以十进制小数的方式表示，如"3.1416 米"，而诸如 3 英尺 8 英寸、15/64 升、$2\frac{2}{3}$ 磅这样的说法都不建议使用；第三，性质相同的单位之间都以十进制换算，比如长度的基准是"米"，但它可以适当地缩小或放大，以适合不同的测量领域，只是，无论如何缩放，新的单位都一定得是 10 的整数次方。

我们再以地图比例尺举例。在现代地图中，比例尺已经基本更改成了十进制的形式，我们可以将其表示成：

$$1 : 250000$$

这个形式不再是"图上 ×× 等于实地 ××"，图上是 1 米，实地就是 25 万米；图上是 1 英寸，实地也就是 25 万英寸。但我们已经规定，"米"缩小到 1/100 是"厘米"，放大 1000 倍是"千米"，这两者正好对应了短长度和长距离测量的主要范围。于是，用标有厘米的尺子在地图上测得"1 厘米"，根据简单的比例尺和"1 米 = 100 厘米""1 千米 = 1000 米"的换算关系，我们几乎可以脱口而出：实际距离为 2.5 千米。

这样的比例尺不但简洁明了，而且能够对所有的地图适用，不论对制图者还是读图者而言，它都是一个伟大的革新。实际上，不仅是地图，统一的计数与计量体系为"大"与"小"之间架起了一座完美的桥梁。大至浩瀚无垠的宇宙，小至沧海一粟的原子，人类都可以使用同样的语言来研究和表达。关于十进制与数量级思想的细节，我们会在 6.2 节进行进一步讨论。

不过，科学计量制度的设计者始终有一大遗憾——**时间单位不是十进制**，而且各个时间单位间的换算关系也各不相同。时间单位为何不是十进制，我们在前面的多个章节都有解释。不过，18 世纪末的法国人曾经严肃地考虑过——将时间的单位也改成十进制。当时的设想是：1 天 = 10 时，1 时 = 100 分，1 分 = 100 秒。法国大革命时期，十进制时间一度被写进了当时发布的《共和历》中，并付诸实践（见图 5-7）。然而，当时的法国人已经使用了几个世纪的六十进制钟表盘，这样的更改实在太难适应，最终在 1805 年被废止。

于是，作为最顽固的习惯单位，时间的单位至今仍维持着非十进制换算，这使得我们无法一下说出一年有多少分钟，或是把"km/h"不假思索地换算成"m/s"。不过，涉及对"秒"的进一步分割（别忘了"second"的来历就是"第二级分割"）时，人们仍然使用十进制，如 9.58 秒。现在，请你计算一下：一名成绩为"2 时 8 分 26 秒 80"的马拉松选手的平均速度，表示成人们日常较容易理解的"每小时几千米"是多少？你只能先把它换算成 $2 \times 60 \times 60 + 8 \times 60 + 26 + 0.80 = 7706.8$ 秒，再把它除以"60×60"，换算成以"时"为基准的十进制数字"2.14 时"，最后用总距离 42.195 千米除以这个时间，得到"19.7 km/h"，也就是平均每小时跑了 19.7 千米（这个速度超过了大多数人骑自行车的速度）。要是时间单位是像地图比例尺一样的十进制，你根本就不需要做前两步繁杂的计算——这只能说是人类历史习惯的无奈吧。

图 5-7 法国大革命时期曾使用的十进制时钟。

一致性

在科学单位制中，相同性质的单位通过十进制联系。那么，不同性质的单位，比如长度与体积、质量与密度，应该用怎样的规则来联系呢？

我们讲到，量体裁衣和道路里程在物理上的实质都是测量长度，所以它们只需要遵从同一个基准单位——米。只是在实际应用中，我们可以以十进制的方式对"米"这个基准做适当的放大和缩小，从而能把测量的结果表示成更方便的形式。在不同的测量领域间，如果"速度"这个物理量的物理意义是长度除以时间，那么，速度的基本单位也就应该规定成长度的基本单位除以时间的基本单位，这种规定称为单位的"**一致性**"（coherence）。或者说，一个新单位只能由旧单位之间的乘除与幂运算来导出，不能存在任何不带单位且数值不是 1 的换算系数。

为什么要这么规定？试想一下，物理学中出现的公式，如 "$F = ma$" "$I = U/R$" "$E = mc^2$" 等，它们有一个共同的特点——简洁。当我们解物理题、作受力分析的时候，我们可以直接把与力有关的项写在左边，把运动有关的项写在右边，然后套入 "$F = ma$"，得到一个全部由字母表示的结果，直到最后才需要把题目给出的相关数据代入。但是，如果用英制习惯下的"磅力"做单位，即便长度、质量单位分别是英尺和磅，你会发现，"$F = ma$" 这个式子不能直接成立，因为右边对应于"1 磅物体产生 1 英尺每二次方秒"的力是"1 磅力"的 32.17 倍（标准重力加速度在英制中的数值）。于是，计算物理题时，你必须时刻在牛顿第二定律中加上"32.17"这个数字，稍有不慎，最后的计算结果很可能便会大相径庭。

出现这个问题，原因就在于上一章所提到的传统习惯单位的缺陷。习惯单位是人们在对科学规律认识尚为浅薄的时候采取的权宜之计，所以，习惯单位几乎都是与物理量的科学属性不一致的。然而，当人们逐渐揭开了自然界真正的本质，认识到万物运转的真正规律后，一致性也就成了一项起码的要求。对于一致性这个重要的概念，我们还会在后续的章节对有关的历史背景和重要人物做进一步介绍。

有时候，某个物理量的确可以遵循一致性要求、从其他单位导出，但这个推导关系很复杂，书写起来不方便；还有些时候，某个物理量可能和另一个通过一致性推导的物理量等价，但人们觉得这两者有必要区分开。那么，我们可以将这样的单位设置为"基本单位"，意味着它与其他的单位之间可以存在一个不是 1 的换算系数。同时，它自己也可以依照一致性规则推导出其他单位。

最初，科学家认为只需要时间、长度、质量这三个基本单位，但后来的国际单位制将其扩展到了七个（这个问题会在后文详细讨论）。

有了同性质单位的十进制换算与不同性质单位的一致性推导，我们终于有了建立科学单位制的完整指导原则。在实际应用中，我们只需要将所有单位用简单的十进制换算转化为规定好的基本单位，便可以代入任何一条公式进行计算，单位系统的一致性保证了我们的计算过程不会出现任何单位上的疏漏。这个步骤，各位读者在自己的学生时代应该都深有体会，此处就不再赘述。

5.3　从公制到国际单位制

- 你知道爱因斯坦在 1905 年发表关于相对论和光电效应的著名论文时用的是什么单位吗？
- 你知道物理课本上的牛顿、焦耳、安培等用科学家命名的单位是什么时候出现的吗？

在本章前两节中，我们介绍了科学单位制的基本理念，同时也简单提及了人类制定的第一套科学单位体系——公制的早期历史。在这一节，我们就来具体看看从公制到国际单位制的这段故事。

在本节的开头，我们先来讲讲科学单位制、公制和国际单位制这三者的区别。简单地说，公制是科学单位制的一种，而国际单位制又是公制的一种。本书中，"科学单位制"这一概念与上一章所说的"习惯单位"相对，特指定义、推导模式遵循客观科学规律的单位系统，它通常蕴含普适性、可实现与可复制性、十进制、一致性等理念之一二。除了公制，19 世纪改革英国工程师使用的改良英制系统，以及后来德国科学家普朗克提出的自然单位制等都属于科学单位制。

公制（metric system）是人类历史上第一套由政府官方确立，并在全世界推广的科学单位制，它标志着古代社会中无法摆脱政治的影响与束缚的传统度量衡制度的终结。它既是 18 世纪启蒙运动带来的自由、平等思想的直接产物，也是当时法国取代牛顿时代的英国成为世界科学中心的象征。公制诞生的契机是 18 世纪末的法国大革命，但它不依附于在政治上未能达到目标的法国大革命。相反，公制取得了远远超出法国大革命本身的巨大成功。

国际单位制（Système International d'Unités）则是第一套基于公制，有着"国际标准"的权威性，作为全世界生产生活和科学研究中一切领域使用的，计量单位的主要指导的完整单位制。它在公制的基础上，扩展了基本单位、导出单位、单位词头等规则。它使得在全世界范围内，无论学者专家还是普罗大众，无论尖端科技还是日常生活，都可以共用同一套术语和定义，表达同样的含义。除了国际单位制，历史上也出现过其他同样由公制衍生的，有着"标准"或"规范"作用的单位系统，这之中以一度是世界主流的"厘米-克-秒制"（GGS制）为代表。

知道了这三者的差别，下面让我们回到18世纪末，看看在历史上公制这套系统是如何一步步完善成今天的面貌的。

我们提到过，建立"普适单位"的设想在17世纪中叶就已经出现了。然而，这样的设想在当时只能停留在学者的论文里。直到一个世纪后的工业革命爆发时，制造蒸汽机和炼钢炉的工程师使用的依然是中世纪留下来的传统度量衡，也就是上一章讨论的"习惯单位"。

18世纪在西方历史上是一个承上启下的重要变革时期：一方面，牛顿运动定律与万有引力定律的提出标志着科学革命达到巅峰，科学思想与科学方法得以进入实践，以实验测量为标志的近代科学在这一世纪开始蓬勃开展；另一方面，科学革命的成就极大启发了思想上的变革，人们相信知识与理性可以成为指导整个社会的法则——这便是轰轰烈烈的"启蒙运动"。

启蒙运动时期，与测量相关的技术取得了重大的突破。除了我们提到的"大地测量学"的建立，同一时期，化学反应中守恒律的验证，以及对光速、万有引力常数等难以直观感知的物理参数的测量尝试，使得人类对测量的尺度与精确度的要求达到更深的层次。科学的发展使得同时期欧洲各国的科学家有了大量交流的需求，然而，尽管语言上可以由当时欧洲各国的共同语——拉丁语解决，但各国学者习惯使用的计量单位却成了影响沟通的一大障碍。但以当时欧洲各国间剑拔弩张的政治局势，把某一国的度量衡强加于所有人头上无异于痴人说梦。所以，人们意识到传统单位受一国统治者的政令左右的局限性，开始寻求一套超越国家、为所有人所用的新式度量衡制度。

作为启蒙运动中心的18世纪的法国，科学思想极度繁荣，而推翻君主统治、建立资产阶级共和国的法国大革命也已箭在弦上。另一方面，当时的法国村镇林立，民间度量体系极度混乱。在这样的背景下，传统度量衡制度的彻底改革（别忘了法国当时还在用着"国王之足"），自然已势在必行。大革命爆发后一年（1790年），法国科学院便召集了当时最优秀的科学家安托万·拉瓦锡（Antoine

Lavoisier，见图 5-8）、约瑟夫·拉格朗日（Joseph Lagrange）、孔多塞侯爵（Marquis de Condorcet）、加斯帕·蒙日（Gaspard Monge）等人，商讨建立第一套普适性单位制。我们已经知道，法国科学院最终确定以地球的子午线长度作为"米"的定义基准，于是，法国科学院派出了由当时巴黎天文台的资深科学家皮埃尔·梅尚（Pierre Méchain）和让·巴普蒂斯特·德朗贝尔（Jean Baptiste Delambre）领导的队伍，从巴黎出发，分别北上法国敦刻尔克和南下西班牙

图 5-8　公制单位的重要奠基人，法国化学家安托万·拉瓦锡（1743–1794）。

巴塞罗那，测量通过两地的与巴黎的经线长度，为"米"的定义提供依据。

　　鉴于这个全人类普适的长度单位的重要性，科学家将这个单位正式命名为拉丁语"metre"（米），即我们前面说过的表"测量"之义的词。这个词的形容词形式"metric"，也就成了这个系统的名称。基于长度单位米，他们用 1 立方分米的水定义了质量的单位"grave"。到了 1795 年，尽管测量经线的科考队受政治影响未能及时返回，法国政府还是通过了度量衡改革法律，宣告了公制的正式推行，这一年也被视为公制诞生的元年。政府将通过科学定义的新单位制作成了"档案米原器"（Mètre des Archives）和"档案千克原器"（Kilogramme des Archives），正式在全国上下推行。值得注意的是，最初的计量改革制度只规定了长度和质量的单位，但时间的定义不在此列，它被列入了历法改革的环节，也就是我们说过的《共和历》中"十进制时间"的设想。

　　可见，最早的公制说到底仍然是一项对传统度量衡的改革，它制定的出发点依然是对"度量衡"这项社会制度的变革。所以，公制初期依然采取了古代度量衡中为某些特定测量领域单独取名字的做法，比如将面积单位单独起名为"are"（100 平方米），液体体积单位命名为"litre"（1 立方分米），固体体积单位命名为"stère"（1 立方米），这些都是拉丁语里表示相同概念的名词。

最初的重量（当时还未区分质量和重量）的基准叫作"grave"，也来自拉丁语中的"重"。"grave"在数量级上与今天的千克相同，而它的1/1000则有一个单独的名字"gravet"。

我们现在使用的单位词头也是在1795年时正式确立的。一开始时，法国科学家设计的只有比1小的单位词头deci（分）、centi（厘）、mili（毫），这三者来自拉丁语中的数字10、100和1000。显然，科学家最初想到的只是改革欧洲古代度量衡里的非十进制分割。随后，科学家又从希腊语中找来了另一套数字符号，发明了比1大的词头deca（十）、hecta（百）、kilo（千）、myria（万）。

你可能会好奇，为什么现在使用的不是"grave"，而是另一个词"gramme"（即后来汉语中的"克"，这里我们使用法语的拼写形式）？而且，为什么最接近日常习惯的单位还要带上一个"千"的词头，说成"kilogramme"（即"千克"）？我推测的原因是：当时法国科学院还没有发明能表示1/1000以下量级的词头，但在拉瓦锡发现化学反应的质量守恒定律的年代，实验室里已经可以精确测量出很小的质量了。如前文所说，科学家最初的设计只是改革欧洲度量衡里混乱的非十进制分割系统，所以他们只发明了表示分割的deci、centi和mili，还规定它们可以重复使用。在最初的规则下，比"grave"小的重量需要表示成decigrave、centigrave、miligrave，比"gravet"小的重量则是decigravet、centigravet、miligravet。但后来科学家又发明了表达倍数的词头deca、hecta和kilo，此时，重量单位没有必要重复使用同一套词头，也就无须使用啰唆且容易引起混淆的"grave/gravet"了。如果要从"grave"和"gravet"两者中去掉一个，保留一个对日常使用和制作标准器而言更重要的，那么显然应该留下"grave"（1立方分米水的重量）。但是，如果以"grave"为基准，由它导出的最小重量只有"miligrave"（1立方厘米水的重量，一般相当于20滴水），可比它还轻的物体呢？似乎已经没有符号可用了。为了与"grave / gravet"区分，科学家最终决定：重新发明一个重量单位"gramme"，等于最初"grave"的1/1000，而用作标准器的重量，则带上单位词头"kilo"，称为"kilogramme"[①]。

---

①　从词源的角度来看，"grave"在拉丁语中表示"重"，而"gramme"来自拉丁语和希腊语中的"gramma"，本来指希腊人使用过的一种比较小的重量单位。公制提出的初期，重量和质量两个概念还没有明确区分。以后来的眼光看，放弃字面上就表示重量的"grave"，而使用一个意思比较模糊的"gramme"来定义质量的单位，应该是个合理的选择。

这样，比"gramme"更细微的重量可以用"miligramme"表示，兼顾了科学家与人民群众的需求。这就是现在汉语翻译的"克"与"千克"的由来。至于更大的重量，欧洲人在传统上就有一个大单位"吨"（tonne），本意是盛装葡萄酒的大型酒桶，它正好可以定义为千克的1000倍。所以，"克－千克－吨"这样的表示方式清晰地表现出了日常生活和科学研究中最常见的重量范围，也最终成了公制的基本规定，一直沿用至今。

　　我们知道，法国大革命后的一段时期，由于革命者的政见冲突，法国社会进入了极度动荡的时期，乃至参与制定公制的拉瓦锡、孔多塞都被送上了断头台。法国大革命最终以拿破仑发动雾月政变重新登基加冕收场，好在拿破仑对科学高度重视，作为大革命的重要遗产，公制被拿破仑政权继承，大革命时制作的档案米原器和档案千克原器也得到了正式认定。尽管由于民间推行的阻力，拿破仑政权在1812年一度暂缓了公制的推广，一定程度恢复了传统单位的使用，但1840年时法国彻底废除了传统单位，并一直以公制沿用至今。

　　公制在法国的确立正值拿破仑战争的时期，随着战火在整个欧洲大陆燃起，法国的公制很快传到了整个欧洲，并迅速为欧洲各国接受。这一段故事会在后面的第8章讲述。

　　公制确立的同时，18-19世纪的科学界正发生着又一次革命：随着伏打电池、库仑定律、欧姆定律、法拉第电磁感应定律的相继发现，人们开始对电与磁现象产生了极大的关注。电磁学这个全新的领域，对过去人类局限于时间与度量衡的测量系统带来了很大的革新。经过近两个世纪的变革，人类对时间、长度和质量的测量已经有了足够的自信；18世纪问世的水银温度计，解决了又一项测量难题——温度；然而，当19世纪电磁学的大门徐徐拉开时，这个领域对当时的科学家来说却是一个完全的"处女地"。

　　对电磁现象的测量启发了科学家们对科学单位制的进一步研究，这之中的一个先驱人物便是著名的数学家与物理学家高斯（见图5-9）。1832年，高斯与另一位著名科学家威廉·韦伯（Wilhelm Weber）合作，着手测量地球的磁场。那时，高斯首先提出了"以若干基本单位推导出完整的科学单位系统"的思想，并将时间单位"秒"（定义为一天时间的1/86400）引入他的测量体系，与长度、质量单位并列为基本单位。高斯同时认为，根据库仑定律，电荷量可以直接由基本单位导出。更重要的是，高斯采纳了那时影响力还未遍及欧洲的公制，使用了三个基本单位：毫米、毫克和秒。根据单位的一致性，他将库仑定律与牛顿第二定律等价，得到以下公式（此处以字母"C"指代电量，但此"C"不等同于现国际单位制中的库仑）：

$$F \propto \frac{q_1 q_2}{r^2} \implies \frac{C^2}{mm^2} = mg \cdot \frac{mm}{s^2}$$

图 5-9　将公制发展为现代科学测量单位的先驱，德国数学家和物理学家卡尔·弗雷德里希·高斯（1777–1855），后人以他的名字命名了以 CGS 制为基础的单位制。

我们今天在课本上见到的库仑定律有一个库仑系数 k，但如果规定电荷与力的单位一致，这个系数是不需要的，此时电荷量的单位就是：

$$1\ C = 1\ mg^{\frac{1}{2}} \cdot mm^{\frac{3}{2}} \cdot s^{-\frac{1}{2}}$$

有了电荷量的单位，其他电磁学单位实际上都可以基于这样的换算导出，高斯和韦伯便是借此完成了测量工作。

19 世纪中叶，英国科学界的重要学术组织——英国科学促进会里的物理学家詹姆斯·麦克斯韦（James Maxwell）、威廉·汤姆森（William Thomson，即开尔文男爵）（见图 5-10）、焦耳等人，正式确立了一套使用长度、质量、时间三者的基本单位——厘米、克、秒，并能够遵循单位一致性的原理，推导出所有力学与电磁学单位的完备系统。这是第一套将法国大革命时期提出的、旨在替换传统度量衡的公制，真正发展成完善的科学标准的单位制，也是后来国际单位制的蓝本。根据他们选取的基本单位，这套制度也就被称为"**厘米－克－秒制**"。

英国科学促进会的另一个贡献，则是提出了为特定的导出物理量单独起一个名字的做法。CGS 制下，为了准确地表示单位，人们需要频繁地重复书写

cm、g、s这三个符号，颇为不便。于是，科学家参考用拉丁文造的"metre"一词，将力的单位称为"**达因**"（dyne, dyn），意为"动力"；又将能量的单位称为"**尔格**"（erg），意为"功，工作"。对于新的电磁学单位，他们则确立了使用与该单位关系最密切的著名科学家命名的惯例——这也就是我们今天在课本上看到的一切人名单位的源头。

图 5-10　为公制的完善做出卓越贡献的科学家——英国物理学家詹姆斯·麦克斯韦（1831–1879）和威廉·汤姆森（1824–1907，第一代开尔文男爵）。

最初，科学家们只提出了伏特（电压）、欧姆（电阻）和法拉第（电容）三个人名单位。但随着以电力为代表的第二次工业革命到来，在新一批电力工程师之间出现了又一次"习惯单位"的大爆发。这回工程师已经接受了公制（CGS制），但在如何导出电磁学单位上产生了分歧。一部分人仍使用上面的库仑定律，推导出的单位称为"静电单位"，另一部分人则选择了描述通电导线间吸引力的安培定律，推导出的单位称为"电磁学单位"。为了给两套单位命名，人们又找来了更多人名，安培、库仑、韦伯、瓦特、焦耳等单位就是此时诞生的，还包括一些如今不再使用的单位，如麦克斯韦、高斯、富兰克林等。

然而，当时的 CGS 制毕竟是为了测量微弱的电磁效应设计的，这套系统几乎只能在科学家的圈子里流传，因为在日常生活与工业生产中，厘米和克两者都显得太小。我们也说过，法国大革命时期颁布的本就是米和千克的标准器，在精细的科学研究以外，人们显然更倾向于使用米和千克，这使得在"厘米－克－秒制"的同时，另一套基于公制的"**米－千克－秒制（MKS 制）**"也开始在社会上通行。另一方面，从公制颁布到麦克斯韦等人完善单位一致性的原理，这之中仍然有很长的一段时间。这段时间中，即便科学家与工程师们已经采纳了公制，但他们仍然在创造新习惯单位，如表示热量的"卡路里"，表示气压的"毫米汞柱"，表示功率的"公制马力"，以及和英制"磅力"类似的"千克力"等。乃至直到20世纪，当时出现的一些新领域如放射学里，出现的新度量基准依然是不符合一致性的习惯单位。尽管19世纪末的德国科学家海因里希·赫兹（Heinrich Hertz）统一了电磁学内部的"静电单位"和"电磁学单位"两套系统，但CGS制与MKS制的分歧仍然广为存在。本来为了统一而创造的公制，此刻却产生了内部的分裂。

但与此同时，公制在政治领域逐渐得到了更多国家的认可，得到了大规模的推广。1875年，世界17个国家在巴黎签署了《**米制公约**》（Convention du Mètre），成立了公制的国际性管理组织国际计量大会、国际计量委员会和国际计量局，标志着公制正式从法国一国的设想变成全世界通用的规范制度。同时，《米制公约》正式将米和千克的定义确立为采用更稳定的铂铱合金材料制成的"国际米原器"和"国际千克原器"，不再使用最初的地球子午线和立方分米水的定义。公约颁布后，国际计量局制作了数件新原器，从中随机取出一件作为封存在巴黎的国际标准器，其余则分给诸缔约国。

《米制公约》将米和千克确立为基准原器后，MKS制也就在单位制的"正统之争"中占了上风，赢得了官方认可的权威地位。到了1921年，国际计量大会将《米制公约》扩展到了电磁学体系中的所有单位，同时采纳了意大利科学家吉奥瓦尼·吉奥尔吉的提议，在长度、质量、时间单位之后加入了一个新的电磁学基本单位"安培"，不再使用高斯以来的单位推导方式。不过，直到20世纪的中叶，CGS制依然在学术研究领域占据着主导地位，这段时期的许多新发现，如相对论、量子力学、粒子物理等，其原始论文里的绝大多数数据仍然是在CGS制下记录的。对于本节开头的第一个问题，如果你能找到1905年爱因斯坦发表在德国《物理年鉴》期刊上的四篇著名论文，不论会不会德语，你都能看到其中使用的长度单位正是"cm"。

第二次世界大战结束后，国际计量界、科学界与各国政府开始合作，旨在将《米制公约》发展成一套连接全世界所有国家，贯通科学家与人民群众的国际性制度。1960年的第11届国际计量大会上，这一制度被正式命名为"**国际**

单位制"。国际单位制将米、千克和秒正式确立为基本单位，使之升格为真正的国际标准，也使得 MKS 制在全世界的科学教育与研究中逐渐取代 CGS 制成为主流，持续了一个世纪的"公制正统"之争才算大体上尘埃落定。至此，从 1795 年公制正式颁布开始，经过整整 165 年，当初的制度才终于变成了如今我们在课本上见到的模样。

说到这里，对度量衡与单位制的历史的讲述也就先告一段落了。下一章我们将进入科学的范畴，带你以科学的眼光看看国际单位制这套复杂的系统的全貌。

人名单位探奇

我遇到过这样一个有意思的问题：为什么爱因斯坦这么著名的科学家没有得到一个以他的名字命名的单位？

其实"1爱因斯坦"是真有的，表示"1摩尔光子的能量"。这个单位用来表示植物的光合作用中每生成一定量的葡萄糖需要消耗的光能。不过这个单位确实比较生僻，而且比较像后人强加到爱因斯坦头上的，和爱因斯坦的实际贡献关系不大，在现在的学术领域也不多见。

我们在前面看到，用科学家的名字来命名单位，最初只是用来解决只用cm、g和s三者表示电磁学单位时，书写起来过于烦琐的问题。起初，科学家只规定了三个人名单位：伏特（电压）、欧姆（电阻）和法拉（电容）。但由于后来产生了静电单位和电磁学单位两套单位系统，人们只能引进更多的人名单位，用来分别表示这两套系统。

此外，最初的单位系统都是在CGS制下定义的。19世纪末到20世纪初，国际计量界在官方采纳了更贴近日常生活的MKS制，并为公制引进了新的电磁学基本单位"安培"。不过，那时人们没有再创造一批新单位，而是选择了原本"电磁学单位"这套系统的名称，基于MKS制重新定义了各自的数值。原来属于"静电单位"系统的单位则被称为"高斯单位制"，与达因、尔格等单位一道作为CGS制的一部分，与MKS制并行使用。

最初的"厘米–克–秒制"里还规定了一些力学上的人名单位，如加速度单位"伽利略"（Gal），粘度单位"泊"（poise，来自法国物理学家让·泊肃叶），熵单位"克劳修斯"（clausius）等。此外，现在国际单位制里的能量单位"焦耳"和功率单位"瓦特"在最初只用于电能，并不用于力学（机械和工程领域中一般用卡路里和公制马力）。所以我们至今仍把电能单位称为"千瓦时"，而非国际单位制里的"焦耳"。

直到1948年，国际计量大会才规定了MKS制下的力单位"牛顿"，并规定焦耳和瓦特两者在机械能、热能和电能中通用。1960 年时，国际计量大会又引进了频率单位"赫兹"（hertz，Hz）和磁感应强度单位"特斯拉"（telsa，T），至于今天使用的压强单位"帕斯卡"，那是 1971 年时才规定的。与 19 世纪的电磁学一样，20 世纪新出现的一门学科——核物理学，也为科学界带来了几个新的人名单位。在 20 世纪初，由于当时 CGS 制在科学上仍然居于核心地位，科学界限用 CGS 制创造了几个新单位，如伦琴、居里等。但随着国际单位制的确立，放射性单位统一到了 MKS 制下，于是科学界又创造了几个新的单位，如放射性单位"贝克勒尔"，辐射剂量单位"西弗"，辐射吸收剂量"格雷"，这三者都进入了国际单位制的正式规定。

所以，普朗克、爱因斯坦、玻尔等 20 世纪初的著名物理学家没有得到一个单位，那是因为当时的确没有什么单位能分给他们了。在那个时候，爱因斯坦这样的理论物理学家不再需要去发现需要新单位的测量领域，而是在致力着统一已有的物理量和单位（我们会在之后具体讨论这个问题）。不过，如果你问为什么伽利略、麦克斯韦、居里夫人这些看上去的确是一个领域的先驱的人物也没有个单位？答案就是，其实是有的，只是属于他们的单位命名得太早，那时科学界主流的制度还是 CGS 制，他们的名字也就被放到了 CGS 制中。但后来公制内部发生了一次换代，CGS 制被 MKS 制取代，为了区分，这些行业先驱的名字只好从我们的课本里消失了。

在本节的最后，我们就把国际单位制与"厘米 – 克 – 秒制"（高斯单位制）中的人名单位总结到表 5-1 中。对于只用于高斯单位制的人名单位，我们也给出在国际单位制中该单位的常用形式。

表 5-1　国际单位制与高斯单位制中的人名单位总结

物理量	国际单位制			"厘米 – 克 – 秒制"（高斯单位制）		
	单位	符号	定义	单位	符号	定义
频率	赫兹 hertz	Hz	$1\ s^{-1}$			
加速度			$1\ m/s^2$	伽利略 galileo	Gal	$1\ cm/s^2$
力	牛顿 newton	N	$1\ kg \cdot m/s^2$	达因 dyne*	dyn	$1\ g \cdot cm/s^2$
压强	帕斯卡 pascal	Pa	$1\ N/m^2$			
动力学粘度			$1\ Pa \cdot s$	泊肃 poise	P	$1\ g/cm \cdot s$
能量	焦耳 joule	J	$1\ N \cdot m$	尔格 erg*	erg	$1\ dyn \cdot cm$

续表

物理量	国际单位制			"厘米－克－秒制"（高斯单位制）		
	单位	符号	定义	单位	符号	定义
功率	瓦特 watt	W	1 J/s			
温度	开尔文 kelvin	K	基本单位			
电流	安培 ampere	A	基本单位			1 Fr/s
电荷量	库伦 coulomb	C	1 A/s	富兰克林 franklin	Fr	$1 \ dyn^{0.5} \cdot cm$
电压	伏特 volt	V	1 J/C	静电伏特 volt	V	$1 \ cm^{0.5} \cdot g^{0.5} \cdot s^{-1}$
电阻	欧姆 ohm	Ω	1 V/A	欧姆 ohm	Ω	1 s/cm
电容	法拉 farad	F	1 C/V	法拉 farad	F	1 cm
电导	西门子 siemens	S	$1 \ \Omega^{-1}$			1 cm/s
磁场强度	特斯拉 tesla	T	1 N/A·m	高斯 gauss	G	$1 \ cm^{-0.5} \cdot g \cdot s^{-1}$
磁通量密度①			1 A/m	奥斯特 oersted	Oe	$1 \ cm^{-0.5} \cdot g \cdot s^{-1}$
磁通量	韦伯 weber	Wb	$1 \ T \cdot m^2$	麦克斯韦 maxwell	Mx	$1 \ cm^{1.5} \cdot g^{0.5} \cdot s^{-1}$
自感	亨利 henry	H	1 V/A·s			$1 \ s^2/cm$
放射性活度	贝克勒尔 becquerel	Bq	$1 \ s^{-1}$	居里 curie 卢瑟福 rutherford	Ci Rd	$3.7 \times 10^{10} \ s^{-1}$ $10^6 \ s^{-1}$
辐射暴露剂量			1 C/kg	伦琴 roentgen	R	1 Fr/0.001293 g
辐射吸收剂量	格雷 gray	Gy	1 J/kg	拉德 rad*	rad	$100 \ erg \cdot g^{-1}$
等效吸收剂量	西弗 sievert	Sv	1 J/kg	人体伦琴当量 roentgen equivalent man	rem	$100 \ erg \cdot g^{-1}$

* 注：不是人名。

---

① 在电磁学中，"磁通量密度"和"磁感应强度"都表示磁场强度，物理性质不同但单位相同。国际单位制规定"磁感应强度"的单位是"特斯拉"，"磁通量密度"则没有特别单位。高斯单位制中两者分别使用不同的单位"奥斯特"和"高斯"。

第 6 章

科学单位制的运转

6.1　量与量纲

> - 科学中是否存在"个"这样的单位？物质的量单位"摩尔"的定义中有"个"，这样的"个"是不是多余的？

这一章，我们先暂时离开历史的话题，把我们的目光切换到科学上来。我们不会涉及太深的科学知识，也不会提及太多公式，而是希望讲一些读者们在上学时都学习过，但课本里不会涉及很多的"幕后故事"。

本章的主旨是站在一个成熟的现代科学体系的立场之上，剖析"科学单位制"的运转机制。虽然我们以"单位"为出发点，但围绕着"科学单位"的概念，其实还有着一套复杂而精妙的"根基制度"，它们为当今全世界的学术论文、科技文献、行业标准等提供了通用且可靠的符号与术语体系。这一章里，我们便从一些基础的科学逻辑出发，为大家抽丝剥茧地展现这套科学单位系统的设计精髓。

首先，我们来看一个问题——什么是"量"（quantity）？

在物理课上，我们做物理题时算出的结果，比如"物体在斜面上运动所需的时间为 15 秒""小球质量 0.1 为千克"，这些都叫作"物理量"。不过，如果你回到数学课上，你做的题目也许会变成"函数 $f(x)$ 在 $x = 2$ 处的值为 5""一元二次方程的两个根为 $x = 1$ 和 $x = 4$"等，这样的数值和物理课上的数值有什么区别吗？

我们可以发现，相比于数学课，物理课上接触到的数通常带有单位，更重要的是带有现实的条件，如斜面上运动、小球等。所以，我们把这些用数学上的"数"（整数、有理数、实数、复数等）来描述现实条件的表达称作"量"。

你可能会问，"量"一定要带单位吗？这是一个微妙的问题，如上面说的"15秒"和"0.1千克"，都是由国际单位制规定的单位。但如果说"箱子里有5个苹果""每千克大米价格10元"，这里的"个"和"元"是不是单位？又如，"溶质 A 在溶液中的质量分数是 0.5%"，这里的"质量分数"看上去没有单位，但实际上它表达的是溶质与溶液的质量之比，如果质量的单位是 kg，它的单位也应该是 kg/kg，只是分子和分母单位相同，从而被约掉了。

我过去在网络上经常看到一些奇怪的问题：光速是有理数还是无理数？阿伏伽德罗常数是有理数还是无理数？别看这样的问题似乎很幼稚，但就连物理、化学专业的博士恐怕都无法给出一个统一的答案。所以，"量"究竟是什么？量与单位有何关联？这便是这一节我们要讨论的话题。

首先，我们来快速回顾一下本书的第 1 章，也就是原始社会人类从学会计数到产生单位和测量意识的时候。

我们提到，人类在对自然万物的认识中，产生了"可数"和"不可数"的意识。羊是可数的，而水是不可数的。但不可数并不代表不能表达，原始人学会了把水装进瓶里，把不可数的水转化成可数的瓶子。这个将不可数转化为可数的过程便是"测量"，用来表达这一转化基准的物体便是"单位"。

从科学的角度，"可数"和"不可数"有没有一个更合适的定义呢？

我们不妨先从这样的角度考虑：当我们"数"一些事物的时候，我们一定是在数数之前就事先规定了——什么东西可以被数进来，什么东西不能被数进来。如果要数羊的数量，我们一定会事先框定好"羊"这一概念，保证不会把牛、马或人类这些不相干的事物数进来。同时，在"羊"这一概念内，我们还要明确：刚出生的小羊羔算不算"羊"？死去的羊的尸体算不算"羊"？长得相似，但不属于同一物种的山羊和绵羊算一种还是两种"羊"？当这些预先的定义全部明确后，我们为羊群"数数"的行为，就是一种不存在随机误差的行为。每一次把羊的数目加 1，都是绝对精确的，不会说某一次计数的操作不够"一只"，只好按 0.5 只羊计入结果中——是就是"1"，不是就是"0"。在事先定义好的条件下，羊的数目不可能存在随机的误差。

但是，如果我们是要给一只羊称重呢？假设我们只有一个天平和最小为"1千克"的砝码，我们只能根据手中的砝码找到一个最接近平衡的状态，此时羊的重量需要表示成"××千克"，再加上一项比1千克小的"误差项"。这表示，对于羊的重量，若测量精度在"千克"，我们就不可能知道"0.1千克"一级的准确数值；但是，即便有了能测量出"0.1千克"的砝码，可我们仍然无法得知"0.01千克"这一级的准确值……只要测量的精度存在有限的量级，所有比它低的数量级就都是不确定的。而且，当我们使用到测量工具的最小标度时，也许会发现：在这样的量级上操作时，无论怎样地小心谨慎，我们都无法得到相同的测量结果——这个结果总是会在某个数值范围内上下波动，还往往满足正态分布规律（见图6-1）。这表示我们使用的测量工具已经达到了极限，在这个极限上，每次测量都会不可避免地产生随机的偏差，使得多次的测量结果不能达到一致。

图6-1　现代实验室里常用的分析天平，它的显示屏会直观地显示出测量结果的最后一两位小数的随机变化过程。

你也许会说，要是要数的羊有好几万只，我每次数出的数目都不一样，这不是误差吗？不错，但这样的误差属于"人为误差"，并非来自测量的误差。理论上，如果你有足够的时间，羊群的标记足够明显，计数的方法足够可靠，这样的人为误差是可以避免的。但在测量的时候，无论采用多先进的技术，我们只能把精确度降低到某个有限的数量级，不可能达到无穷小，而且只要把精度向前推进，测量结果就会不可避免地进入一个随机波动的状态。

我们会发现，长度、重量这些需要测量的量之所以总会在某个精度极限的周围产生随机偏移的误差，其实是因为它们的变化是**连续**的。相反，数数的时候，每一次计数增加的都是一个整数"1"，这样的累积方式是**离散**的。所以，"可数"代表一种离散的变化，这样的量称为"**离散量**"（multitude）；而"不可数"代表连续变化、测量时总存在随机误差的量，于是也就称为"**连续量**"（magnitude）。

不过，离散量和连续量还有更深层次的含义吗？我们不妨切换到本节稍早时候提出的角度有些怪异的问题——本节中所说的"量"，在数学上应该是有理数还是无理数？我还见到过诸如"能否画出一条长度是 π 米的线段？""边长 1 米的正方形的对角线长度真是 $\sqrt{2}$ 米吗？"这种看似"无厘头"的问题。现在，我们不妨用"测量误差"的概念来解答。

首先，对于连续量，它们在数学上必然是无理数，而且不是简单的无理数。它们甚至比 π、e 还要复杂。实际上，连续量在数学中属于"不可定义数"。这意味着，无论一只羊的重量还是一张桌子的宽度，只要它们必须依赖某种形式的基准（单位）来实施测量，它们的绝对数值就是永远不可能为人所知的。我们既不可能知道一只羊的重量在"千克"这一单位下的每一位数字，也不可能预测出这些数字的规律。相反，π、e 即便属于无理数中层级很高的"超越数"，但它们依旧是可定义的。可定义，一方面意味着它们有明确的数学含义，比如只要在数学上规定"定点距离等于定长的点的集合"这一概念为"圆"，则 π 就一定是"圆周长与直径之比"（不涉及测量）；另一方面，可定义数一定会在小数点后的有限位处出现可以表达的规律，它的每一位数都不会存在随机误差。以 π 为例，现代人已经掌握了许多计算其准确数值的求值公式，比如下面这两个式子：

$$\frac{1}{\pi}=\frac{2\sqrt{2}}{9801}\sum_{k=0}^{\infty}\frac{(4k)!(1103+26390k)}{k!^4\left(396^{4k}\right)}$$

$$\frac{1}{\pi}=\frac{12}{640320^{3/2}}\sum_{k=0}^{\infty}\frac{(6k)!(13591409+54514013k)}{(3k!)\left(k!\right)^3(-640320)^{4k}}$$

尽管这两个式子看似颇为奇怪，但它们都是依据严格的数学推导得到的。它们的计算结果一定会完全相同，而且一定等于 π 的真实数值，不会产生随机误差。两条公式的区别只在于谁能更快地算出 π 的更多位小数而已。

现在我们应该可以解答：能否画出一条长度是 π 米的线段？答案是，不能。只要出现了长度的单位"米"，这就表示需要实施测量操作，而我们是不可能"量"出一个可定义、不存在误差的数量的，不论它是 π 米还是 2 米、$\sqrt{2}$ 米。

所以，所谓"离散量"和"连续量"，其本质的区别应该是——是否经过**预先的定义**。数"羊的数目"时，我们预先规定了怎样的个体属于"羊"；说"3 件衬衫 100 元"时，我们预先规定了货币单位"元"的交易属性和它对应的实体钱币，即便每件衬衫的价格不是整数，"价格"这个量也是可数（可定义）的；说"正方形对角线长是边长的 $\sqrt{2}$ 倍"时，我们同样要预先规定"正方形"的几何意义——四边相等、四角皆为直角的四边形；乃至当我们讨论"真空中光速"在国际单位制中的数值时，我们也得说——它是可定义数量，因为现在使用的长度单位"米"已经被规定成了"光在真空中传播 1/299792458 秒经过的距离"。相反，"桌子的长度""一瓶水的体积""汽车的速度"等物理量只能依靠测量得出，测量误差不会由于预先定义而消除。

另外，预先定义不能彻底消除测量误差，但在处理连续量的过程中，我们仍然可以进行预先定义。也就是说，离散量和连续量之间是可以相互计算的。有时候，有些离散量就是由宇宙的规律决定的。比如万有引力定律中的分母 r^2，这个幂次就是整数 2，不是测量出的 2.000… 的近似值。另一些情况，比如"2 个质量一样的物体的总质量"，我们可以测量其中一个的质量，然后乘以一个可定义的"2"。这么做的前提是——我们预先规定了"质量一样"。但从连续量的角度看，我们无法"知道"两个物体的质量是否恰好完全一样（要"知道"只能对两者实行测量，但只要测量就必定存在随机误差）。所以，后一种情况其实是科学中的一种假设，和"刚体""质点""光滑平面"一样，是一种预先消除了误差的理想化处理。

了解了离散量与连续量，我们不妨来看一下本节开头的问题：科学中是否有"个"这样的单位？

直接的答案是：有。汉语里的"个"代表的就是可数的整数离散量。汉语里的量词也正代表一种"定义"，于是我们数动物时会说"头"或"只"，数无机体时会说"颗"或"块"，数薄物时会说"片"或"张"，等等。这就是一种预先定义的过程。

你肯定会说，英语这种没有量词的语言应该怎么算呢？我们在本书一开始就说过，英语里没有量词，但有"可数"和"不可数"。其实，只要用十进制数值来表达可定义数，其中的每一位数所对应的说到底就是人类手指的"个"数（英语里表示数位的"digit"本意也就是手指）。换言之，离散量（可定义数量）就是"个"，以及不同的"个"的组合。在没有量词的语言里，数量一般被归入"纯数字"（pure numbers）。

不过，国际单位制中并没有出现"个"或其他类似的单位。你可能会注意到，做物理题时，我们往往将"个"这样的单位直接省略，这表示"个"这样的单位是**"无因次"**（dimensionless）的，或者说"个"的**"量纲"**为1。"因次"或"量纲"（都对应英语的 dimension）的概念最早由法国科学家约瑟夫·傅里叶在 1822 年提出，是科学范畴内最基本、也最重要的概念之一，它的具体含义从"dimension"一词可见一斑。在几何学里，"dimension"表示"维度"：同样维度的图形可以相加减（线段加线段），也可以相乘除（长乘以宽得到面积）；不同维度的图形可以相乘除（边长乘底面积得到体积），但不能进行加减。科学里的"量纲"正是参照"dimension"的几何概念得到的：不同量纲之间可以乘除，但只有同量纲的量才能进行加减运算。

而量纲为 1，代表这个量的单位就是数学里的"1"。对它可像在数学里那样，执行加减乘除、乘方开方，乃至指数、对数、三角函数等任何数学运算，不受现实条件的制约。你可能会看到，这里既说"量纲为 1"，又说"无因次"，这个"无"究竟指什么？实际上，我们说的"无"，指的是每个量纲上都带着一个"零次方"，而零次方在数学上的结果是"1"。为了避免混淆，本书尽量只使用"无因次"和"量纲为 1"这两个说法。

是不是所有无因次的量都是离散量呢？不是。如当你坐在一个不停运动的旋转木马上，你旋转的过程是连续的，可你却会说"转了几圈"，这像数数的说法。或者，如果一个袋子里有若干苹果，我们随机取出一个，称得重 150

克，又把所有苹果放到秤上称得 1653 克，那么我们推算出的袋子里的苹果数为 1653/150=10.99 个，这样得到的"个"明显是存在测量误差的，它不算连续的"个"吗？

你可能发现了，有一些无因次量，其实是由两个或多个连续量相除，最后抵消掉各自的单位得到的。如当你在旋转木马上不停旋转时，尽管运动是连续的，但对于"圈数"，你可能会存在不同的理解方式。如果你定义转过的"圈数"是"重新经过出发点的次数"，它肯定是我们提过的整数离散量。不过，如果把"圈数"定义为"木马走过的累积路程与其圆周运动的周长之比"，它就是个与测量挂钩的连续量了。同样，我们可以数出"11 个苹果"，也可以用苹果总重量除以单个苹果重量，测出"10.99 个苹果"，区别在于，后者实际上是两个连续量的比值，但由于分子和分母的单位被约去，我们借用了数数时的"个"来表示这个数量。

现在我们可以总结：无因次的量，包括简单的离散量（整数个）、复合的离散量（所有可定义量）以及因次抵消后的连续量。在国际单位制中，这些量的单位都是"1"。这个"1"在单位的运算中遵循数字 1 的计算法则，所以，对于"个 × 米 /（元 × 米）"这样的单位，它在国际单位制中表示的依然是"1"。

在国际单位制中，所有单位为"1"的无因次量，与时间、长度、质量、温度、电流、物质的量、发光强度的七大基本单位所对应的量纲一起，构成了国际单位制的量纲系统。我们在后面的部分还会介绍更多关于量纲的知识。

在上面的讨论中，我们使用了"离散"和"连续"这两个概念，但其中的"连续"其实有些微妙，它和数学里的"函数连续性"中的"连续"的概念并不等同。远古人类在认识自然的实践中就知道，一粒米、一滴水，都是一个个可以察觉到的细微单元，但当大量的单元汇聚在一起，形成的谷堆、江河，却是连成一体、密不可分的。

到了近代，科学上发现了越来越多如米粒、水滴这样的微小单元。从 19世纪初英国科学家约翰·道尔顿提出近代原子论，指出原子是物质的基本构成单元开始，科学家开始发现这个世界的离散性：热力学指出，物体的温度实质是由每个分子所具有的一份份平均动能叠加后的表现（即能量均分定理）；电磁学指出了"元电荷"的存在，自然界物体所带的电量都是元电荷的整数倍；后来的量子力学更是告诉我们连能量本身都是不连续的，以致对时间与空间的连续性都提出了质疑[①]。

　　不过，即便我们所处的世界并不连续，但正如古人将米粒汇入升斗中称量，一两粒米的大小在一升容器的体积中可以忽略不计，同样，对于质量、温度、电流等在严格定义里似乎"离散"的物理量，在我们接触和测量它们的绝大多数场合里，它们只表现出连续变化的性质。如我们知道铁块是由大量的铁原子构成的，但当我们用图 6-1 那样的分析天平测量一个铁块的质量时，会看到示数盘在 0.1 毫克的数量级上随机波动，表示在这一精度上天平的测量进入了不确定的区间。然而，即便是区区 0.1 毫克的铁，里面仍然有 3×10^{21} 个铁原子！理论上，如果我们能造出一个精确到 10^{-24} 克的天平（铁原子质量约为 9×10^{-23} 克），并且能保证所有铁原子在测量过程中不发生任何变化——无论是化学反应、原子核衰变还是量子效应，那么，用这个天平测量同一个铁块，无论测量多少次，得到的结果都是没有误差的。然而，人类现有的测量技术距离这样的精度还很遥远，用现有的天平测量物质质量，观察到的只有连续的属性。

　　从这个角度，我们便可以解释：物质的量的单位摩尔的定义是"阿伏伽罗常数个粒子"，这里的"个"与我们日常说的"个"究竟有什么不同？答案是，摩尔就是"个"，但由于"阿伏伽德罗常数个"太大，以致我们根本不可能用数数的方式去"数"每个试管里的分子。但基于化学中质量守恒的规律，我们可以在明确元素组成的情况下，通过测量质量或浓度的方式，知道"物质分子或原子数目"这个巨大数字的前几位，并能像处理其他物理量的误差那样，得到一个分子数目的误差区间（这其实和本节前面提到的"羊的数量非常多"的情形类似）。所以，尽管名义上是离散的，但摩尔实际代表的是一种不可"数"、却可以测量的性质。正如古人看到一颗颗米粒，却知道用"升斗"来测量，摩尔所运用的，也是这样一种"用宏观丈量微观"的思想。

　　其实，我们的生活中同样有许多类似性质的"准连续量"。比如在计算机中存储数据的"字节"，电脑屏幕中的"像素"，以及经济学统计中的人口

① 通常在时空不连续的猜想中，最小的时间是"普朗克时间"，约为 5.39×10^{-44} 秒；最小的长度是普朗克长度，约为 1.62×10^{-35} 米。

和金钱等。它们都有一个最小的独立单元，也就是离散的"个"。但在实践中，它们所处的数量级都极为巨大（通常在 10^6 以上），导致我们不会基于一个字节的大小来讨论一整块硬盘的数据，或是基于一元钱的面值来讨论全国的 GDP。实际上，我们都是以连续的眼光来看待这些数量，正如我们把电脑屏幕上的像素点视为五彩斑斓的图像与视频（见图 6-2），或是在地铁熙熙攘攘的人流中摩肩接踵。不过，以上这些数量，即便是一些我们很难想象的数目，比如全世界的 GDP 或是整个淘宝网以字节存储的总数据量，在数量级上，与 1 摩尔水（大概仅能装满一个矿泉水瓶盖）中的分子数相比仍然微不足道。所以，对于处于宏观世界的我们来说，微观尺度里的"不连续"，实在是远远超出了想象。

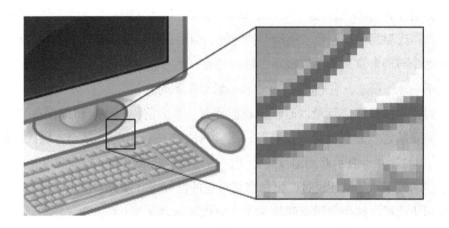

图 6-2　看起来连续的图片和放大后离散的像素块。

相对量与绝对量

我们知道了离散量与连续量，你可能会问：我们在课本上看到的所有物理量，是不是都属于离散量或连续量呢？

那么请问：用量角器测出三角形的一个内角为 20 度，这里的"度"算怎样的量？我们还可以回想一下之前讲过的温标的来历，如果按照 18 世纪温标最初的定义，温度计刻度中的每一个℃和米、千克这些单位的意义一样吗？

你也许会回答：既然这个结果是测量出来的，那么它应该是连续量吧。没错，角度和摄氏温标的确符合"连续"的特征，但要是仔细看下来，我们会发现它们有两个与通常意义的单位很不一样的特点：第一，它们的"0"似乎和一般单位不一样；第二，它们的"1"也和一般单位不同。

讨论离散量和连续量的时候，我们都有一个大前提——它们都存在"0"这个特殊状态，意思就是"没有"，而且只能有一个"0"。然而，摄氏温标里的"0℃"并不表示此刻温度（分子的热运动）变成了零，它仅仅是一个用作参照的数字（我们还说过，摄尔修斯最初的温标中 0 度其实指水的沸点）。若是用华氏度，这个参照点就是 32℉，它代表的含义与 0℃完全一样。同样，表示角度的时候，0°和 360°、720°乃至 −360°所表示的不也是同一个状态吗？很明显，角度和温标中的"0"并不是一般概念中表示"没有"的零。

其次，离散量和连续量中都必须存在"1"，也就是一个均匀、稳定的基准量。但在温标里，"1℃"放到华氏温标中就会变成"9/5℉"；要是放到摄尔修斯那个冷热颠倒的标度里，"1℃"还是"1℃"，可物理意义却有细微差别（这点和热力学第二定律有关）。对于角度，人们把一个周角当成 360°其实仅仅是因为 360 这个数字的约数多，易于切割等分。不把旋转一周定义为 360°，甚至说不把旋转的起点定义为 0°可以吗？当然可以，我们的时钟表盘不就是从"12"开始，要么转 12 度（小时），要么转 60 度（分和秒）吗？只要不嫌麻烦，一个周角可以是 100 度、$\sqrt{2}$度乃至 −20 度。实际上，温标中的"一单位"其实是"标准大气压下水的冰点到沸点间的温度差"，角度中的"1"其实是"旋转一周的幅度"，这两者中的"1度"，指的是把这个"一单位"分成了若干份。

在日常交流中，我们会用"度"（degree）这个字来表达这样的概念，在汉语里它和"温度""长度""速度"里的"度"恰好是同一个字，但完全不是一回事（后几个"度"表示一般意义上的连续量）。描述角度和温标的时候，我们一定要紧挨着最后一位数字，在其右上方写一个圆圈符号"°"（注意写"0°"的时候也要加上这个符号）。这一类的物理量，我们称为"**相对量**"或者"**分度**"。而通常意义上的离散量和连续量，都是"绝对量"。

要获得一个相对量，我们需要先选定一个变化过程中的至少两个有现实意义的标定点，再将这些标定点之间的过程分割成若干份，最后再给两个标定点各自赋予数值。至于选择哪两个标定点、如何分割、标定点的数值是多少，都是人为指定的[①]。当我们测量相对量，比如"20° 角"的时候，所基于的单位也并非量角器上标的"1°"，而是"一个周角"。

另外，相对量是不能直接与绝对量进行运算的（无论加减乘除）。在物理学里，凡是要用角度的概念来和其他物理量相互计算时（比如计算物体旋转的角速度），我们都需要将其转化为弧度。"弧度"（rad）的定义是"一条1米的线段绕一个端点旋转时，另一端走过的累积弧长与1米之比"，它是一个实际单位为"m/m"的无因次量。在温度的范畴，以开尔文男爵为代表的19世纪科学家发现了温度真正意义上的零点，即所谓"绝对零度"，这个点才是物理意义上真正的"0"。同时，科学家根据分子运动理论给出了作为绝对温度单位的"1"的合理诠释。一开始的时候，开尔文男爵还把自己的新温标当成"度"，直到1968年，国际计量大会才把温度单位明确写成了"1 K"，不再带"°"。

最后补充一句：这个专栏里的"温标"是基于18世纪刚发明的温标来讨论的。现代的国际单位制规定："1℃"与"1 K"完全相等，一个物体温度的摄氏度数值等于其以"开尔文"度量的温度数值减去273.15。也就是说现在的摄氏度已经不再是相对的分度（只是习惯上依然还说成"度"），它有了绝对意义上的"1"，但它表示"没有"的值不是数字0，而是 –273.15。这个比较奇怪的定义方式在此就不继续展开了。

---

① 其实，即便同是相对量的角度和温标之间也还有着明显的差异：角度是周期性变化的，一条射线旋转的过程中会不停地经过同一位置，所以会产生无数个意义相同的角度数值；而温度变化的方向是单一的，把水从冰的状态加热到蒸汽状态的过程只会经过一次冰点和一次沸点。

6.2　数与数量级

- 我们在课本上都学过，我国南北朝时期的数学家祖冲之算出了非常精确的圆周率数值，课本上一般写成 3.1415926~3.1415927，这是用今天的符号改写后的数字，那么，你知道祖冲之当时怎样把这个数字写出来的吗？

上一节我们了解了有关"量"的知识，这是"单位"这个概念在现代单位制中重要的理论基础。不过，无论连续量还是离散量，当我们想要在现实中表达它们时都势必要先完成另一个动作——书写单位左边的数字。

我们在第 1 章就说过，基于进位制书写的数字，本质上也是一种单位。人们将每一次数完 10 次的过程，记录成另一个抽象的符号"十"，此处的"十"，以至之后的百、千、万等，正是用于计量大数的单位。在这一节里，我们就来详细地讲一讲这套蕴含在数字里的单位思想，换句话说，如何去数非常大或非常小的数？这套从计数过程中产生的"数字单位"体系，在科学中被称为"数量级"（order of magnitude）。

当然，这并不是一个新鲜的问题——全世界的古人早在科学时代之前就已经琢磨出了五花八门、千奇百怪的大数和小数的记数方式。这里我们就先从古代人的数量级观念讲起，介绍一下人类文明在历史上的大数与小数表示法，以及人们最终如何将"数"与"量"结合起来，发展出了一套成熟、科学且为全世界通用的法则。

古代中国的记数法很有可能与中国的传统度量衡体系出自同门。如第 2 章所说，古代中国的长度、容积计量单位已经普遍采用十进制，比如从长度单位"寸"开始，往上逢十倍进位得到尺、丈、引，往下则逢十分退位产生分、厘、毫、丝、忽、微等。记数的方式其实差不多：每十倍进位，并且起一个新的名字。从十开始的百、千、万、亿、兆、京等，本意其实都是指前者的十倍。所以，"亿"

这一位数，本来的含义其实是"十万"。对于 1234567 这个数，在中国古代最初的记数法里会说成"一兆二亿三万四千五百六十七"，这是不是看起来非常"工整"？它和表示单位的说法"一丈二尺三寸四分五厘六毫七秒"十分对称。

中国古人为大数和小数创造了一套完整数位表记，每一位数都是一个汉字，我们以"一"为中心，把这套数位记号从小到大列举出来：

漠、渺、埃、尘、沙、纤、微、忽、秒（丝）、毫、厘、分、一、十、百、千、万、亿、兆、京、垓、秭、壤、沟、涧、正、载、极

按今天的符号，这套记号表示的范围是 $10^{-12} \sim 10^{15}$。不过，古人当然记不住这么多的字。在大数方面，以中国古代统一王朝的体量，国家的人口、经济规模达到"京"（10^8）以上的数量级并不困难，可人民群众大多记不住"万"以上的符号。人们解决该问题的方式很简单——数到"万"之后，索性将"万"直接作为单位，数到 10 个"万"时，既然记不住下一位，那干脆直接说"十万""二百八十万""三千四百二十万"，这样，直到说"万万"时才需要引进下一位记号"亿"。这就是中国古代产生的另一套记数方式——万进法，也是一直沿用至今的记数方式。

不过，逢十进位的记数方式在中国古代依然使用，于是大多数时候"亿"会同时具有"十万"和"万万"两重含义。当然在具体语境中，若直接说"三亿八万五千"，这个数一般表示 385000，只有当亿和万之间插入了比万小的数位，如"一亿四千七百万"时，才表示 147000000。

扩展了"亿"的数量级后，这套记数方法可以无歧义地表示到"千亿"，即 10^{11} 这个数量级。再往上，有人认为到"万亿"时就应该进位到"兆"，这称为"下数"；有人却认为到"亿亿"时才进位，称为"上数"。不过对古人而言，这样的讨论只是纸上的构思，以那时的认识水平，这么大的数字是很难找到实际的参照的。

说完大数，更值得一提的是中国古代的小数记数。得益于普遍的十进制概念和算筹的使用（见图 6-3），中国古代拥有一套在全世界领先的小数标记系统，尤其在算筹中引进了"占位符"，也就是今天 10.205 这样的数字中的"0"，这是相当先进的一种发明。祖冲之在距今 1500 多年给出的圆周率数值，在《隋

书·律历志》中的实际记载是这样的：

> 以圆径一亿为一丈，圆周盈数三丈一尺四寸一分五厘九毫二秒七忽，朒（nù，即亏）数三丈一尺四寸一分五厘九毫二秒六忽，正数在盈朒二限之间。

我们会发现，中国古人已经有了相当接近现代记数法的意识，尤其分、厘、毫等符号与今天的十进制小数的原理几乎无差别。不过，古人对于小数点应该放在哪一位上不太敏感。当然，这很可能是因为古人记不住那么多的数位记号，只好挑出比较方便记忆的数位范围来记录。

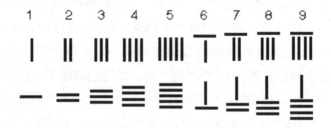

图6-3 中国古代的算筹，其中已经有了统一十进制运算以及小数点的思想。

我们再来看看古代同期的欧洲。古代欧洲的数字标记系统其实相当烦琐、低效。可以说，正是记数符号的不便，使得欧洲人转向了几何学这样注重抽象思考、而非精确计算的领域。我们以发展得非常成熟的罗马数字为例。罗马数字没有给1～10发明一套独立的符号，"个十百千"这样的位数概念也十分不完整。那人们是如何交流的？答案是，就像我们今天数钱一样。罗马数字中有1、5、10、50、100、500、1000这七个标记位置，分别以字母I、V、X、L、C、D、M表示。这七个符号就像七种面额的纸币，在数钱时，所有面额带有"1"（I、X、C、M）的，一次性最多能数3张；如果要数的钱大于3，就必须拿出一张面额带有"5"（V、L、D）的，再让店家找给你一张带"1"的。比如，数"8"时，我们可以直接拿出1张"5元"和3张"1元"即VIII；但数到"9"时，由于不允许出现"IIII"，我们得先拿出"10 元"，再由店家找零"1 元"，即 IX①。

按规定，所有叠加的数字必须紧挨着数位符号，写在其右侧，并且每一位数要从大到小排列；所有"找零"的数字必须写在数位符号左侧，只能写一次，且只能与相邻的数位相减（不能出现"100–1"这样的方式），比如 2019 年在罗马数字里就是 MMXIX。

按这个规则，罗马数字里最大只能写到 3999，即 MMMCMXCIX。往上则会出现 4 次"M"，这是规则不允许的。不过人们给出了一个解决方案：符号上加一条线表示乘 1000。比如 I 表示 1，$\bar{\text{I}}$ 就表示 1000。原本最大的 M，此时可以扩展到 $\bar{\text{M}}=10^6$，这个数也就是今天英语里的"million"，来自拉丁语里表示 1000 的"mille"，只是加上了一个表示夸张的词尾"on"。

所以，与东方基于"万"的大数表示法不同，西方人的记数法从一开始便基于"千"。不过，尽管 $\bar{\text{M}}=10^6$ 没什么争议，但再往上数，就出现了和中国古代记数法同样的分歧：一些人同中国古人的"逢万进位"一样，认为每乘以 1000（即加一条线）就引进一个新的记号，称为"短制"；另一些人则认为要数到不能数，即"million 个 million"时才产生下一记号，称为"长制"。不过，两种数法在语言里的称呼是一样的，第一位是"million"，第二位是"billion"（"bi"即拉丁语数字 2 的前缀），第三位是"trillion"，依次类推。所以，"billion"在短制中是 10^9，在长制中是 10^{12}；"trillion"在短制中是 10^{12}，在长制中是 10^{18}……

今天，说英语和阿拉伯语的国家一般使用短制（英国和美国曾一度分别用长短制，但后来英国改成了短制），而欧洲大陆的法国、德国、西班牙、意大利等国使用长制。如在描述世界人口数量时，英语为"7.6 billion"，而西班牙语为"7600 millones"或"7.6 millardos"。

当然，长短制只能解决数字怎么"说"。在欧洲人接触印度人发明、阿拉伯人传播的"123"这套符号之前，仅凭罗马数字来表示大数不但无比烦琐，而且相当不实用。此外，欧洲人几乎没有产生古代中国的十进制小数观念，对于比 1 小的数，欧洲人通常只能以分数（几个几分之一）来理解，而且往往不是十进制，这在第 2 章讲古罗马单位制时已经有所介绍了。

___

① 当然，罗马时代的人不是真这么做买卖的（纸币出现在罗马之后近千年的中国宋朝），古罗马的货币体系是基于重量单位的非十进制体系。

现在我们知道，在如今我们驾轻就熟的阿拉伯数字"123"普及之前，全世界的古人为了表示出一个数有多费力了吧。1202 年，意大利的数学家斐波那契在其著作《算术之术》中，将印度人发明的数字系统，经由当时的阿拉伯语文本介绍到了欧洲，这也就是今天所说的"**阿拉伯数字**"。它并非由阿拉伯人创造，叫这个名字，只是因为欧洲人是通过阿拉伯人才接触到它的。不过，这套更便捷的记数系统直到 15 世纪才开始大范围取代欧洲人使用的罗马数字。1586 年，一名荷兰的工程师西蒙·斯蒂文提出了现代的十进制小数记数系统，这才大大改进了欧洲人数字系统里上千年以来欠缺完善的小数表达系统的弊端。不过，用一个圆点（或者逗点）来分隔个位与小数位的做法，直到 17 世纪初才开始流行[①]。当时，欧洲人开始制作三角函数与对数表，一套便捷的现代数字表示法才终于应运而生。

始于 17 世纪初的这套现代记数法，以"印度—阿拉伯数字"为基础，同时吸收了中国古代记数法与算筹的特长，如严格十进制、1~9 有专门的符号、通过小数点统一大小数表示等。但相比于中国的算筹，现代记数法的最大进步是完善了以数字兼符号的"0"做占位符的规则（算筹中往往没有特定的符号），从而使任何数都能准确地表示出来。

不过，阿拉伯数字并没有彻底解决大数和小数表达的问题，相反，占位符"0"的使用，反而使大数和小数的表达变得更为烦琐了。比如，在汉语里我们可以简易地说出"十四亿"，可放到阿拉伯数字中，这数字却必须写成 1400000000。大多数人首先得数出里面有几个"0"，然后得回想它对应的是哪一位。对于这个问题，后世科学家想到了一个绝佳的解决办法，也就是我们一般会在初中数学中学到的——写成"1.4×10^9"，这便是"**科学记数法**"。

一些文章把科学记数法的发明归功于古希腊学者阿基米德，确切地说是他著的《数沙者》一书。不过，尽管阿基米德的确提出了用幂次表达大数的思想，但由于古希腊时代数字表述方式的局限，他的具体方法与如今的科学记数法很难算作一回事。一般来说，将幂指数写在数字右上角的做法始自 17 世纪的著名数学家笛卡儿，以 10 为底数表达大数字方式则应该更晚。

对于科学记数法具体该如何使用，这里我就不做介绍了。我们需要知道的

---

① 小数点的符号直到现在也未能统一，圆点和逗点的用法在全世界几乎各占据半壁江山。

是，科学记数法是应用国际单位制最重要的预备知识，它用一套符号同时解决了大数和小数的表示。科学记数法使我们可以为一个量纲只设置一个基本单位，而不必担心它太大或太小——无论大小，写出来都是简单的四五位数字。如光速是 3.0×10^8 m/s，氢原子质量是 1.67×10^{-27} kg。无论数字大小，我们不仅可以简便地表示出两者，还可以快速地完成加减乘除乃至乘方、开方计算。根据 10 的幂次，我们可以轻易地将这个数字转换为日常语言，比如 10^8 就是"亿"，10^6 就是"million"。而且，我们还可以快速地将其转化为一般的阿拉伯数字表示法，比如 3.0×10^8 就表示 3 后面有 8 个 0，1.67×10^{-27} 表示这个小数在"167"前面一共要写 27 个 0（包括小数点前的一个"0"）。

科学记数法的另一贡献是明确地表达了"数量级"的思想。10 的幂次直观地告诉我们：数量级在 10^6 的量与 10^3 的量相加时，后者基本可以忽略不计；数量级是 10^5 的量与数量级是 10^{-5} 的量相乘，两者的量级能相互抵消。数量级计算与我们后面要讲到的量纲分析计算一样，都是科学计算中对结果进行快速估计和验证的利器。

不过，用科学记数法来表示数量级尽管简便，但不够直观。"10 的 × 次方"这样的说法不太适合表示绝对的数量，如"10^{-3} 米""10^6 秒"等，人们不容易将之与日常生活中的数量相联系，而且"× 乘以十的 × 次方"这样的说法未免有些拗口。当然，我们已经介绍了 18 世纪末的法国科学家们给出的方案——"单位词头"（prefix）。如单位"米"（m），表示人的身高时我们可以说"1.7 m"，但用来表示两个城市的距离时，说成"5×10^5 m"未免有些不"亲民"。此时，我们可以从 10^5 这个幂次中提出一个"1000"，给它起一个专门的名字"kilo"，再将首字母"k"规定为专用的符号，把它放到单位"m"上，变成"500 km"，这就是一个非常直观的数量了。

我们也提到过，十进制词头很好地解决了古代度量衡中大小单位换算不一致的问题，避免了"图上一英寸等于现实十英里"这样不严谨的表达。不过，单位词头的作用远不止于此，实际上，它是科学记数法的一种直观的表现形式。词头不仅可以出现在"km""kg"中，任何一种"量"，不论是离散量还是连续量，都可以附加上相同的词头，把数量级往大、小两级任意扩展。今天我们把计算机存储的数据量称为"KB""MB""GB"，乃至把自己的工资说成"洋气"的"10k"，所依据的其实是和"km"一样的原理。

法国科学院最初确立公制时，只设计了从 10^3 到 10^{-3} 的词头。如我们在上一章所见，西方近代的科学家非常推崇创造了辉煌文明的古希腊和古罗马文化，而且将古罗马使用的拉丁语作为欧洲各国之间沟通的媒介。法国学者最初的想法只是改变欧洲人混乱的小数表达习惯，于是用罗马拉丁语里的十、百、千——deci、centi、mili，创造了表达十分、百分、千分的三个词头[①]。但随着大数词头概念的产生，拉丁语不能用了，于是他们只好从古罗马文化的祖宗——古希腊，找来了三个希腊语词头 deca、hecto、kilo，分别表示十、百、千——这多亏了古罗马人和古希腊人用的不是同一门语言。在实际应用中，这些词头可以翻译成任何一种语言，它们各自的简写符号见表 6-1。而且，词头可以简便地表示出单位与数字的区别，比如 3000 g 和 3 kg，严格来说它们的科学含义是不同的（3000 g 表示有 4 位有效数字，而 3 kg 只有一位）。这样的表达方式能使这两者不产生混淆[②]。

电磁学单位创立的时代，人们又创造了两个新的词头"mega"和"micro"，都来自希腊语，表示"巨大"和"微小"，分别代表 10^6 和 10^{-6}。1960 年国际单位制正式确立时，国际计量大会又引进了代表 10^9 和 10^{12} 的"giga"和"tera"，以及代表 10^{-9} 和 10^{-12} 的"nano"和"pico"，它们都是希腊语或拉丁语中表示大或小的概念。现在，国际单位制已经为 10^{24} 到 10^{-24} 的数量级规定了词头，除了最早的 deca、hecto 和 deci、centi，其余都按西方古代的进位规则，每 1000 倍进位（见表 6-1）。

表 6-1　国际单位制单位词头一览

中文词头	英文词头	符号	数量级	国际上启用时间
尧	yotta	Y	10^{24}	1991
泽	zetta	Z	10^{21}	1991

① 欧洲语言一般会把"第几"同时当成"几分之一"（如英语中把 1/3 说成"one third"），但没有一套直观的小数表示方式。在公制里，用拉丁语 deci、centi、mili 表示小数只是人为的规定，但在一些单词如 centipede（蜈蚣，字面意思是"百足"）中，"centi"表示的依然是"百"而非"百分之一"。

② 中文翻译时把词头"kilo"译成了"千"，这使得"3000 克"和"3 千克"读出来还是混淆了。为了避免"千"字产生混淆，在日常使用中，人们会习惯用"公斤"和"公里"来指代"千克"和"千米"。在严谨的场合，还可以采用"3000 个克""3 个千克"这样的消歧义念法。

续表

中文词头	英文词头	符号	数量级	国际上启用时间
艾	exa	E	10^{18}	1975
拍	peta	P	10^{15}	1975
太	tera	T	10^{12}	1960
吉	giga	G	10^{9}	1960
兆	mega	M	10^{6}	1960
千	kilo	k	10^{3}	1795
百	hecto	h	10^{2}	1795
十	deca	da	10^{1}	1795
分	deci	d	10^{-1}	1795
厘	centi	c	10^{-2}	1795
毫	milli	m	10^{-3}	1795
微	micro	μ	10^{-6}	1960
纳	nano	n	10^{-9}	1960
皮	pico	p	10^{-12}	1960
飞	femto	f	10^{-15}	1964
阿	atto	a	10^{-18}	1964
仄	zepto	z	10^{-21}	1991
幺	yocto	y	10^{-24}	1991

在目前的科技领域里，我们一般只用得上 10^{15}~10^{-15} 这个范围的词头。如现在的电脑硬盘的存储空间量级已经普遍达到了"TB"，即 10^{12} 个字节；"PB"级的数据在科技报道中也不鲜见，如能存储1PB数据的"拍塔箱"（petabox）（见图6-4）。在小数范围，表示 10^{-9} 数量级的"nano"早已随着"纳米技术"一词走入了大众的视野。而在化学领域，科学家甚至发展出了"飞秒"技术，即观察到 10^{-15} 秒时间内的化学反应的技术。不过，如果有谁说"发端于20世纪50年代的纳米技术"，那肯定是个骗子——因为"nano"这个词头直到1960年才诞生（实际上"纳米技术"一词在1986年才出现）。

对于国际单位制词头的中文翻译，我国既吸纳了单位制中的希腊文或拉丁文原文，又巧妙地找到了中国古代固有的概念，比如分、厘、毫、微这些在中国古代本来就表示十进制分割的词头。不过要注意的是，国际单位制的"mega"

一级在中国大陆地区被译为"兆"，对应于中国古代的"下数法"中"兆"的数量级（10^6）。在我国的国家标准中，"兆"字已经被规定为"百万"，而"亿"的数量级是中国古代"万进法"表示的"万万"（10^8）。本节前半部分介绍的中国古代记数法，以及"京""垓"等更大的数位，现在已经不再使用了。对于比"亿"大得多的数，比如阿伏伽德罗常数约为 6×10^{23}，我们通常只能说成"六千万亿亿"。

图 6-4　能够存储 1PB 数据的"petabox"（拍塔箱），由位于美国的美国非营利机构 Internet Archive 保管。

6.3 国际单位制全貌：基本单位和导出单位

- 下面这些单位中，哪些属于国际单位制的单位（即属于基本单位和导出单位之一）？提示：如果不清楚这些单位符号的具体意义，可以参考本书的附录 3。

$$km/h、℃、kg·m^2/s、光年、rad、$$
$$eV、吨、mmHg、mL$$

到了本节，我们终于可以进入正题，对国际单位制做一番具体的介绍了。

我们不妨先把前面所讲的预备知识回顾一遍。我们首先介绍了"科学单位制"的思想源头，即用一个最基础的测量——时间，来推导出整个单位系统的思想。接着我们提到了科学单位制的一些重要特性：普适性、可实现和可复制性、十进制、一致性等。同时也介绍了从法国大革命时代以来，现代人对科学单位制的实践。这之中当然也包括了实践中的一些缺憾，比如以时间导出其他单位的设想最终未能实行，使得公制定义基准的任务只能由米原器和千克原器承担等。说完历史，我们简单介绍了"量"与"数"的基本概念，包括离散量与连续量的区别，以及记数法与单位词头的原理等。

本节，我们的话题将来到在 1960 年正式确立的国际单位制本身，来看看今天的国际单位制是如何从威尔金斯提出单摆定长度以来，把近四个世纪的科学计量史中的理念浓缩到纸面上，供全世界人参考和使用的。

管理组织

我们在历史部分讲到，国际单位制的前身是 1875 年签订的《米制公约》。"公约"一词意味着，国际单位制不仅是由科学家制定的制度，而且是一套在世界范围内具有权威的制度。

根据《米制公约》，全世界的计量制度由三个主要机构负责管理：**国际计量大会**、**国际计量委员会**和**国际计量局**（见图 6-5）。其中，国际计量大会是每四年举行一次的最高层次的会议，由参与公约的各成员国参加；国际计量委员会是由来自不同成员国的专家组成的领导监督机构，负责监督计量制度在全世界的实施；国际计量局则负责世界计量科学界的日常运转，包括对国际米原器和国际千克原器的管理，以及所谓"协调世界时"（UTC）的校准等。

图 6-5　国际计量局（BIPM）的局徽，底部的希腊语格言意为"利用测量"。

　　每四年一次的国际计量大会是与国际单位制最为密切相关的活动。国际计量学界的一些重大进展，如 1921 年将公制单位推广到所有物理量，1960 年正式建立国际单位制，以及 2018 年正式完成国际单位制七大基本单位的重新定义，都是在国际计量大会上正式通过的。

　　国际计量大会最初的会员由《米制公约》的缔结者法国、德国、俄国等 17 国构成，随后，美国、英国、日本在 19 世纪末相继加入。中国则在 1977 年成为国际计量大会的正式会员。目前的国际计量大会由 56 个成员国和 41 个附属成员或经济体构成。

内容

　　国际单位制的基本规定都记录在由国际计量大会公布的《国际单位制手册》中。手册原文由法语写成，各成员国可以依情况将其翻译成本国语言。通常各国会将国际单位制的规定写入本国的法律和国家标准中，比如我国的《中华人民共和国计量法》明确规定了国家采用国际单位制，同时在国家标准 GB 3100—93 中具体规定了国际单位制在我国的实施细则。

　　国际单位制的内容由三个部分组成——基本单位、导出单位和单位词头。其中，我们已经在上一节讨论过了国际单位制中的单位词头系统。本节我们就对国际单位制的其他规定做一个简单介绍。

基本单位

国际单位制中，有一部分单位被赋予了比其他所有单位更基础的地位。它们相互之间不能进行满足一致性的直接推导（单位一致性的概念见 5.2 节），必须通过人为的规定给出。这一部分单位被称为"基本单位"，它们是时间单位"秒"、长度单位"米"、质量单位"千克"、热力学温度单位"开尔文"、电流单位"安培"、物质的量单位"摩尔"和发光强度单位"坎德拉"。

2018 年 11 月，国际计量大会正式通过了七大基本单位的重新定义方案，这一方案在 2019 年 5 月 20 日正式生效。我们在此给出七大基本单位过去和现在的定义：

时间——秒（s）

- 最初（中世纪）：一天时间的 86400 分之一。
- 过渡（1956 年）：历书时[①]1900 年 1 月 0 日开始的一个回归年的 31556925.9747 分之一。
- 现在（1967 年至今）：铯 –133 原子在基态下的两个超精细能级之间跃迁所对应辐射的 9192631770 个周期的时间。

长度——米（m）

- 最初（1793 年）：从北极至赤道经过巴黎的子午线长度的一千万分之一。
- 过渡 1（1889 年）：国际标准米原器的两条刻度线之间的长度[②]。
- 过渡 2（1960 年）：氪 –86（^{86}Kr）原子在 $2p^{10}$ 和 $5d^5$ 量子能级之间跃迁所发出的电磁波在真空中的波长的 1650763.73 倍。
- 现在（1983 年至今）：光在真空中运动 1 **秒**所经过距离的 299792458 分之一。

---

① 指以地球观测者为中心，为了观测太阳、月球、行星位置特别编制的天文历表。
② 法国国家档案局在 1799 年时把地球子午线的测量结果制成了最初的"档案米原器"。1889 年国际计量大会使用铂铱合金重新制作了国际米原器，并正式将"米"规定为实物长度，并规定其测量条件是"冰的熔点"。1927 年国际计量大会将国际米原器的保存条件重新规定为 0℃、一个标准大气压。

质量——千克（kg）

- 最初（1793 年）：冰点下体积为 1 立方分米的纯水的重量（当时称为 "grave"，且并未区分重量和质量）。
- 过渡（1889 年至 2019 年 5 月 20 日）：国际标准千克原器的质量。
- 现在（2019 年 5 月 20 日之后）：**米、秒**由上述方式定义后，使**普朗克常数**等于 $6.62607015 \times 10^{-34}\,\mathrm{kg \cdot m^2 \cdot s^{-1}}$ 的质量单位。

电流——安培（A）

- 最初（1889 年）：基于 CGS 制的电磁单位制下电流单位的 1/10。CGS 制下电流单位的定义为：流经半径为 1 厘米、长度为 1 厘米的圆弧，并在圆心产生 1 奥斯特磁场的电流。
- 过渡（1946 年）：在真空中相距 1 **米**的两根横截面为圆形、粗度可忽略不计的无限长平行直导线内通上相等的恒定电流，当两根导线之间每**米**长度所受力为 2×10^{-7} **牛顿**（$\mathrm{kg \cdot m \cdot s^{-2}}$）时，该电流为 1 安培。
- 现在（2019 年 5 月 20 日之后）：**秒**由上述方式定义后，使元电荷电量等于 $1.602176634 \times 10^{-19}\,\mathrm{A \cdot s}$ 的电流单位。

热力学温度——开尔文（K）

- 最初（1743 年）：作为"摄氏温标"，规定为标准大气压下水的冰点与沸点温度之间的 1/100。
- 过渡（1967 年）：水的三相点温度的 273.16 分之一。
- 现在（2019 年 5 月 20 日之后）：**千克、米、秒**由上述方式定义后，使玻尔兹曼常数等于 $1.380649 \times 10^{-23}\,\mathrm{kg \cdot m^2 \cdot s^{-2} \cdot K^{-1}}$ 的温度单位。

物质的量——摩尔（mol）

- 最初（1967 年）：一个由 0.012 **千克**的碳 –12（^{12}C）原子组成的系统，物质的量为 1 摩尔。
- 现在（2019 年 5 月 20 日之后）：一个由阿伏伽德罗常数（$6.02214076 \times 10^{23}$）个单元组成的系统，其物质的量为 1 摩尔。

发光强度——坎德拉（cd）

- 最初（1946 年）：作为"新烛光"，整个辐射体在铂凝固温度下的每平方厘米的发光强度为 60 新烛光。
- 现在（1979 年之后）：频率为 540.0154×10^{12} **赫兹**（s^{-1}）的单色光源在特定方向上产生 1/683 **瓦特**（$kg \cdot m^2 \cdot s^{-3}$）每球面角的辐射强度时的发光强度。

　　我特别把上面七个基本单位排列成了一个特定的顺序——在 2019 年前的旧定义或者之后的新定义中，后面的单位都必须通过前面的单位（文中加粗体）来定义。你会发现，时间单位"秒"排在第一位，这正和 5.1 节讲到的科学单位的肇始精神一致。另外，我还特意把里面出现的离散量标志"个"标了出来。"秒"虽然是最基础的单位，但它仍然是由"个"导出的，另外，物质的量单位"摩尔"的新定义也包含"个"。我们在 6.1 节讲过"个"与"无因次量"的关系，其实，国际计量大会确实考虑过将所有无因次量定义为一个基本单位"uno"（来自拉丁语中的数字 1），符号为"U"，这个"uno"可以附带词头，如 μU 表示量级为 10^{-6} 的一个无因次量 [①]。但这个提案目前未被通过。所以，无因次量在目前的国际单位制中算一个没有明确说明的隐含规定。

　　在上面的基本单位定义中你会发现，定义新单位时，我们总要引进一个特殊数量（除了直接以实物如国际米原器和国际千克原器定义时），有些是"1立方分米"这样的简单形式，有些却是"299792458"这样拗口的大数。但是，这些数字都说明——七大基本单位之间不是一致的，我们需要使用不是 1 的系数来定义它们（上面的 1 立方分米是 0.001 立方米，在以米为基准的单位制下仍要用到系数 0.001）。对于基本单位定义与重新定义的故事，我们会在本书的最后再来详细讨论。

　　在七大基本单位中，时间、长度、质量代表了现代科学体系内宇宙的三大基本构成——时间、空间、物质。这三者作为基本单位，是由著名科学家高斯确立，并为后人广为接受的。另外的四个基本单位，则代表了人类在近代科学

---

① 这一提议的主要目的是使百分、千分以及百万分（ppm）这样的比率看上去更清楚，比如 1.5% 可以写成 1.5 cU，表示起来比起百分号更直观。另外也不需要使用"ppm"这样出自英语的缩写。

中所认识的四个"准连续量"：温度代表分子热运动和熵（在热力学中表现为"微观状态数"），电流代表元电荷，物质的量代表原子、分子等微观粒子，发光强度代表量子力学确立的"能量子"（光子）。这四者都是可以实施离散计数的单元，但人类所接触到的宏观物理体系又都由数量极其庞大的单元构成。以人类现有的技术，它们都不可能被拿出来逐一地计数，只能以"测量"的方式为人所感知。温度、电流、发光强度、物质的量代表的正是四种成体系的测量领域（热、电、光、化学），也是自然界中最重要的四种能量来源。人们为其设定的基本单位，自然都来自现有的最精确的实验设备。我曾经在上物理课时有过一个疑问：为什么人们明明已经证实了元电荷的存在，却不把电磁学的基本单位设置成电量的单位"库伦"？其实，由于元电荷的电量太小，比起去"数"一个静电瓶里带有多少个元电荷，还不如让电荷流动起来——人们测量流动的电荷（电流）及其产生的物理效应的工具可就丰富多了。最初的时候，电流、电压、电阻都是电磁学基本单位定义的候选方案，后来，成为国际标准的 MKS 制使用了"电磁学单位"的系统（基本单位的定义基于电流的磁效应），所以电流单位安培随之被确立为基本单位。

导出单位

在国际单位制中，由七大基本单位经过有限次乘、除、幂运算产生的单位称为"导出单位"。换句话说，一切导出单位都建立在单位一致性的基础上。

一个导出单位可以没有实际意义，比如 $kg^{0.3} \cdot m^{2.5} \cdot s^{-1.2} \cdot K^{-2.2}$ 仍是符合国际单位制规定的导出单位。但只要一个单位按七大基本单位的乘、除、幂运算表示的形式中出现了不是 1 的系数，它就不属于导出单位。

所以，在本节一开始提出的单位中，km/h、光年、eV、mmHg、mL 等都不是符合国际单位制规定的单位。1 km/h = 3.6 m/s，1 光年 = 9.4607×10^{15} m，1 eV = 1.60218×10^{-19} J，1 吨 = 1000 kg，1 mmHg = 133.32 Pa，1 mL = 10^{-6} m^3，它们都必须附带一个不是 1 的导出系数，不能通过基本单位之间的直接运算得到。

另外两个单位就要稍动些脑了。比如弧度"rad"，这看上去是个无因次量，它和基本单位有什么关系吗？国际单位制曾经将弧度、球面度两个单位设为有特殊地位的"补充单位"，但在 1995 年后，弧度、球面度被修改为一般的导出单位。比如，一单位弧度表示"一个半径 1 米、弧长也是 1 米的扇形的圆心角"，这个定义中只有"1"，所以它与长度单位"米"是一致的，实际的推导关系是"m/m"。与之类似，球面度的推导关系是 "m^2/m^2"。

我们说过，最初的摄氏度只是一个相对分度，但在现在的国际单位制中，摄氏度已经和基本温度单位"开尔文"完全等同，只是它的数值是以开尔文表示的数值减去 273.15。由于 1℃ = 1K，我们仍然可以将摄氏度视为通过一致性导出的单位（加减运算不会影响到量纲的表达）。

一部分常用的导出单位，比如力单位"牛顿"，能量单位"焦耳"等，在国际单位制有专门的名称。我们已经在 5.3 节后专栏中总结了一部分以人名命名的单位，在国际单位制中，除了这些人名单位，只需要加上与光学相关的流明（lm）、勒克斯（lx）和化学反应相关的开特（kat），便可以构成规定的全部导出单位。

可并用单位

一些单位虽然不符合一致性原则，但由于在实际应用中经常出现，国际单位制将它们规定为"可并用单位"，表示在一般的科技文献中可以使用，不必特别注明它们的含义。一些单位，比如分、时、升等，是日常生活中经常出现的单位，对全世界人来说它们的意义不言自明。另一些单位也时常在科技文献和大众科普内容中出现，我国将之规定为"可与国际单位制单位并用的我国法定计量单位"，包括分、时、日（天）、[角]度、[角]分、[角]秒、升、吨、原子质量单位、电子伏、分贝等。

还有一些单位未被国际单位制官方认可，但在国际范围内广泛使用，因而也列举在国际单位制手册中，比如 atm（标准大气压）、mmHg（毫米汞柱）、bar（= 100000 Pa）、海里（地球子午线 1 角分长度，= 1.852 km）、节（海里/小时）等。它们也被视为可并用单位，但使用时需要说明其含义。

剩下的一些单位，比如本节开头提到的"光年"[①]，以及常出现在食品营养标签中的"卡路里"，都属于不被国际单位制认可的单位。虽然我们时常能在科普文章中看到它们，但在严肃的科技文献和法律法规中，它们是不建议使用的。

---

① 在严谨的天文学术语中，"月"和"年"都有多个定义，所以它们和"光年"都不是严格的概念。在天文学中受国际单位制认可的长度单位是"天文单位"，它的意义是地球与太阳质心间的平均距离。

单位词头

在国际单位制中，所有带单一名称的单位都可以使用词头来表示其数量级，这些词头的名称和含义已经在上一节给出了。这里我们只需要注意以下几点：第一，词头只能放在每个单位名称前，但不能涵盖单位的组合，比如我们可以说 km/ms（千米每毫秒）或 mN（毫牛），但不能说 k(m/s)；第二，一个单位只能附加一个词头，比如虽然"千克"是基本单位，但不能说"微千克"，只能说"毫克"。另外，如果两个单位间不是以十进制换算（如时、分、秒），原则上不应使用词头，比如"毫时""千分"等说法是不规范的，应该以数量级相近的"秒"和"日"表示。不过，在比"秒"小和比"年"大的范围内，我们仍可以正常使用词头，如"微秒""兆年"等。6.1 节后专栏里讲到的相对量，如角度和摄氏度，一般也不能附加词头。

国际单位制手册里的基本规定，至此就介绍得差不多了。不过世界上的各个国家和地区对于国际单位制都还有一套本地的规范。比如在我国，在单位的名称、单位词头的翻译、单位的全称和汉字简写等方面还有更详细的规定。对于具体的规定，读者可以自行查阅相关法规，比如《中华人民共和国计量法》《中华人民共和国法定计量单位使用方法》等。

我们还把国际单位制中的基本单位、导出单位、单位词头和可并用单位四大基本板块，制作成了随书附送的海报，供感兴趣的读者们随时查阅。

专栏

坎德拉、勒克斯、贝克勒尔、西弗……
你可能不那么熟悉的 SI 单位

对于国际单位制中的七个基本单位，通过初中、高中到大学的物理和化学课程我们应该已经耳熟能详——至少对于其中的六个而言。我们在小学就会接触米、秒和千克；在中学物理课上，肯定也会接触绝对温度单位开尔文和电流单位安培；在中学化学课里，通常也会学到物质的量和摩尔。但是，七大基本单位中的发光强度单位"坎德拉"，即便是理科生，如果不是光学专业的学生，也许连博士生都还不一定见过。

很多人见到"坎德拉"这个词，也许还会以为这是不是和"牛顿"一样，也是个科学家的名字？这里我们要先说明，"坎德拉"不是人名，它译自拉丁文"candela"，意思是"蜡烛"，英语为"candle"。这里我们补充几条在外文（如英文学术期刊）中书写单位中的字母的规则。通常，一个单位会有一个全名和一个符号，全名是它读出来的形式，也是在正文中书写的形式；符号则是它写在数字后的形式。凡是被用作单位的词，书写全名时，无论是否为人名，首字母都不大写，如 newton、candela。写在单位词头后时也不能大写，如 milinewton。使用符号时，用人名定义的单位一般会写成一个大写字母或一大一小两个字母，如 V（伏特）、Pa（帕斯卡）[①]；不是由人名定义的单位只能写成小写字母，如"坎德拉"要简写成"cd"。

我们对"坎德拉"比较陌生的原因还在于，在日常生活中"坎德拉"出现的机会并不多，因为它表示的是限定在一个方向上的发光强度，但生活中最常见的光源，无论是太阳光、烛光还是灯光，光线都是向各个方向辐射的。我们购买灯泡、日光灯管时会见到的亮度参数是"光通量"，表示发光强度，在国际单位制中单位是"流明"（lumen, lm），和坎德拉的关系是 1 lm = 1 cd·sr，

---

① 唯一的例外是出现得比较早的气压单位"torr"，它虽然来自意大利科学家托里拆利的名字，但它的全称就是"torr"。正文中作为单位名称提及时，首字母不大写，如 militorr；但作为符号时，首字母要大写（如 0.1 Torr），且没有缩写形式。

这里的 sr（steradian）表示"球面度"，类似于二维平面上的弧度，也是个无量纲的单位，它的具体定义比较复杂。我们只需要记住：整个球面对应的球面度是 4π（对应球的表面积 $4\pi R^2$），如果光源可以不受限制地向各个方向发出光线，那么光通量就是发光强度的 4π 倍。可以看到，坎德拉和流明是同量纲的。

你可能会发现，"发光"的物理意义不就是持续地辐射能量吗？那么"发光强度"的实质不也就是单位时间内释放的能量（即功率）吗？为什么国际单位制要专门定义一个基本单位？没错，就物理意义来说，坎德拉和流明与功率单位"瓦特"的性质没有什么不同，但是，我们通常说的"发光"指的是可见光，可一个光源能发出的并不只有可见光，还有红外线、紫外线等一系列不可见光，而我们测量光源的功率时只能测量出它辐射所有频段电磁波的功率。于是，科学家选择了一种人眼最敏感的光——波长 555 纳米的黄绿色光，作为衡量"发可见光"的强度。为了与全频段的辐射强度区分，这个"发可见光"的强度也就被人为规定成了基本单位。

坎德拉和流明表示的是在单位时间内光源向外辐射的能量，但它们都不能直接表示"亮"。为了衡量"亮"，我们需要在一个面积内考量光的多寡。不过，人眼所感受到的亮度是会随着距离递减的，正如一盏台灯通常照不亮一个大房间。于是，人们把光源处的亮度称为"辉度"（luminance），把在一定距离上的亮度（单位面积物体吸收的光辐射量）称为"照度"（illuminance）。两者的单位都是坎德拉每平方米（cd/m^2）。为了表示区分，国际单位制将照度的单位命名为"勒克斯"（lux 或 lx），取自"luminous flux"。现在你应该明白了：光度单位坎德拉、流明、勒克斯可都不是人名！本专栏提到的光度单位间的相互关系，可以参照图 6-6。

说到了光学辐射，其实国际单位制中还有另一套关于"辐射"的计量单位，这套单位一般用于可见光波段以外的辐射。在日常生活中，最常见到它们的场合是医院的放射室和机场火车站内的安检机。我们之前曾经简单列举了与这个领域相关的人名单位，如贝克勒尔、格雷、西弗、伦琴、居里等，现在我们来解释一下这些单位分别是什么意思。

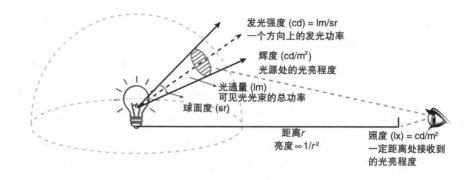

发光强度 (cd) = lm/sr
一个方向上的发光功率

辉度 (cd/m²)
光源处的光亮程度

光通量 (lm)
可见光光束的总功率

球面度 (sr)

距离 r
亮度 ∝ 1/r²

照度 (lx) = cd/m²
一定距离处接收到
的光亮程度

图 6-6　光度单位的相互关系。

　　首先，从放射源来说，我们要考量的是原子核衰变的快慢。你应该会想到，这和上面的"坎德拉"很像。放射性研究领域研究的"辐射"是由核裂变引发、可使物质发生电离作用的"电离辐射"，其衰变的快慢程度被称为"放射性活度"，一般以每秒发生衰变的原子核数目作为考察标准。如果 1 秒有 1 个原子衰变，就称这个放射性活度为 1 贝克勒尔。"贝克勒尔"（becquerel，Bq）是一个按照国际单位制的一致性导出原则定义的单位，但按单个原子来计数的单位明显太小了。最初，人们是以 100 万个原子的衰变为基准来定义单位的，这一单位称为"卢瑟福"（rutherford，Rd）。后来，科学家用镭 -226 做了比较精确的测量，将它的衰变活度定义为 370 亿个原子每秒，这个单位称为"居里"（curie，Ci），是为了共同纪念居里夫妇两人所设的。现在，贝克勒尔和居里两个单位在世界各国都有使用。此外，想必许多人都听说过用来检测辐射强度的"盖革计数器"。盖革计数器在原理上和放射性活度类似，但它的单位叫作"每秒计数"（cps）或"每分计数"（cpm），只表示单位时间内盖革计数器检测到的 α 粒子、β 粒子等特定种类的粒子的数目。

　　电离辐射研究领域对发射和吸收有严格的区分。X 射线这样的强辐射会使空气产生电离，衡量这种电离效应强弱的物理量称为"暴露量"。医院里的 X 光机和机场、火车站的安检装置的辐射强度，就是以暴露量衡量的。早期的 CGS 制时代，暴露量的单位被根据 X 射线的发现者的名字命名为"伦琴"（Roentgen，R），现在则一般使用符合一致性推导的"C/kg"，即库伦每千克空气。可以看到，暴露量用于以电离产生的电荷量来衡量物体吸收辐射的强弱。我们也可以仿照光度学的原理，以能量为基准来衡量，这样的物理量叫

"吸收剂量"，在国际单位制中的单位是"格雷"（gray, Gy），推导关系是"J/kg"，即每千克物质吸收的辐射能量。

在光学中，我们要对光源的辐射总量与人眼能看到的可见光能量进行区分；而在放射性研究领域中，我们则更关心对人体产生危害的辐射剂量。与流明和瓦特的关系类似，我们把能引起生物体组织器官损伤的平均吸收剂量称为"有效剂量"，有效剂量等于吸收剂量乘上一个大于1的权重因子，它的单位为"西弗"（sievert, Sv）。讨论有害辐射对人体的具体危害时，我们往往会使用西弗作为单位，如一次 X 射线胸部透射的有效剂量大概是几十微西弗，而对人体有风险的剂量则是在 100 毫西弗以上。对于放射性单位的相互关系，可以参考图 6-7。

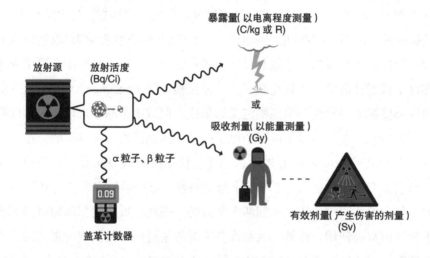

图 6-7　放射性单位的相互关系。

第 7 章

科学单位制的扩展

7.1　量纲分析与对数单位

> - 描述声音的"分贝"是一个什么性质的物理量？能否说"一次声响蕴含有 100 分贝的能量"？

经过前面的介绍，大家对国际单位制的基本原理和机制应该已经有了一定的认识。我们从小就学过千克和米，但读完前面的故事，想必大家会发现——这些与自己朝夕相处了很多年的单位，背后原来还有这么多故事！

不过，仅仅介绍国际单位制，我们还没有把故事讲完。国际单位制给我们提供了一套完整、规范、严谨的科学计量单位框架，我们下一步要做的，就是使用这套框架来解决实际的问题，看看能否用单位制这一工具来为我们的学习找寻灵感。

我们在之前专门介绍了"量"和"数"的来龙去脉。对于"量"，我们专门介绍了"量纲"与"无因次"的概念；对于"数"，我们讲解了数量级的知识。在这一章，我们就把"量"和"数"的基础知识做一个扩展，讲一讲在国际单位制手册中没有直接说明，但在科学应用中至关重要的一些概念。

这里要先提醒一下，这一章的内容显得更"理科"，涉及的科学知识要比本书的其他章节深一些，有一部分超出了高中水平的知识。虽然我会尽量把这一章的知识讲得浅显一点，至少贴近其他章节的风格，但如果读者仍对这一章的某些概念感到比较陌生，可以跳过这些内容，重点关注与原理相关的解释。

量纲分析

我们在 6.1 节简单介绍了"量纲"（也叫"因次"）的概念，同时提到了"1个小球""转 3 圈""10.5 元""质量分数 1.2%"等描述的共同属性——无因次。在国际单位制中，它们都视为有一个单位"1"，与其他单位运算时遵循数字 1 的法则。

除此之外，国际单位制规定的七大基本单位都具有单独的量纲。国际单位制为七大基本单位所对应的物理量各自确定了一个专用的量纲符号（见表7-1）。

表 7-1　国际单位制基本单位

物理量名称	时间	长度	质量	热力学温度	电流	物质的量	发光强度
单位名称 / 单位符号	秒 /s	米 /m	千克 /kg	开尔文 /K	安培 /A	摩尔 /mol	坎德拉 /cd
量纲符号	T	L	M	Θ	I	N	J

量纲和单位是不同的概念。量纲对应一种物理量，比如秒、分、时、日、月、年是不同的单位，但它们都具有时间量纲 [T]；同样，米、厘米、英寸、英尺、海里、光年、天文单位、秒差距等单位都具有长度量纲 [L]。

一个物理量的性质仅由它的量纲关系决定，与具体选取的单位无关。如速度的量纲是 [L/T]，无论实际测量时选用的单位是米 / 秒、千米 / 时、海里 / 时还是天文单位 / 年，这些单位所指代的都是速度。不同的速度单位之间只存在一个没有单位的转换因子，比如 1m/s = 3.6 km/h，但两者的量纲皆为 [L/T]。

一般认为，量纲分析的概念由法国数学家约瑟夫·傅里叶在 1822 年提出，后来由麦克斯韦完善，用于建立严格遵循一致性的 CGS 单位系统。在科学计算中，量纲分析是一切计算的前提。所有等式的两侧，量纲都必须相同。不同量纲的量之间可以进行乘除运算，量纲自身可以进行幂运算，但只有同量纲的量之间能够进行加减运算。

我们用一个例子来解释：能量是物理学中最重要的物理量之一，按国际单位制规定，能量的基本单位是焦耳，而它的量纲是 $[ML^2T^{-2}]$。但在物理课上，我们会学到各种能量与功的表达式，从动能 $E_k = \frac{1}{2} mv^2$，重力势能 $E_g = mgh$，

弹性势能 $E_p = \frac{1}{2}kx^2$，再到力学上的功 $W = Fx$，热力学上的体积功 $\mathrm{d}W = p\mathrm{d}V$，电学上的电功 $W = UIt$，乃至粒子物理学使用的能量单位"电子伏"（eV）等。但是，所有表达式背后绝对不变的是——量纲一定是 $[ML^2T^{-2}]$。与力学有关的能量，其量纲应该不难验证。不过，这里表示电功的"UIt"看上去并不是个力学量，怎么也会是质量、长度、时间的组合，却不包含电磁学的量纲 $[I]$ 呢？其实，电压单位"伏特"本身就是根据能量的单位"焦耳"来定义的，即 $1\ V$ $= 1\ \mathrm{J/C}$，而电量单位"库伦"满足 $1\ \mathrm{C} = 1\ \mathrm{A \cdot 1s}$，代入"伏特"的定义式，不难看出电功公式"$UIt$"所对应的单位正是"焦耳"（J）。

在实际计算中，我们可以把动能、势能、机械功、热能、电能等一切能量性质的物理量任意加减，比如 $\frac{1}{2}mv^2 + mgh - UIt$。但只要在需要加减的任何一项中，或者一个复杂分数式的分子分母结合后的最终结果中，出现了与能量专属的"身份标识" $[ML^2T^{-2}]$ 不符的量纲，我们可以立刻判定这个式子写错了。

对于量纲分析，我们还可以记住以下两条比较重要的规则。

第一，微分和积分运算皆不会改变量纲。比如，无论将速度表示成平均速度 $v = s/t$，还是瞬时速度 $v = \mathrm{d}s/\mathrm{d}t$，速度的量纲都仍然是 $[L/T]$。同样，积分运算的实质是将若干个微元相加，而加法不会改变物理量的量纲，比如若一个外力 F 做功 W，无论这个力走过直线距离 x，即 $W = Fx$，还是走过曲线距离，需要由表达式 $W = \int F\mathrm{d}x$ 得到，功的量纲都依然是 $[ML^2T^{-2}]$。

第二，进行所有指数、对数、三角函数、反三角函数等运算时，函数自变量必须是无因次的，即量纲必为 1。也就是说，不允许出现 $\log(\mathrm{m})$，$\sin(\mathrm{kg})$ 这样的单位。这条规律暗示了：所有物理公式的量纲运算必须是数学上"齐次"（homogeneous）的。比如，加速度的单位是 $\mathrm{m/s^2}$，我们把每个单位扩大 10 倍，此时的新单位是：

$$10\ \mathrm{m}/(10\ \mathrm{s})^2 = 10^{-1}\ \mathrm{m/s^2}$$

我们会发现，在"$\mathrm{m/s^2}$"这样的单位中，如果把每一项同时放大或缩小（即乘以一个系数 k），得到的新单位会是原单位的 k^α 倍，这个 α 与原单位中各项的幂指数相关。满足这种性质的单位就是"齐次"的。

但是，假如有一个单位是 sin(m)，把"m"扩大 10 倍，此时你会发现：

$$sin(10m) = ?sin(m)$$

两者中间的这个系数有什么意义？

这样的结果表明，长度这个物理量是无法进行三角函数运算的，从数学意义上我们也无法给这种运算一个合理的解释。所以"sin(m)"是非齐次的，而现有的量纲分析规则不允许出现这样的情况。

当然，不能有"sin(m)"不意味着指数、对数、三角函数不能在物理公式中出现，而是说凡是在公式中出现了 sin、log 等特殊函数，写在这些符号后的自变量就一定得是无因次的。无论表达式多复杂，最后分子与分母的量纲一定可以全部被约掉。

在物理学上，这一条规律也被称为"量纲和谐定理"。至于说，为什么物理公式必须是齐次的，为什么不能有 sin(m) 呢？在本书的讨论范围内，我们只能姑且认为——这就是科学家的规定，是科学家对于描述宇宙规律的一个预设规则。至少在现在的科学框架中，这样的规定是合理的[①]。

无因次化与白金汉定理

我们已经知道，指数、对数、三角函数、反三角函数等运算不能带单位。但在处理实际的科学问题时，这些函数又无处不在——自然界中相当普遍的指数增长模型离不开指数和对数运算，物理学中的傅里叶变换也离不开三角函数。那么，我们要如何将一个个带单位的物理量"放"进这些数学工具中呢？答案就是——无因次化。

科学计算中，最常见的无因次化方式就是：将一个变化的物理量表示成它和一个同量纲的参照量的比值。比如，物理和化学中都有一个重要的概念"半衰期"，指如果一些物质会随时间不停地发生变化（化学反应或原子核衰变），那么我们可以把该物质"过了某段时间后剩余的量（C）"和它的"初始量（C_0）"取一个比例（如取 50%，也就是恰好剩下一半）。自然界中，许多变化满足"一

① 一个比较容易理解的解释是，如果允许对某个物理单位做指数、三角函数这样的运算，它的泰勒展开式就会是这个单位不同幂次的加减式，比如 $sin(m) = m - m^3/3! + m^5/5! - \cdots$。但在现实中 m 和 m^3 对应的是性质完全不一样的物理量，对它们进行加减是没有意义的。

级反应"模型,根据这一模型,前面的这个比例正好和时间(t)满足下面的关系:

$$C/C_0 = e^{-kt}$$

这里的 k 是一个常数,而且其单位一定是时间单位的倒数。等号左边是刚做过无因次处理的比例分数。令其为 0.5,再直接对它求自然对数,最后我们会得到:

$$t_{0.5} = \ln 2/k$$

于是,只要 k 是常数,$t_{0.5}$ 也一定是个常数,也就是所谓的"半衰期"。它是个很容易理解,也很好测量的参数。上面的推导过程中,无论等号左边的"C/C_0"还是右边的"t",我们都没有规定它们的单位。所以,左边 C 的含义可以是质量,也可以是混合物中的质量浓度、摩尔浓度、质量分数等,右边的 t 的单位也可以是秒、小时乃至年。但在实际测量和计算中,我们并不需要考虑该用何种单位,只需要保证"物质还剩下一半"——这就是无因次化的作用。

我们还可以通过更复杂的方式来构造出无因次量,也就是通过所谓的"白金汉 π 定理"[①]。这个定理表示:如果一个科学方程式由 n 种物理量决定,同时我们定义了 m 个基本量纲,那么我们可以构造出 $n-m$ 个无因次参数(π),并且把方程式转化成无因次的形式。再举一个例子:讨论太阳系内行星的运动时,我们假设,这一现象由轨道半径 R[L]、周期 T[T]、太阳质量 M[M] 和万有引力常数 G[$L^3M^{-1}T^{-2}$] 这四个量决定,对应时间、长度、质量三个基本量,于是这个问题就有 $4-3 = 1$ 个无因次量(π_1)。我们还可以单纯根据量纲的关系推算出 $\pi_1 = T^2MG/R^3$——这表明,太阳系的行星运动方程只由 $\pi_1 = T^2MG/R^3$ 这个变量控制。它和开普勒第三定律正好吻合,但在上面的推导过程中,我们并没有列出实际的万有引力方程,仅仅是把各个物理量的单位拿出来做了个比较而已。不过,实际的方程中还有一个系数 $4\pi^2$,这是仅凭量纲分析无法给出的。

在一些控制变量复杂,但涉及的基本物理量比较简单的问题(如流体力学)中,通过 π 定理构造出的无因次参数至关重要。在工程领域的实践中,很多问题往往极为复杂,以至于几乎不可能从简单的物理公式推导出实际的模型。而

① 这个定理最先是由法国数学家约瑟夫·波特兰提出,而后又经过多位科学家的补充,但因为美国物理学家埃德加·白金汉最先用"$\pi_1, \pi_2, \cdots$"的符号来表示,所以最后被称为"白金汉 π 定理"。

工程师的做法通常是：先找出一些无量纲参数，再将它们绘制在一张图表上，或是总结出一条"经验公式"。这样的经验公式往往相当"难看"，但人们能确定——公式的整体量纲一定是 1，不需要担心单位不协调的问题。

对数尺度 [①]

我们已经知道，log(m) 这样的单位是不能存在的。但你可能记得，我们在化学课上学过"pH 值"这个概念，它的定义不就是"–lg[H+]"，也就是溶液中氢离子浓度的负对数吗？这么说，pH 值的单位不就带有对数了吗？

其实，按照化学里的严格定义，pH 值中的这个"氢离子浓度"的确是无因次的。如果一个溶液中的氢离子浓度是 0.1 mol/L，我们计算它的 pH 值时，要先把这个浓度除以"1 mol/L"，然后才能进行计算。这个"1 mol/L"没有什么意义，只是一个消除量纲的因子。

为什么人们要这么大费周章呢？或者说，为什么一定要对溶液里的氢离子浓度取对数，不能直接按原本的单位呢？

不妨回忆一下本书第一部分关于"可数"与"不可数"的内容。我们知道，人类对客观世界的数量认识始于计数。对于一些不可数的量，人们发明了单位，并通过"数"单位将不可数转化成了可数——这便是测量的起源。但我们会发现，无论计数还是测量，我们每一次"数"的操作都是一样的。数羊的数目时，每一次计数一定会增加相同的"一只羊"，测量桌子的长度时，尺子上的每一份刻度也一定是相同的。对于这种刻度均匀的尺子，我们称之为"线性尺度"（linear scale）或"算术尺度"（arithmetic scale）。

但是，我们可能会面临这样的问题：一个量的数量级的变化幅度极大，某个条件下它是几十，可换一个条件它的值可能就会是几亿，此时，再用原先那把刻度均匀的尺子一点一点地量，就得量到"猴年马月"了。所以我们得换个思路：尺子的第一个刻度是 1 厘米，但第二个刻度能不能直接标成 10 厘米，第三个刻度就跳到 100 厘米？也就是说，我们不妨更改习惯的"计数"方式，不再一个一个地计数，而是让每一次数的数量都比前一次多，这样不用多久，我们就可以从 1 数到 1 亿了。

---

① 本节中所有的"对数"都是指以 10 为底的对数。

但是，采取这种不均匀的数数方式需要有一个前提：我们得先制定好规则，这样才能保证数的过程是可靠的，否则这就成了智力测验里的数列找规律题了。前面讲过，中国古代有一套逢十倍进位的数位标记——个、十、百、千、万、亿、兆、京……其实，中国古人的这套标记距离现代科学的用法已经十分接近了，现代人所做的，就是把上面的每一个汉字分别对应上了数字 1、2、3……这个表示方式表明，一个量的数量级呈现出了**"指数增长"**——后一位始终是前一位的 10 倍，但与此同时，我们把每一位数按照常规的计数方式（1、2、3、……）标记，这样的刻度就叫作**"对数尺度"**。它由苏格兰数学家约翰·纳皮尔（John Napier）在 1614 年发明，以满足当时天文观测、航海定位等领域产生的诸多大尺度计算的需求。

之前我们讲过，常用的阿拉伯数字、科学记数法、单位词头，这是三种常用的表示数量级的方式。但问题是，这三种方式都基于算术尺度，如果只是表示单一的数字，它们三者都可以派上各自的用场。如果我们要表示的是一个幅度非常大的变化范围，而且还要把它绘制在图表上该怎么做呢？比如说，图 7-1(1) 中，横坐标从 1 均匀地变化到 10，纵坐标的前 9 个数据点都不超过 600，可到最后一个点一下变成了 5000，当我们按算术尺度绘制它们的函数图像时就会发现：纵坐标似乎被这一个点"霸占"了，其他点全被挤到了最下边，根本读不出具体数值。此时，把纵坐标上的数字改成"5×10^3"或是"5k"都依然无济于事。不过，如果我们把纵坐标改成图 7-1(2) 中的样子，所有的点一下子就全都看得见了！而且我们可以快速地读出每一个点的数据，此时纵坐标上 1~10 之间的点按 1、2、3、……处理，而 10~100 之间就是 10、20、30、……，依次类推，这就是对数尺度的原理。可以看到，对数尺度不仅能让算术尺度下被某几个大数"霸占"的坐标清晰化，更重要的是它能让我们依旧按算术尺度的思维来读取各个点的坐标，这可真不愧为一把"魔尺"。

现在我们可以回答，为什么化学里要使用"pH 值"这种表示方式？其实就是因为溶液里离子浓度的变化太剧烈了。一瓶 pH = 1 的强酸和一瓶 pH = 7 的中性溶液相比，前者的氢离子浓度整整高出了 7000 万倍！即便用科学记数法，我们也得不停地念叨"溶液的氢离子浓度是 10 的 × 次方摩尔每升"——这未免太拗口了。所以，人们将氢离子浓度的数值取对数，此时就可以说成"酸性溶液 pH 小于 7，碱性溶液 pH 大于 7"，这样就顺口多了，普通人理解起来也基本没有障碍。不过，使用 pH 的概念时，我们一定要先规定好标准。如一瓶氢离子浓度为 1 mol/L 的溶液，其 pH 值为 1，只有确定了这个"1"，谈论 pH 值时才有意义（同时也才能满足对数的无因次要求）。此外，溶液中的氢离子浓度往往非常小，以 1 mol/L 为基准的话，取对数会得到负数，但大众通常不怎么喜欢负数，所以人们直接把负号去掉，相当于把坐标轴反了个方向，但尺度没有变化。在化学中，"p"就表示取一个无因次量的负对数，除了 pH，我们还会见到 pOH、pK$_a$、pe 等，原理都和 pH 一样。

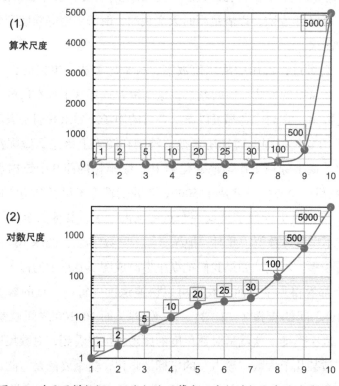

图 7-1 对于同样数据，纵坐标使用算术尺度与对数尺度时的区别。

所以，在使用对数尺度前，我们要确定好两个前提：**基准数值**、**变化方向**。如果一个量会增长到很大，我们可以把它最小的值作为标准，再求其他值与最小值的比例；反之，则把最大的值定为标准，并且最好把负数换成正数。否则，我们看到负数时会有些不好理解——一个值在对数尺度下是负数，但它的实际数值仍然是正数。如溶液的 pH 值就可以是负数，但是 pH = −1 的含义却是氢离子浓度为 10 mol/L，表示它比 pH = 0 的溶液含有更多的氢离子，这看上去颇为不自然。只是，1 mol/L的氢离子浓度（pH = 0）对于现实的溶液来说已经相当高了，即便实验室里用到了pH值为负的溶液（比如浓硫酸之类的强酸），我们通常也不会使用pH值来表示它。

常见的对数单位

我们用化学里的pH值引出了对数尺度的概念，但此处仍然有个令人疑虑的地方：为什么要用"pH'值'为某某"这样的说法？我们在表达物理量的时候，不都喜欢说成"数字＋单位"的形式吗？在对数尺度下，我们能不能说成"溶液的pH为1××"呢？

其实，国际单位制手册里的确规定了几个对数尺度下的"单位"。如以10为底的叫作"贝尔"（bel, B），来自电话的发明人亚历山大·贝尔（Alexanmder Bell）的名字；以自然对数e为底的对数单位叫作"奈培"（neper, Np）来自对数的发明者数学家纳皮尔。我们日常生活中最常见到的则是把"贝尔"扩大10倍后得到的**"分贝"**（decibel、dB），绝大多数时候，我们接触到"分贝"时都是在谈论声音，如"嘈杂的马路的声音在60分贝左右""喷气式飞机起飞时噪音可达140分贝"等。这里，我们似乎还在用着"某物理量是多少单位"的表达方式，和"长度1米"的表达方式似乎一样。那么，能不能说"声音响度"这一物理量的单位就是"分贝"，或者"一分贝"的声音有多响？

答案是——不能。无论是"一分贝的声响"，还是"一分贝声音对应多少能量"（在习惯上，"越响"似乎也就代表着蕴含越大的能量），这样的说法都是错误的。

实际上，分贝、奈培这样的"单位"并不是真正意义上的单位。人们这么称呼其实也是出于无奈，因为大众的确习惯于"某个量等于多少单位"这种表达方式。但是，分贝、奈培和米、千克等通常意义上的单位有着显著的区别——它们并没有一个能称为"单"的基准：100分贝与99分贝之间的差距和2分贝与1分贝之间的差距并不相同，也都不等于1分贝。事实上，"100分贝 – 99分贝"这样的算式是毫无意义的，因为分贝不属于算术尺度，自然就不能进行加减运算。从另一个角度理解，"焦耳"这样的能量单位是有量纲的，有量纲的物理量不允许直接做对数运算，也自然不会产生"一分贝能量"这样的说法。

你也许会问，为什么要用"分贝"，而不直接用"贝尔"？其实，这也是"照顾大众的思维习惯"的无奈之举。在以10为幂次的尺度下，我们地球上的绝大多数物理量取了对数之后的值甚至还不超过十，如果使用"贝尔"，许多数值的变化会显得太窄（比如 pH 值一般只能从 1 到 14）。对大众来说，描述的是"响""嘈杂"之类的场景，用的数字却只能在 10 附近徘徊，这的确有些"违和"，所以人们只好按"1 贝尔 = 10 分贝"的换算关系，对"贝尔"做了放大，让这个数字显得更自然一些。

这里我们举个例子说明声学里的"分贝"是如何得到的。在声学中，衡量"响"的指标是"声压"，表示声音在空气中传播时，振动压缩空气而导致的气压改变，它的单位是压强单位"帕斯卡"（Pa）。但如果使用帕斯卡作为单位，自然界声响的声压值变化幅度就显得颇为夸张：安静的呼吸声的声压在 10^{-5} 帕数量级，火箭发射时则会达到 10^3 帕。而且，人的感官系统其实已经对自然界的声响变化做了"平顺化"处理，实际上就是把声音的响度放到了对数尺度下，也就是图 7-1 的 (1) 和 (2) 所示的变化。所以，热闹的公路和寂静的房间，声压的变化也许会相差上千倍，但经过了听觉系统的调和，你显然不会把马路和房间的声响差别感受成"1 千米"和"1 米"之间的差距。在实际测量中，人们一般以 20 微帕（μPa）为基准，这是人耳对频率 1000 赫兹（kHz）的声波产生的最低听觉极限，这个量即为 0 分贝。假如一个人说话时产生的声压是 15 毫帕（即 15000 μPa），把它与 20 μPa 相除，取对数后再乘以 10，他说话的音强便是：

$$10\times\lg(\frac{15\times1000\ \mu Pa}{20\ \mu Pa}) = 28.8\ dB$$

"分贝"不仅应用于声学，在电子学、光学、信号处理、视频成像等领域都有广泛的应用，用于描述数值变化幅度极大、适合以对数尺度表达的物理量。

日常生活中，我们还会经常见到另一个对数单位——表示地震强度的"里氏震级"。它的定义是：在距离地震震中 100 千米处放置的地震仪观测到最大 1 微米的水平位移时，发生的地震为 0 级；在其他场合中，地震仪测得的位移幅度与 1 微米比值的对数，即所谓的里氏震级。如一场 6 级的地震，距震中 100 千米处会发生最大水平位移为 1 米的强烈摇摆，这样的地震足以对建筑物造成显著的破坏。

使用里氏震级时我们会发现，3 级和 4 级地震之间的摆动幅度相差还不到 1 厘米。事实上，这样的地震每年在地球上发生的次数极多，人们通常难以察觉。但到了里氏 6 级后，每增大 0.1 级，震幅就能增加几十厘米，造成的破坏力相当惊人。到了 7 级乃至 8 级后，每增加 0.1 级所对应的破坏力会膨胀到更可怕的程度（超过百万甚至千万吨的 TNT 炸药），当然，6 级之后的地震就已经不适合用里氏震级来表达了，实际的地震震幅、能量释放等模型要远比简单的对数计算复杂（见图 7-2）。

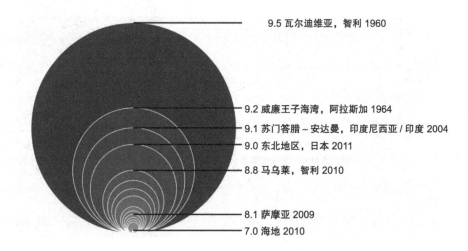

图 7-2　大地震所释放的能量比较。位于首位的 1960 年智利大地震释放的能量是第二位的 1964 年阿拉斯加大地震的两倍之多。注意本图使用的变量是"能量释放量"（energy release），它和里氏震级有一定关系，但不完全等同。

这种数值上的反直觉特性在 pH 值上也有体现。化学里有一项非常基础的实验——酸碱滴定。如图 7-3 中的右图所示，用滴定管往一瓶加了酸碱指示剂（酚酞）的盐酸溶液滴加氢氧化钠溶液，刚开始时，瓶中的溶液几乎没有什么变化。但当滴加到一定量时，只要再多滴加一滴氢氧化钠溶液，瓶中溶液就会突然改变颜色，继续滴加，瓶中溶液会维持着这样的颜色。作为指示剂，导致酚酞变色的 pH 值范围是 8.3~10，按常理（算术尺度）理解，这个范围不是挺宽的吗？其实，只要你往下面的溶液里放一支 pH 计就能明白，按对数尺度标记的 pH 值随滴入氢氧化钠溶液体积的变化关系是左图这样的：刚开始时，pH 值增长得很缓慢，每滴溶液大概只会让 pH 值增加零点几；但当 pH 值在 3 左右时，它的增长会突然加速，当我们滴入导致指示剂变色的那一滴氢氧化钠溶液时，瓶中溶液的 pH 值就会突然跃迁到 10 以上，直接越过了指示剂的变色区间（图 7-3 左图中圈所示）。所以，化学里的滴定实验其实是一项极其考验耐心和操作技巧的工作，难度就在于用算术尺度的操作控制对数尺度变化，这样的操作具有反直觉性。

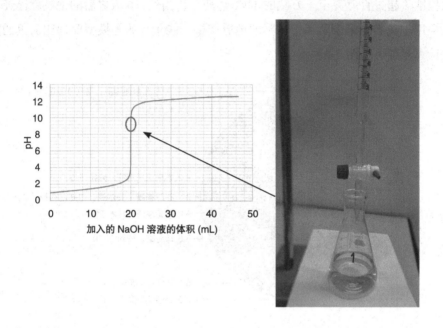

图 7-3　向盐酸溶液中均匀地加入氢氧化钠溶液的滴定曲线及实际的实验装置。曲线在 pH 接近 3 时即发生突跃，滴入一滴氢氧化钠溶液几乎就能使 pH 变得超过 10。右图所示的碱性指示剂酚酞的指示范围在 pH = 8.3~10（即左图圆圈所示部分）。

所以，尽管使用对数尺度和分贝、震级等对数单位能给许多科学概念的表示带来便利，但使用的时候我们还是要务必多留意。一般来说，尽量不要对两个以上的以对数单位表达的数字做精细的比较，也不要把通常的大数表示习惯套到对数单位上。我就见过网上有人提问"400 级地震和 13 亿分贝哪个更厉害？"——这样的问题只能说，没有讨论的价值，因为提问者把算术尺度的思维用在了对数尺度的数值上，得到的结果只能是一个早就远远超出了实际，无法产生实际意义的超级大数而已。

专栏

天文学中的对数单位：星等

前文我们提到了人的听觉系统对声音强度变化的感知更接近对数尺度。换句话说，人的听觉器官能够把本来是按指数幅度剧烈变动的物理量（声压）进行对数处理，使之在大脑内形成一个平顺的线性信号。其实，不只听觉器官，人的视觉器官也有同样的"对数模式"。我们在 6.3 节后的专栏里讲到了国际单位制中的光学（光度学）单位：坎德拉、流明、勒克斯，也提到了亮度和照度的区别。在本专栏中，我们换一个角度，讨论古人就会问的问题：天上的繁星有多亮？它又与对数有什么关系？

谈论星星有多亮，我们肯定要提到一个关键人物——古希腊天文学家喜帕恰斯，他在 2000 多年前编制了一张由 1022 颗恒星组成的星表，并按自己的实际观察，将这些恒星的亮度分为 1~6 个等级，其中 1 等最亮，6 等最暗。直到 1850 年，天文学家诺曼·波格森（Norman Pogson）测量出地球上观察到的 1 等星比 6 等星亮了约 100 倍。相比于喜帕恰斯体系中 1~6 的线性变化，100 倍的关系说明恒星实际亮度的变化幅度很大，这也正好体现了人眼对亮度感知的"对数模式"。

后来，天文学界继续沿用了喜帕恰斯的星等系统，但规定每一个等级间的亮度差距是 100 的 5 次方根，约等于 2.512。同时，天文学家以织女星（vega）为基准，把喜帕恰斯的系统扩展到了天空中的所有天体，包括行星、彗星乃至月球和太阳，如最亮的行星金星可达 –4.89 等，满月有 –12.8 等。我们会看到，与前面的分贝、里氏震级、pH 值不同，天文学中星等的体系会跨越正负值，这对一般大众来说实在是不够"友好"，但考虑到这是一套制定于 2000 多年前的系统，后人就只能这么沿用下来了。

在天文学中，这套等级体系叫作"视星等"（apparen tmagnitude），结合之前的内容，我们知道它在光度学术语里表示的是"照度"，即我们在地球上接收到的光亮。在这里，我们用一些数据来给读者们一点对数单位的感受：满月的视星等是 –12.8（也就是月光照亮地面的极限），对应的照度大约是 0.1 勒克斯；在夜晚的房间内能够进行正常阅读的照度大约要有 500 勒克斯；而在晴朗的白天，我们看太阳的视星等会达到 –26.74，数值似乎只是比满月大了一倍，然而，它对应的照度足足可达 100000 勒克斯（这也说明在烈日下读书、看手机屏幕都是有损视力的）！

　　由于光亮的传播会随距离衰减，光度学中对"照度"和"辉度"有严格区分。在天文学中，我们同样要区分地球上接收到的光亮度与恒星实际发出的光亮度。在地球上看到的星体亮度叫"视星等"，而星体实际发光的亮度称为"绝对星等"（absolute magnitude），它被定义为"在距离星体 10 个天文单位（地球到太阳的平均距离）处观察该星体时的视星等"。绝对星等体现了星体自身的发光属性（光度），综合考虑光度、距离、星际尘埃、地球大气层等因素后，得到的才是我们看到的星体的实际亮度。在天文学上，绝对星等是星体的固有属性，科学家通过观察地球上接收到的恒星光谱、光变周期等参数，可以推算出恒星的绝对星等（M），把它与视星等（m）相比较，我们就可以知道恒星离地球的距离（d）了。具体的计算方法见图 7-4（其中 d_0 即绝对星等定义中"10个天文单位的距离"）：

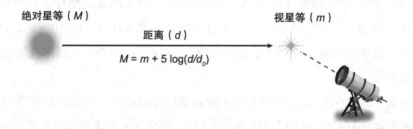

图 7-4　绝对星等与视星等的关系。

7.2　自然单位制

- 按现在的国际单位制规定，1 米是光在真空中传播 1/299792458 秒所通过的距离，那么能不能直接规定"1 米就是光走 1 秒的距离"呢？如果这么规定，其他物理单位会发生什么变化？

直到这一节，我们所谈论有关单位的内容，都还没离开国际单位制的范围。在这一节里，我们不妨做一个有趣的尝试——利用国际单位制的思想，自己"发明"一套新的单位！

现在的国际单位制不是已经很完整，我们每天也都用得好好的吗？为什么还要发明新的单位呢？这里我们就要先看一眼本节开头提出的问题了：为什么 1 米要定义成一个如此"难看"的数字，直接当成三亿分之一不好吗？或者干脆连这个数字 3 都不要，把光速直接当成"1"不更"好看"吗？

其实，正如我们在讲公制的历史时提到的，最初法国科学院测量地球子午线的长度时还不小心测错了，导致现在地球的周长并不是最初设计的"4000 万米"。但由于人们已经把最早测量的"米"用了很久，相比于计较一个数字是否"好看"，人们更在意的是维持现有社会经济和生产的稳定。对于一套要用于全世界、全人类的方方面面的单位制而言，稳定是人们对它最基本的要求。

不过，跳出现实应用的层面，单位制本身的奥秘其实还没有被完全挖掘出来。如光速究竟可不可以当作"1"？答案是，当我们要"发明"出一套新的科学单位制的时候，光速的确可以是"1"。而且不仅是光速，一切物理常量，如普朗克常数、万有引力常数、静电力库仑常数等，都可以是"1"。在科学中，将自然定律中的某些物理学常量视为"1"的操作又被称为"**归一化**"（**normalization**），它其实和讲量纲分析时提到的"无因次化"比较类似。只是，无因次化只是让某个物理量的单位变成"1"，而归一化操作的结果能让物理常量的数值和单位都成为"1"。

在科学中，这种对某个自然常量做归一处理，使之转化为"1"的单位系统称为"**自然单位制**"。"自然"表示基于大自然的基本规律，如光速、万有引力等现象来设计单位。人类使用单位来实施测量，最根本的考虑就是——用作单位的事物，无论古代的方升还是现代的国际千克原器，都应该是均一、稳定、永恒的。在自然单位制里，用作单位的事物就是宇宙本身，以及支配它的最基本的物理规律。没有什么比用宇宙本身作为尺子的度量衡体系更"均一、稳定、永恒"了。

另外，为什么是"1"这个数字呢？读过前面的内容后你肯定能联想到——这就是单位之间的"一致性"。对于现代的科学单位而言，一致性是我们发明单位时必须遵循的基本原则。不过，采取彻底的一致性视角后，自然单位制就和现在所用的国际单位制大相径庭了。初次接触自然单位制时，它会给你很多反直觉的感觉。不过，只要看完本节，你就会知道它们的原理其实很简单，并不是多么神秘的东西。

我们在第 5 章里已经接触到了比现在的国际单位制显得更"自然"一些的早期电磁学单位制。我们知道，早期的电磁学单位制将库仑定律中的库伦常数设为 1，从而使电磁学单位只需要通过时间、长度、质量三者推导，不需要专门定义电磁学的基本单位。但实际上，我们甚至可以更"激进"一些，比如，能不能让时间、长度和质量都可以相互导出？

答案是，完全可以。对单位制来说，只要推导的过程符合物理原理，通过谁来得到谁，其实并没有什么限制。就像我们说"到地铁站步行 10 分钟"，这背后的原理其实是——我们把人的平均步行速度当成了"1"，由于"速度 = 距离 / 时间"，速度视为"1"，距离和时间实际上就是一回事。这种将某个物理常量规定成"1"的操作就是"归一化"。当然，要是我们选择的物理量不适合归一化，这样的说法会变得不太靠谱，如说"回家 20 分钟车程"，但交通顺畅和拥堵时汽车的速度是不一样的，不清楚路况的情况下，"汽车平均速度"这一物理量无法视为一个恒定的常量，说"20 分钟车程"，在不同情况下就会产生很大的偏差。

可见，归一化的实质是用测量一个物理量的方式来间接得到另一个物理量。它其实就是我们第 4 章讲到的"习惯单位"的原理：用弹簧的拉伸长度测量力，用水银的高度测量温度，本质就是把两个物理量之间的其他参数全部做了归一化。不过，使用习惯单位的早期工匠也许还不了解他们所用单位背后的规律，如重量和质量之间相差的是一个重力加速度。相比于前人，我们可以更进一步——基于已知的物理定律，自己设计一套自然单位。下面，我们就举个实际的例子来演示一下自然单位制是如何产生的。

假设，我们要设计一套基于地球与人造卫星等天体的"**地球单位制**"，依据的核心原理是牛顿的万有引力定律：

$$F = G\frac{Mm}{R^2}$$

这里的 M 是地球质量，R 是地球半径，m 是地球表面上物体的质量，G 在国际单位制下是一个既有数值又有单位（量纲）的参数，即 $G = 6.67 \times 10^{-11} \mathrm{m^3}/(\mathrm{kg \cdot s^2})$。但在"地球单位制"里，我们就让 $G = 1$。

接下来，我们再选取另外两个包含常量的物理公式。如地球表面处的标准重力加速度 g_0，可以直接由牛顿第二定律得到：

$$G\frac{Mm}{R^2} = mg \Rightarrow g_0 = G\frac{M}{R^2}$$

在地球引力的问题中，我们时常会遇到一个重要的参数"第一宇宙速度"，它是物体脱离地球引力、绕地球做圆周运动的最小速度，也可以由万有引力定律和牛顿第二定律推导：

$$G\frac{Mm}{R^2} = m\frac{v^2}{R} \Rightarrow v = \sqrt{\frac{GM}{R}}$$

这里选取三个式子和三个自然常量是为了与国际单位制下的三个基本量纲时间、长度、质量对应。现在，我们令 g_0 和 v（第一宇宙速度）都等于1，相当于得到了三个新单位 G、g_0 和 v。

我们知道，G、g_0 和 v 都是地球留给人类的自然规律，它们不需要像国际千克原器那样小心保管。于是，我们可以用这三个常量来构造出时间、长度、质量三者的表现形式。不难看出，速度 v 的量纲是 [L/T]，加速度 g_0 的量纲是 [L/T²]，只要让 v 和 g_0 相互运算（乘、除、幂运算），产生的量纲与 [T] 和 [L] 相关，也就能得到属于新单位制的"地球时"（t_e）和"地球尺"（l_e）了：

$$t_e = \frac{v}{g_0} \Rightarrow [\text{T}] = \frac{[\text{L/T}]}{[\text{L/T}^2]}$$

$$l_e = \frac{v^2}{g_0} \Rightarrow [\text{L}] = \frac{[\text{L}^2/\text{T}^2]}{[\text{L/T}^2]}$$

下一步，自然是通过带有质量量纲的万有引力常数 G 得到一个"地球斤"（m_e）。万有引力常数的量纲是 $[\text{M}^{-1} \text{L}^3 \text{T}^{-2}]$，这看上去有些麻烦，但我们的目标是很清楚的：通过 G、v、g_0 三者的量纲构造出质量量纲 $[\text{M}]$，或者说 $[\text{M L}^0 \text{T}^0]$ 的形式，这只要列个方程组就行了（读者可以自己尝试推导一遍）。这里我们直接给出"地球斤"（m_e）的结果：

$$m_e = \frac{v^4}{Gg_0} \Rightarrow [\text{M}] = \frac{[\text{L}^4 \ \text{T}^{-4}]}{[\text{M}^{-1} \ \text{L}^3 \ \text{T}^{-2}][\text{L} \ \text{T}^{-2}]}$$

现在，我们有了一套根据地球万有引力与人造卫星运动的自然规律设计的单位。上面的 t_e、l_e、m_e 虽然在意义上是时间、长度和质量，但在"地球单位制"里它们的含义都是"1"，也就是说它们可以随意进行指数、对数运算，也可以相互加减——"长度加时间""质量取对数"这种形式的式子是可以出现的。此外，一切包含长度、时间、质量量纲的物理量，包括密度、力、压强、能量等，在新单位制里也都不再带有量纲，并且也都有一个可以由 G、g_0 和 v 三个"自然单位"导出的"地球某某单位"。

我们还可以通过现行国际单位制中 G、g_0 和 v 三个自然常量的数值计算出 t_e、l_e、m_e 的大小。根据 $v = 7900$ m/s，$g_0 = 9.81$ m/s^2，$G = 6.67 \times 10^{-11}$ m^3/(kg·s^2)，地球时 $t_e = 805$ s，地球尺 $l_e = 6.36 \times 10^6$ m，地球斤 $m_e = 5.95 \times 10^{24}$ kg。你可能已经发现，这里的"地球尺"就是地球的半径，"地球斤"也就是地球的质量，所以我们其实是把地球本身当成了尺子和秤锤，这也就是"地球单位制"的精髓所在吧。但显然，这个"地球尺"和"地球斤"都太大了，我们当然不会拿整个地球来称量市场中的瓜果梨桃。实际上，人们用过的自然单位制都有一个共同的缺点——**数字太不实用**，不是太大就是太小，与现实生活几乎无法扯上关系。但在一些专业性的物理学领域，如电动力学、相对论、粒子物理、宇宙学中，使用自然单位制能使很多方程式大大简化，给研究带来很大的便利。

　　上面"地球单位制"的例子，其实就是我们之前所说的量纲分析方法的一个实际用途。对于由时间、长度、质量这三个基本单位组成的单位系统，每加入一个自然常量，同时也就会减去一个基本单位；只要有三个包含时间、长度、质量量纲的自然常量，我们就能得到一套完全归一化的自然单位系统。本节的最后，我们以一个著名的自然单位制——由德国物理学家马克斯·普朗克（见图 7-5）提出的普朗克单位制为例，看看真正的自然单位制的模样。

　　普朗克单位制由普朗克在 1898 年提出。在他之前，已经有另一名科学家乔治·斯托尼提出了自然单位制的思想。但普朗克在自己的单位制中，加入了解决黑体辐射问题时引入的能量子常量（即现在的约化普朗克常数[①]）。他的思路就是本节推导"地球单位制"所用的量纲变换方法，只是选取的物理常量稍有不同。除了能量子常量（约化普朗克常数），普朗克使用的其他自然常量包括真空中光速、万有引力常数、静电库仑常数和玻尔兹曼常数——在普朗克的单位制里，这些自然常量都等于"1"。

图 7-5　自然单位思想的先驱德国物理学家马克斯·普朗克（1858–1947）。

　　普朗克通过量纲分析方法，推导出了时间、长度、质量、温度、电荷等物理量的一系列新单位。在上面各物理常量为"1"的前提下，这些单位也都表示"1"，这就是一个完全归一化，不存在量纲的单位体系。上面的这些新单位也就被后人称为普朗克时间、普朗克长度、普朗克质量……

　　今天的科学家普遍给这些单位赋予了实际意义，这之中最知名的大概是普朗克时间和普朗克长度——它们很有可能就是宇宙中最小的时间单位和长度单位。不过，普朗克提出它们的时候其实并不知道它们的实质含义，他所做的只是基础的量纲计算而已。比如，普朗克长度 l_p 就是由光速 c、万有引力常数 G

---

① 约化普朗克常数等于普朗克常数 h 除以 2π，使用它能使能量子关系式"$E = h\nu$"中的频率 ν 变成角频率 $\omega = \nu / 2\pi$，方便其他的计算。

和约化普朗克常数 $\hbar$ 通过量纲叠加得到的，具体推导和量纲关系如下所示：

$$l_p = \sqrt{\frac{\hbar G}{c^3}} \Rightarrow [L] = \sqrt{\frac{[M\,L^2\,T^{-1}]\,[M^{-1}\,L^3\,T^{-2}]}{[L\,T^{-1}]^3}}$$

在普朗克单位制下，c、G 和 $\hbar$ 都是"1"，所以 l_p 的数值与单位都是"1"。将各个常数在国际单位制下的数值代入，可以得到，l_p 相当于国际单位制中的 1.616252×10^{-35} 米。如果我们要用 l_p 来计量，比如测量一张 1 米长桌子，可以说成"桌子长 6×10^{34}"——这里是不用带上单位的，当然更顺口一些的说法应该是"桌子长度是 6×10^{34} 倍普朗克长度"。显然，普朗克长度实在太小，小到彻底超出了人类的理解能力（毕竟连原子的尺寸都在 10^{-10} 米级别），日常生活中我们更是不可能用它来计量。普朗克长度所代表的更多是一种理念——用宇宙本身留给我们的基准来测量宇宙，这似乎才是"测量"的终极目的。我们在后面还会提到，如今的国际单位制改革所依据的，正是一个多世纪前普朗克提出的这套理念。

领略了普朗克单位制的威力，你可能会想——能不能让宇宙中的所有物理常量都变成"1"呢？这看上去不就像一个实现"大一统"的完美设计吗？

很遗憾，宇宙留给我们的信息并不是那么完美。在普朗克单位制中，有一些物理常量，比如元电荷 e，无论如何也做不到数值和单位皆为 1。通过量纲推导得到的"普朗克电荷"，也并不等于人们计算出的最小电荷量（元电荷），两者之间的差距与物理学中的一个赫赫有名的"无量纲常数"——**精细结构常数** α 有关。最初，科学家在对一些物理常量（光速、约化普朗克常数、元电荷、库仑常数）的实验测定值进行相互计算时发现：按照特定的方式计算后，各常量的单位是约掉了，可数值却是一个约等于 1/137 的数字，也就是精细结构常数[①]。这意味着，这四个物理常量中最多只能有三个为 1，剩下一个则必须和这个约等于 1/137 的数字挂钩。由于精细结构常数的存在（实际上还包括圆周率 π），任何自然单位制不可能达到"完美一致"。即便单位制已经完全归一化，也总有一些物理常量必须带有 α 或 π。

---

① "精细结构"的本意是在氢原子光谱中，一条主要谱线其实是由若干更细微的谱线组成，而这个无量纲常数正是为了解释这些精细谱线而引进的。

最后，我们把普朗克单位制中各基本单位的与自然常量的推导关系，以及它们在国际单位制中对应的数量总结到表 7-2 中。

表 7-2　普朗克单位制中各基本单位的推导关系及其在国际单位制中的数量

单位	推导关系	对应国际单位制数量
普朗克长度	$l_p = \sqrt{\dfrac{\hbar G}{c^3}}$	$1.616255(18) \times 10^{-35}$ m
普朗克质量	$m_p = \sqrt{\dfrac{\hbar c}{G}}$	$2.176435(24) \times 10^{-8}$ kg
普朗克时间	$t_p = \sqrt{\dfrac{\hbar G}{c^5}}$	$5.391245(60) \times 10^{-44}$ s
普朗克电荷	$q_p = \sqrt{4\pi\varepsilon_0 \hbar c}$	$1.875\,545\,956(41) \times 10^{-18}$ C
普朗克温度	$m_p = \sqrt{\dfrac{\hbar c^5}{G k_{\mathrm{B}}^2}}$	$1.416785(16) \times 10^{32}$ K

物理常量：c－真空中光速，$\hbar$－约化普朗克常数，G－万有引力常数，ε_0－真空中介电常数，k_{B}－玻尔兹曼常数

除了普朗克单位制，自然单位制系统的家族成员还包括常用于粒子物理学的原子单位制、量子色动力学单位制、几何化单位制等。它们的原理都是把某些物理常量设定为"1"，至于无法定为"1"的物理常量，在各个单位制中通常也会最终成为一个与圆周率 π 或精细结构常数 α 有关的无量纲数。此外，早期为电磁学设计的高斯单位制、洛伦兹－亥维塞单位制等一般也会归入自然单位制体系。

相比于国际单位制，自然单位制不需要"基本单位"和"量纲"的设定，也不需要像国际单位制那样对单位进行定义，自然也就不需要使用"米原器"和"千克原器"。如果人类能随心所欲地操纵光或电子，把它们做成量体裁衣的尺子来量度日常事物，这也许就是科学家眼里最完美的尺子。然而，由于各个物理常数不是太大就是太小，自然单位制中的各个物理量的尺度根本不可能在实际生活中发挥作用，因此它也只能停留在科学家的纸面上。这也正印证了贯穿这一部分的主线——科学与实用是计量系统的两个侧面，我们无法达到绝对的科学或绝对的实用，所以我们只能在科学与实用之间找一个平衡点。

第三部分
从大革命到今天

年代	事件
1215 年	英国《大宪章》提出统一度量衡理念
1588 年	英国伊丽莎白一世统一国内度量衡
1790 年	托马斯·杰斐逊提出美国度量衡的改革提案
1795 年	法国政府将公制确立为法定标准
1812 年	拿破仑暂停公制在法国的强制使用，但同时也将公制的科学理念传播至其他欧洲国家
1824 年	英国政府颁布"帝国单位制"
1840 年	法国正式废除旧计量制，全面通行公制
1875 年	《米制公约》签署，公制在欧洲大陆大范围推广使用
1891 年	日本参照公制改革传统计量制度
1908 年	中国晚清政府参照公制改革推行"营造尺库平制"
1929 年	中华民国政府颁布《度量衡法》，确立市制

计量进化年表（第三部分）

诞生于启蒙时代的公制，是人类制定"国际标准"的非常早、也是非常成功的尝试之一。它消弭了人类几千年来度量衡制度的混乱与隔阂，让全世界人在科学与测量领域里有了一套共通的语言。然而，对于习惯了旧制度的人而言，推行公制并不能一蹴而就；而且计量的改革牵涉多方利益的纠葛，推行公制便成了一项艰苦、漫长且未必能成功的工作。

　　在本部分，我们将回顾从法国大革命以来，全世界超过 200 年的计量改革史。我们将会看到，公制化如何在全世界取得今天的成功，又为何会在某些地方（比如美国）遭遇困难。读完本部分，你会明白：许多今天我们习以为常的单位，在计量的历史上其实并不那么"理所当然"。

	年代	事件
计量进化年表（第三部分）	1955 年	日本正式立法实施强制性公制化改革
	1956 年	印度立法启动公制化改革，并迅速取得成功
	1959 年	国际标准英制建立，"帝国单位制"名义上终止
	1965 年	英国正式启动公制化改革，并在同一时间开始货币的十进制改革
	1975 年	美国正式通过非强制性的《公制转换法》，但公制化改革最终于 6 年后中止
	1977 年	中国开始公制化改革
	1983 年	加拿大航空 143 号班机因单位转换错误导致在空中燃料耗尽，最终滑行迫降成功
	1990 年	中国正式停止官方场合中市制的使用
	1999 年	美国"火星气候探测者号"因单位换算错误在火星上空失去联络

第 8 章

改革之路（一）：公制化的历史

8.1 变革的时代

- 生活中有哪些被我们比作"单位"，表达一些比较抽象的数量的事物（如
  我们表达面积时会说"十个足球场大小"，这个"足球场"就算是"生
  活单位"）？

前面我们用了整整三章，介绍了从最初的科学单位思想的出现，到公制在法国确立，再到如今的国际单位制的来龙去脉。我们所强调的是单位制的历史背后，追求顺应自然与宇宙的终极规律，并由此为全人类建立普适制度的科学理念。从 17 世纪的科学家用单摆建立起长度与时间的联系，到法国科学院组织大规模的地球经线勘测、确立最早的公制米原器，再到科学家们逐步建立的单位一致性、量纲和谐、自然单位等一系列现代单位制的理论基础，确立公制的每一步，无一不是建立在严谨的科学推导与精密的实验测量之上。

科学精神是公制的一个侧面，而公制的另一个侧面是"for all people, for all time"，这句口号适合翻译成"为了千秋万代"。正如我们前面提到的，如果科学单位只是科学家小圈子的内部"暗号"，那他们更应该直接使用归一化的自然单位制。但是，公制不仅仅是科学家的公制，从 1795 年法国政府将科学院制定的新度量衡制度正式向全社会颁布的那一刻开始，公制就同样属于人民。从这个角度看，公制也是 18 世纪欧洲的启蒙思想家们追求的人类社会"文明开化"的一次成功实践——全世界人都可以一边用着千克和米在市井街巷间讨价还价，一边用着同样的单位研究宇宙的终极原理、设计从汽车到火箭的精密机械，这不正是科学使整个社会"开化"的证明吗？

　　此外，公制还有一项基本的精神——在全世界实行"标准化"。从商鞅铸造方升的时代起，各个国家的统治者就已经在竭尽所能地为社会建立统一的标准。然而，当时所谓"标准化"终究建立在一国统治者的政令之上，所建立的标准也大多带着过于浓厚的强权烙印。对于公制而言，实现标准化的第一步，就是彻底摆脱过去以统治者的疆域划分的"度量衡领土"，用科学来消除国界的限制。所以，当1875年世界各国以国际公约的形式达成共识，设立国际计量大会、国际计量委员会与国际计量局时，公制也就正式成为全世界的制度。对于公制下的一切规定，包括19世纪制定的"国际米原器"和"国际千克原器"，每个国家的人民都享有同等的知情权和使用权。不同国家的人，无论是交流高精尖科技的科学家，还是在不同国家间做贸易的商人，都可以使用同一套公正、有理有据的计量单位，这也才真正推动了经济的全球化。正是在《米制公约》之后，世界上的科学家和工程师们开始制定更多的国际标准，直到第二次世界大战后国际标准化组织正式成立，标准化的浪潮达到巅峰，并一直延续到今日。

　　《米制公约》之后，公制就成了全世界国家进入现代社会的基本要求，所有国家都开始了"公制化"（metrication）的进程。这么看下来，公制似乎是件"百利而无一害"的美事。人民群众有了一套公平公正的新制度，从此告别过去分裂、混乱，使用起来也有诸多不便的旧度量衡，昂首迈入新时代……在今天完全习惯了现代计量的我们眼里看来，这不是一件轻松惬意的美事吗？

　　然而，事情并没有那么简单。早已习惯了"1米等于100厘米""1千克等于1000克"的现代计量制度的我们，也许完全想象不到——历史上的公制改革从来没有过一帆风顺。全世界人为了实现计量制度的现代化，付出过许多艰辛，经历过许多曲折、坎坷的道路。

　　现在，我们把目光放到世界各国签署《米制公约》的19世纪末，暂时把自己想象成一名19世纪末的政策制定者。我们自己已经对公制背后的科学与社会意义了如指掌，但站在我们面前的可是千千万万的平民大众。请务必谨记，他们不一定受过教育，但他们与他们的祖辈已经在市井间使用了上千年的传统单位——无论中国的尺、斤还是英国的英尺、磅。对于在母语里传承成百上千年的度量衡名词，他们可以脱口而出；但要是把几个从未见过的拉丁文名词放在他们面前，他们也许就只会"一脸茫然"了。

　　你可能面临的另一大阻力来自工厂里的工人。如我们在第 4 章所说，单位制改革之前，全国的工厂早已使用习惯单位运营了多年，模具、设备、操作章程等都已经使用习惯单位记录在案。对他们来说，工厂运营需要考虑的只有两个字——成本。至于计量的制度，建立厂房的资本家考虑的势必只是"够用就行"。如果单位制的修改需要付出的成本太大，但短期内难以换回足够的收益，逐利的资本家自然会对此极为抵触。

　　现在我们来具体看看，推行公制的阻力究竟体现在哪些方面？作为政策的制定者，我们应该如何解决这些问题？

公制与民众

　　当我们向民众推广和普及公制时，摆在我们面前的头号问题大概是——民众不认识拉丁语。

　　我们说过，近代西方科学家为了订立一套对全人类通用的普适单位，将作为当时欧洲学术交流通用语的拉丁语用作命名公制单位的依据。欧洲的学者们将拉丁语奉为圭臬，尤其是当成了给学术概念起名的"时尚"：拉丁语的学术名词既能攀附上西方文明的祖宗——缔造过无数荣耀的古希腊和古罗马，又能让这些新名词真正成为"上帝的语言"，不属于英语、法语、德语或者任何一门现实语言，自然也就不属于任何一个现实中的国家（以及它的统治者）。

　　然而，拉丁语毕竟是 2000 年前古罗马人的语言，在当时的欧洲，它早已成为"死语言"。尽管各国学者间使用拉丁语进行书面交流，但它仅仅停留在晦涩的学术和宗教文书中，没有人出生时就以之为母语。但是，度量衡毕竟是与人民群众的衣食住行方方面面都紧密相关的。如果突然告诉老百姓，他们用了上千年的语言不能说了，而是要换成一套完全看不懂的外来名词，也许无论我们怎样宣传新单位的"科学性"、如何普及"1 kilometre = 1000 metre"比"一里等于多少尺"优越，仍旧得吃闭门羹。因为摆在我们面前的问题是——老百姓会问，"kilo"是啥？"metre"又是啥？更何况，以拉丁语称呼的新单位毕竟是用拉丁字母书写的，放在通行拉丁字母的西欧也许还好办，可换成语言、文字都与西欧大相径庭的国家，尤其是文字纷繁复杂的亚洲各国呢？拿中国来说，这个类似于"里"的单位是应该音译作"基罗米特"，还是干脆直接让老百姓写这一串外国字"kilometre"？毫无疑问，语言障碍是公制在民间推行的一大阻力。

除此之外，我们会发现，民众与公制还存在很大的隔阂：民众该如何理解"metre"究竟为何物？放在过去，民众大概会问："我日常用的尺子为何会跟巴黎郊区地下室里的那件'国际米原器'扯上关系？"即便在现在，人们看到"一米是光在真空中行进 1/299792458 秒的距离"时，多半也会有"这'299792458'是个什么鬼数字？"的想法。这之中的最大问题是：公制是一套表达**绝对数量**的计量制度，它的核心思想就是保持每个计量基准的绝对精确度。然而，民众在生活中却并不关心、甚至不能理解计量的绝对数量，这一点在第 3 章介绍古代度量衡的精确性问题时已经提到过。所以，摆在计量改革者面前的一个很大的问题——如何让人们去学习和适应这样一套不符合思维习惯的新度量衡？

本节开头提出的"生活单位"的问题说明的正是这个现象：对老百姓而言，使用单位的绝大多数场合，关心的只是它的**相对数量**，"生活单位"其实就是一个用来比对理解谁大谁小的参照物而已。这里我们再多给出几个"生活单位"的例子：

> 从家里到公司的距离是"10 分钟车程"。
> 我穿的是"43 码的鞋"。
> 手机摄像头有"2000 万像素"。
> "小男孩"原子弹的威力约为"15000 吨 TNT 当量"。

从以上例子里可以看出，我们使用"生活单位"的目的主要有两个：将一个抽象的量直观化，通过参照物来比照这个量的大小。我们不需要考虑"10 分钟"为何能作为距离的单位，也不用去查询"43 码"究竟对应多少厘米。"10 分钟车程"隐含的条件是我们可以简便地测量时间——只要看一看手表或手机就行了；而且我们知道，开车上班比走路更快，所以需要给出一个"快多少"的直观依据。如果公司就在家的旁边，走路要 10 分钟，而开车到停车场再出来也要 10 分钟甚至更多，我们就不会特地去说"10 分钟车程"了，因为这样的计量缺乏比较的条件。同样，"码"作为鞋长的度量单位，既不属于公制，也不是其他的某种长度单位，它是一种商业上的基准。如果是第一次买鞋，不去商场里试穿，面对着一堆三十几、四十几的数字，我们几乎不可能找到自己的鞋。我们只能先拿到一双鞋，比如 41 码——穿起来偏小；然后再找到一双43 码的鞋——穿起来偏大；于是知道，适合自己的鞋码是 42 码。只有在不同的鞋之间做比较的时候，所谓的"码"才能有实际意义。

至于"2000 万像素"或"15000 吨 TNT 当量"，表达的是一种定量的方式。我们在本书稍早的部分提到过，定量思维是古人就有的科学智慧。同样，如果不用"像素"，现代人想要在手机广告里宣传摄像头的性能时，就只能说"非常好"之类的词；如果不用"TNT 当量"，人们叙述原子弹爆炸和大地震的威力时，也就只能说"巨大""超级大"。所以，"像素""TNT 当量"这样的单位的意义，就在于给了人们一把量度数量的尺子。我们不但可以将抽象的事物表示为数值，还可以通过数值直观地告诉人们——哪台手机的摄像头好，原子弹的破坏力比一般的炸药的破坏力大到何种程度（见图 8-1）。

可见，广大民众对于计量的思维方式都是**相对**的。以我自己为例，我记得在小学时代学到单位"米"时，老师教授的便是"1 米大概是把双臂展开后的长度"，但直到现在我还没法比画出"1 千克"究竟是多重。所以，人民群众的计量思维绝非一朝一夕可以改变的。

此外，民众在使用"生活单位"时往往会对一样东西特别敏感——价格。如过去的市场按"每斤米 10 元"定价，如果有一天价格突然标成"每千克 20 元"，老百姓也许立刻就糊涂了——千克和斤谁大？价格突然变成 20 元是不是涨价了（虽然实际上价格并没有变）？一旦涉及价格，单位的事情就变得颇为棘手。

现在我们知道了，作为政策制定者，在民众间推行单位制改革，主要的问题正是在于如何让民众理解公制背后的科学道理。你可能会

图 8-1 威力约为 15000 吨 TNT 当量的"小男孩"原子弹。

想到一个合理的做法——保留传统习惯单位的名称，但把这些单位的实际数值规定成一个简单的公制数字，这样既照顾了科学，又照顾了民众的思维习惯。历史上，一些传统单位根基较深的国家，比如中国，从民国时期便采取了这样的做法——完全保留旧单位，只是把它们与公制按比较简单的数值关系挂钩。当然，也有些举措激进的国家，如日本、韩国、印度，改革时直接与民众的传统习惯"一刀切"，不管民众思维习惯如何，全国上下都以法律形式强行将公制立为社会唯一标准，单位的名称也是直接从拉丁文音译到本国语言中。然而，后一种做法也许会遭到民间的抵触。所以说民间的计量改革与公制推广是一项困难、艰巨的任务，在包括中国在内的很多国家，民间的公制化都耗费了长达数十年的时间。

公制与工业

对民众而言，公制改革的主要问题在于对它的陌生感，以及它同民众思维的不协调。不过，在公制化的过程中，作为管理者，我们还免不了和另一批人打交道。他们通常具有一定的科学基础，能够理解绝对计量制度的意义。但是，他们对单位的理解和认识似乎更"现实"，而且需求往往与群众正好截然相反。我们在第一部分介绍过，他们就是在现代单位制出现以前便经历过工业革命，已经用传统习惯单位建造过蒸汽机车或钢铁巨轮的近代工程师们。他们为什么这么"难伺候"呢？

我们说过，产业与技术的发展不需要等待 1793 年的那支法国科学院派出的勘测队，以及他们测量的地球周长。18 世纪工业革命在英国爆发的年代，只要使用当时的英尺、磅和华氏度能够造出轰鸣的蒸汽机，带动大工厂的生产流水线（见图 8-2），为工厂主与资本家们带回巨额的利益，他们就没有理由不去做。

工业革命的另一个特征是使生产与销售成为不同的行当。在工业革命时代，英国这样的先发工业国家往往会集中本国所有资源和劳动力，在国内进行大规模、高强度的工业生产，生产大批量的工业产品，再通过发达的海上贸易销售到全世界各地。英国的工厂生产产品时，可以使用英尺和磅；生产出的大批成品出口到其他国家时，只要让商人们用当地的单位和价格换算一下，就可以展开大规模的销售了。工业革命前，英国农民只能在本地的市场里销售，用英国本地的单位向本国老百姓出售农产品。但工业革命后，英国的工厂生产产品，英国的海上贸易公司将商品运输到殖民地（如印度），当地的殖民地代理人再将商品卖给老百姓。英国工人不需要懂得印度的计量单位，殖民地老百姓也不需要知道英国的度量衡，这正是工业革命及其引领的机械化大生产为世界带来的一大革命性的变化。

图 8-2　工业革命时期的工厂。

　　近代的工程师对于单位的需求，与科学家和民众都有所不同。我们在第 3 章提到了"准确""精密"和"精确"，你应该还记得，我们用四张靶纸解释了这三个概念。读者不妨先想想，科学家、民众和工程师，对这三个概念各自有什么需求？

　　首先，科学非常在乎"精确"，也就是既要准确又要精密。所以，科学家可以不怕麻烦。我们在第 5 章就提到，麦克斯韦等人创立的第一套完整的科学单位制—— CGS 制，其实非常不适合在生活中应用，因为这套单位使用的厘米和克都非常小。但对那时的科学家而言，CGS 制是为电磁学里许多极其细微、难以探测的物理量设计的，在这样精密的尺度下，CGS 制有助于提升测量的精确度。在这种条件下，准确和精密缺一不可，为"精确"而设计的公制正是科学家需要的。

对民众而言，准确和精密其实都不是很重要。我们已经提到，民众在乎的主要是计量的相对概念，也就是能否把一个抽象的量转化为易于理解的数值，以及能否对两个不同的量做比较。至于日常生活中使用的"千克"是不是缺了一块，"米"是不是少了一截，人们仅凭直觉几乎无法察觉，这也就是从古至今，缺斤少两的奸商们生存所依赖的基本土壤吧。

而对于早期的工程师而言，在准确和精密之间，他们更在乎准确。比如，一个工厂能稳定生产出直径 100 毫米、误差在正负 3 毫米量级的零件，这个量级的零件可以安装到其他机械上并保证其运转，那么这种产品就可以投入市场了。你说工厂能不能把误差降低到 1 毫米，乃至 0.1 毫米？在当时的科学技术条件下也许可以，但在工厂里，也许工程师会回答：用不着，因为会增加成本。工程师使用单位的头号原则始终是——可靠和实用。对于早期的工程师来说，只要手上有可靠的测量仪表，能够将工业生产的条件与参数准确地记录下来，将测量的误差控制在合理的范围内，使得工厂生产的产品能够投入市场、赢得利润，这就足够了。

当然，20 世纪后期产生了一些高精度的工业门类，如数控机床、半导体制造、全球定位导航等，在这些领域里，精密度的要求变得更高，工程师自然需要使用更精确的计量。但这也说明，工程师的精密度要求是在不断"进化"的，不同的工业领域有不同的需求，但不变的是——降低成本、提高利润，这是所有工程师都必须考虑的核心指标。

如果你在大学的工科相关专业学习过，你会发现，工科领域里有非常多的"经验公式"。所谓经验公式，顾名思义是从实验或工业生产的经验中总结出来的公式。与万有引力定律、麦克斯韦方程组等基于自然界基本原理建立的物理公式不同，经验公式往往不需要严格的理论基础，更多是基于在实验和生产中测量的数据，使用近似、拟合、回归等数学或统计学上的数据处理方式获得的（见图 8-3）。它们通常只能在特定的实验中或生产条件下使用。在工程领域，许多实际问题极其复杂，几乎不可能从基础的物理、化学理论来推导出放之四海而皆准的公式，此时经验公式就起到了很大的作用。对工程师而言，"经验"意味着"复制"——他们能保证每一台新的机器或每一条新的生产线，都在执行同样的约束条件和生产指标。他们还能通过以往的经验，预测出新机器或新生产线的性能参数和运行变量，进一步计算出扩大生产的成本和收益。

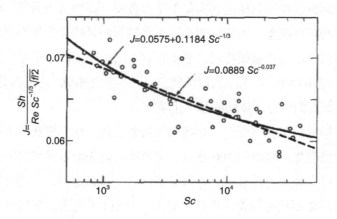

图 8-3　化工领域里的一张典型的"工程经验关系图"。读者不用关心这幅图究竟讲什么，只需要知道一点，那就是图中的横坐标、纵坐标，以及里面出现的所有公式，都是无因次（没有单位）的，所以我们会看见上面有纯数字和变量（Sc）相加的式子。

　　不过，经验公式和我们谈论的单位制，以及公制化改革有什么关系呢？还记得前面所讲的量纲分析吗？我们知道，在物理学理论中，量纲和谐是基本规则：等式两边必须同量纲，不同量纲不能加减，三角函数、指数和对数运算只能用于无因次量等这些规则是一切理论公式必须遵循的。但对于经验公式而言，由于我们只关注数字，物理意义上的单位和量纲成了可有可无的存在。一个经验公式里可以有"长度+质量"或"log温度"，因为它并非由科学理论推导得到。当然，工程师也不太喜欢这种不协调的表示法，于是上一章介绍的"白金汉 π 定理"和物理量的无因次化就派上了用场。对工程师来说，"无因次"是一个很神奇的东西。如流体力学中有一个很重要的"雷诺数"，它是计算流体流动性质的关键参考，与流体介质的速度、密度、粘度和空间长度有关。但是，它是没有单位的，你可以理解成，这四个物理量的单位放在一起时，经过互相乘除后，正好把分子和分母全部抵消掉了。这意味着，无论工程师使用公制的千克、米还是英制的英尺、磅，计算出的雷诺数是完全一样的[①]！有这么一件"神器"，工程师也就不需要在意自己的测量仪器用的是什么单位了。

　　对于在两次工业革命时期建立起庞大的工业体系的英国、美国等早期工业

---

① 　单位抵消要满足两个前提：同一性质的物理量要用同样的单位，以及使用的单位制必须是一致推导的。如果一个量的时间单位是"分"而另一个量是"秒"，或者长度单位使用"英尺"但体积单位使用"加仑"，这样算出的无因次数依然有可能是不同的。

国而言，它们的早期工业基础正是建立在庞大的经验数据、经验图表和经验公式之上的，而这些数据几乎全是由公制之前的习惯单位记录的。在无因次数的帮助下，英美等国的工程师仍可以比较轻松地阅读别国的技术文献，这更使得这些早期工业国的工程师养成了一定的惰性，不愿意改变使用许久的习惯单位。19 世纪，欧洲大陆的公制改革如火如荼，欧洲各国基本完成了全民上下的度量衡转化，而且使用公制进行工业生产，可英美等国的工业领域却依然使用着一个世纪前的习惯单位，几乎没有改革的动力。乃至直到 20 世纪初，英美等国的传统单位还是那个时代的一些新技术（比如航空）的国际标准，甚至延续至今。对于英国和美国的习惯单位这一话题，我们会在下一章详细介绍。

在《米制公约》的那个年代，世界工业的计量单位制度大致分为三块"版图"。其一是公制的发起者法国，以及与之有紧密的贸易往来的欧洲大陆和拉丁美洲各国；其二是控制着海洋霸权的"日不落帝国"英国及其大量殖民地，以及使用着同一套英制传统单位的美国、南非等地；其三则是西方世界以外的国家，尤其以东亚、南亚、东南亚等历史、文化、宗教皆迥异于西方的国家为代表。工业的公制化在第一块版图上推行得还算顺利，在《米制公约》之前，欧陆各国的工厂已经基本全盘使用公制，或者至少是基于公制的习惯单位（如卡路里、公制马力、毫米汞柱等）；对于处在第三块版图的后发国家而言，本身从零开始的工业几乎不存在推行公制的阻力；而在当时与欧洲大陆隔离、工业革命影响力又已经根深蒂固的第二块版图上，工业成了公制单位改革的巨大阻力。

8.2 前进与妥协

> • 有人说，公制化改革必须让工厂全部更新模具、设备，所以太麻烦；也
> 有人说，公制化改革其实什么都不用做，让所有人表达单位的时候换
> 个称呼就可以了。你是如何评价这两个观点的？

上一节里我们讨论了两件事情：第一，公制为什么好；第二，公制为什么不容易"一蹴而就"。公制的好处，在它诞生的伊始就已经展露无遗。所以，即便拿破仑战争让当时的欧洲大陆各国都与法国剑拔弩张，但发源于法国的公制依然很快在 19 世纪的欧洲大陆传播开来，并让各国政府纷纷放弃了传统度量衡，转向了同一套统一的制度。然而，尽管政府管理者和科学家都很推崇公制，19 世纪公制的普及依然存在着两个顽固的阻力——民众和工厂，公制化进程受到的这两者带来的阻碍，甚至直到今日都未能彻底消除。

换句话说，公制之所以遇到阻力，主要原因还是当时民众和工程师得不到公制的好处。如上一节所说，公制最重要的两大优点，一是根源于科学，二是作为世界统一的标准。但在老百姓，或者在某个地方小作坊工厂主眼里，如果一不追求极致的精确，二不与外国人交流，谁愿意把祖祖辈辈传下来的语言一下子改成一些从未见过的拉丁文名词呢？

然而，对于一个近代文明国家的管理者来说，改革又是不得不做的。一方面，近代社会早已不是人民固守一隅、交流甚少的封建农耕时代。近代社会中，国与国的外交与贸易规模远超过去，一套普适通用的计量系统是必不可少的。另一方面，近代社会也不是过去靠统治者的强权设定计量尺度的时代，科学家为人们探索出了根据普适的自然规律制定严谨、精确的计量制度的方式。对管理者来说，有了科学的工具，也就不再需要由皇帝"诏令天下"、铸造"方升"。即便由于现实因素暂时使用的国际米原器或国际千克原器，它们也早已不是过去那种仅属于某个国家或某个皇帝的权威，而是每个国家都有权平等使用的科学器具。

在这一节，我们就来看看，历史上世界各国的公制化改革究竟是如何进行的。管理者们采取了怎样的措施，又为了改革做出了怎样的妥协？

如何改革？

现在，假设我们又回到了 19 世纪末，身为当时一个新兴国家的政府管理者。在当时的时代背景下，全世界推广公制的浪潮已经是势不可当。身为管理者，我们亟盼本国早日脱离蒙昧的农业社会，抛弃那些打着旧时代烙印而且不能统一的旧式度量衡，同时还要兴建工厂、发展现代技术、与世界先进国家打交道。于是，我们首先决定——本国从现在起，正式接受公制。

实际上，我们留有余地——只是"接受"，至于接受到什么程度，是可以"商量"的。比如，把公制的所有规定一字不漏地写进本国法律，要求全国人民只说拉丁文原版的"metre"或"kilogramme"算是"接受"公制；如果现有制度一点不变，仅仅给过去的旧度量衡一个公制数值的标准换算，但名称用语都不变，这也是"接受"了公制。所以，即便多数国家在 1875 年签署了《米制公约》，官方加入公制体系，它们国内的改革进程也还有着漫长的道路。

世界各国究竟是如何"接受"公制的？一般来说，有如下三种实行措施。

第一，**强制式改革**。通常由政府直接颁布法律，将公制立为全国上下唯一受政府承认的度量衡制度，各个单位的名称也直接使用拉丁语原文或本国文字的音译，过去的单位名称则全部抛弃。政府实行强制改革后，无论工厂、商家、民众，在工业生产和商品交易时只允许使用公制单位，若使用旧单位不仅仅是不规范，更是违法行为，会招致罚款，乃至被逮捕！

第二，**渐进式改革**。这种情况下，政府通常会先保留本国的旧单位，允许旧单位在民间继续通行，也允许商店出售商品时使用旧单位来定价。但同时政府也会在国内推广并鼓励使用公制，一般在官方、正式性场合颁布的法律法规必须以公制为准。另一方面，政府会在中小学校推广公制单位的教育，并且要求学校不再讲授旧单位，包括它们与公制的换算。结果便是——工厂、商家需要同时适应或使用两套单位。改革颁布时的成年一代基本上只认识本国单位，他们的生活不会受太大的影响；但对于青少年一代，通过学校的教育培养，到了若干年之后，旧单位也许就会自动在社会的主流人群中退出历史舞台。

第三，**仅校正但不修改**。这几乎就等于没做什么变动，民间的、商家和工厂几乎不会发生任何变化。在一些需要科学技术支持的领域，政府颁布法规时可能会给出一些公制参考数值（但主体条令依然会以旧单位颁布）。在学校里，由于物理、化学等科学课程不能脱离公制，所以课本会把旧单位和公制都列为教学内容，要求学生学习单位间的换算。

上面这三条措施是针对整个社会的大体对策，对于公制化改革的另一大阻力——工厂，实际的改革措施会稍有不同。对工厂而言，计量单位改革最大的问题在于如何处理过去按工程习惯单位设计的量器、模具、生产规范，以及过去的工程师留下的生产数据和经验公式等大量的工业生产资料。面对国家制定的强制性计量法规，工程师一般有两个选择。

软性修改。即不更换任何现有的工具，只是把它们的尺寸做一个换算。如果换算的结果是不那么"整"的数，也要作为生产标准使用。这么做可以暂时保证生产的连贯，减少转换单位成本。

硬性修改。即全面替换掉现有的工具，将它们全部改成公制下使用方便的数值。对工厂而言，替换的初期势必要付出一定的成本，也会对工厂质量管理体系形成一大考验。不过，在全球化的时代，改革的成本也许很快会被国际交流的便利所弥补。

图 8-4 具体说明了政府、商家、工厂、学校实行计量改革的三种基本模式。请注意每一种模式里，各个机构表达单位的细微差别。图中以英制单位的符号（ft、lb）来代表一切传统单位。下面是我们对这幅图做的一些简单解释。

政府：实行强制式改革时，政府会只标注公制；实行渐进式改革时，政府往往会先以公制发布法规，随后将数值转换成易理解的旧单位；但若是仅校正但不修改，法规可能完全是以旧单位颁布，只是会给出公制换算参考。

商家：实施渐进式改革时，部分商店可能会同时用两种单位标示商品价格，但只会以其中之一为准（即图中 \$1.39/lb 的价格，西方国家很多商店都会以这种末位数字是"9"的方式定价）。

工厂：强制式、渐进式与仅校正但不修改三种措施会显现出三种不同的数字表现形式（3/8″ 表示八分之三英寸），若实行强制式改革，零件的尺寸或许会被改成较整的数值（10 mm），此时这样的零件也许会和旧的机器不兼容；

而在渐进式改革与仅校正但不修改的措施中，工厂的零件实际上并未更换，只是前者要增加一个不太方便的数值而已。

学校: 一般来说，即便只是做渐进改革，学校课堂上也不再允许讲授旧单位。而在仅校正但不修改的国家，教师会讲授旧单位，但往往也必须教授公制单位，并同时教授新旧单位的换算。

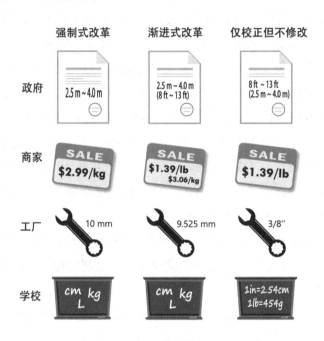

图 8-4 计量改革的基本模式。

如何对待旧单位?

推行新单位的同时，我们自然要面对另一个问题: 过去的旧单位还用不用? 如果不用自然是最好，但如果改革的阻力很大，我们可以考虑暂时保留旧单位的使用。不过，即便要保留旧单位，在科学单位制理念已经提出的年代，我们也不可能再主观地颁布"方升"之类的旧式标准器。对于旧单位，世界范围内通常有下面四种修改措施。

第一，**硬性重新定义**。这是参照公制、使用自然概念如单摆、地球周长或水的密度等，把旧单位重新定义成科学单位的做法，相当于在公制以外"另起门户"。最初，工业基础深厚且科学水平足够高的英国一度推行过这样的做法，但在科学技术突飞猛进的 19 世纪后期，这样的做法已显得不合时宜，后来也就作罢。

第二，**硬性校正**。也就是保证使用旧单位的所有度量记录不变，只是为现行的旧单位规定一个精确的公制校正值。政府需要对国内的现有量具进行普查，用公制给出一个影响较小的精确值。用这种方式得到的换算数可能是个小数点后有很多位的奇怪数字。在英国和美国，这都是使用了很久的做法。

第三，**软性校正**，即适度改变本国的度量尺度，使之和公制能满足简单的换算，但本国单位大体的大小没有明显的变化。这是传统单位的遗留影响较深，尤其是在民间不易推行改革的国家比较合理的做法。公制刚诞生时，一些欧洲国家以及我国都使用过这样的做法。欧洲一些国家至今还遗留有"公制磅"（metric pound），大小和我国的"斤"一样都是 500 克；一些北欧国家还有单位"斯堪的纳维亚里"（Scandinavian mile），长度为 10 千米。这种做法一般不要求民众更改语言上的表达，民众表达约数、泛指概念时，往往仍遵从自己的习惯，但在官方、正式的场合只以公制表述。

第四，**全盘废除**。这是最直接的做法，彻底抛弃旧单位，不但正式场合不允许使用，连在民众的日常语言中也要全盘改成公制的标准说法或它们在本国语言中的音译。

为了方便大家理解，我把上面四种旧单位的处理方式画到了如下的示意图中（见图 8-5）。我们假想一个在传统社会中使用的旧单位"尺"，这个"尺"

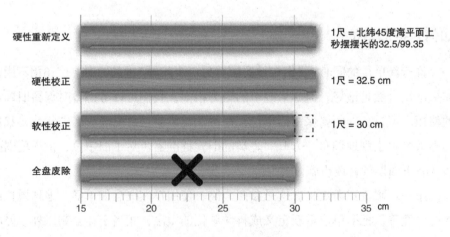

图 8-5　传统单位的修改措施。

在公制基准下约为 32.5 厘米。图 8-5 形象地说明了在四种修改措施下，这个"尺"的实际含义所发生的变化。

我们已经讲了作为国家管理者实施单位制改革的一些措施。本节的最后，我们来讨论一下本节开始提出的问题——改革成公制究竟"难不难"？

对于这个问题，我还真查阅了一些为旧单位制度辩护的人的观点，甚至在美国的图书馆里找到一些保守主义者写的书。在美国，早在 19 世纪末，就出现了一批臭名昭著的，打着反对公制的幌子，实际上是在宣扬种族主义立场与极端排外理念的保守主义者。他们的影响力始终存在，直到今日还能够在保守主义媒体（如美国的福克斯电视台）上大肆鼓吹自己的荒唐理论。抛去保守主义者极端性质的情感宣泄，以及一些预设立场后攻击公制的逻辑谬误不谈，他们的理论里倒是有一个略有价值的观点——计量改革实行起来很难。保守主义者常常会把他们使用的英制单位换算成一个"不整"的公制数字，然后说——改革成公制岂不是要我们以后说话都得说成"我在赛百味快餐店买了一个 30.48 厘米长的三明治"（赛百味快餐店的菜单里有一个"foot-long"三明治，即 1 英尺长的三明治）？

不过，正如我们在本节讲到的，很多时候公制化改革不需要做语言上的更改，就像我们中国人的日常用语中还经常使用"斤"来描述体重。而且前文提到过，老百姓根本就不关心某个数量能精确到小数点后多少位，因为老百姓根本不会用绝对的思维来思考日常的度量。现实生活中，即便人们真要表达上文所说的三明治的长度，也会直接说成"30 厘米"。另外，做生意的商人根本不需要在乎这样的问题，就像我们在大学食堂里吃饭时会跟师傅要"二两饭"——"二两"仅仅是一个概念，不同食堂师傅的饭勺下，"二两饭"的实际质量可能是 105 克，也可能是 88 克。如果某个人根据清朝时的"营造尺库平制"或民国时的"市制"，走到食堂师傅面前对他说"请给我分毫不差的'二两'"，他大概会被后边排队的同学们轰出食堂。

其实，即便公制转换会产生"不整"的数，在现在的很多领域里，一些世界通用的尺寸和数量就是"不整"的。如国际标准的铁路轨矩是"1435 毫米"，A4 纸的尺寸是 297 毫米 ×210 毫米，子弹口径是 7.62 毫米等，这里有些数字来自旧单位的换算，有些则只是出于数学上的规定调整。对工业生产来说，数字"整"或"不整"并不是关键，重要的是能够控制**误差**，而这正是公制的强项。前文提到过，古代西方人对于小数的表示甚至没有十进制的观念，这导致即便到了工业时代，基于英制的习惯单位仍然在大量地使用"××分之一"作为小数的表达形式（如图 8-4 中的 3/8″）。然而，"××分之一"在误差的表示上是极为不便的。相反，与公制配套的是随着近代科学单位制一同产生的数量级表示系统——十进制小数、科学记数法与单位词头，它们的应用使误差的表示远比"多少分之一"要清晰、简洁，即便数值非常小的引力常量，在现代记数法里不过是个一看便知的"6.67430（15）×10^{-11}"而已。事实上，随着 20 世纪出现的精密芯片与数控机床取代了笨重的蒸汽机，很多陈旧的工程习惯单位早已经自动走下了历史舞台。甚至连惯用英制单位的英、美等国工程师，也已经淘汰了许多过时的单位和表示法，如用非十进制的"×分之×"表示分割（如 3/8 英寸）这种早已经过时的形式，而是改成了形如"0.375 英寸"的十进制小数。

另一方面，20 世纪的新产业革命与全球化浪潮，使得工业早已不是一个世纪前，与殖民主义伴生的大生产时代所呈现的那副模样——先发工业国在国内拼命地生产，再大规模倾销至世界各地。20 世纪，国际化采购、生产和代工大为普及，很多美国的大型跨国企业如可口可乐、福特汽车、波音等，其实早就在公司内部主动进行了公制化改革，以更好地融入国际市场。公制化改革是易是难，也许确实难有答案，但是，即便它的确很难，今天世界上的绝大多数国家也已经完成了任务。无论如何，在全球化的时代，没有哪个人或是哪个国家，能拍着胸脯声称：我就是不用公制！

专栏

计量改革中的失误与事故

　　谈论计量改革的问题时，很多人也许或多或少听说过两个著名的由单位转换错误所导致的事故：1983 年加拿大航空 143 号班机空中燃料耗尽，所幸最后成功迫降；1999 年美国国家航空航天局（NASA）发射的"火星气候探测者号"因为地面控制错误而坠毁，任务失败。大家可能只听说过这两个事故与单位有关，却未必清楚究竟是哪个环节导致了事故。这里我们就来具体看一下这两个由单位转换错误酿成的事故（两个事故中都无人丧生，这也算是万幸）。

加拿大航空 143 号班机事故

　　这个事故发生在 1983 年 7 月 23 日。当时，加拿大航空一架波音 767 飞机从渥太华飞往埃德蒙顿，在巡航途中飞机燃料耗光，引擎失去动力。所幸当值机长冷静应对，仅凭滑翔将飞机安全降落在一个废弃的空军基地，创造了当时民航客机无动力滑翔最远距离并安全降落的记录。由于飞机降落地点在一个叫吉姆利（Gimli）的地方，机长的壮举也被称为"吉姆利滑行"。

　　事后调查发现，造成飞机在航行中燃油耗尽的原因是地勤人员计算飞机补充的油量时进行了错误的单位换算，导致飞机实际添加的燃油只有应添加油量的 1/4。这个事故经常在"美国的单位制"话题中被提起，但实际上，整个事故中唯一的美国相关方——波音公司，恰恰是使用公制的。经过事后调查，整个事件的起因是：飞机完成前一段航程后，燃料显示器发生了故障，导致飞行员看不到飞机油箱内剩余的油量。但当值机长仍决定由手工计算需要补充的燃料，继续下一段行程。

　　当时，波音公司最新投入使用的波音 767 系列客机已经将供地勤人员参考的燃油相关参数转换成了公制。起飞前，飞行员计算出整段航程需要加油22300 千克（飞机的起飞降落对于载重十分敏感，所以飞行员更倾向于用重量而非体积来表示燃料量）。地勤人员用量油计测出机内剩余燃油为 7682 升。若按正确的燃油密度换算（1 升 = 0.8 千克），可得出应补充 20088 升。然而，地勤人员错误地使用了升与英制重量单位"磅"的换算系数"1 升 =1.77 磅"，把它当成了"1 升 =1.77 千克"，导致最后补充的燃料只有：

$$\frac{22300 \text{ kg}}{1.77 \text{ kg/L}} - 7682 \text{ L} = 4917 \text{ L}$$

可想而知，起飞前飞机油箱里的油只有全程所需油量的一半。机长本人确认地勤人员回报的数字时，由于对地勤工作并不熟悉，也没能察觉出换算系数的错误。最终，起飞后的 143 号航班在加拿大人烟稀少的内陆上空耗尽了全部燃油，只能被迫进行长距离滑翔迫降。所以，整个事故中的失误，说到底是航空公司工作人员业务上的不熟练，导致看错了一个质量和体积的转换系数。出现这样的错误，说明当时飞行员和工作人员对于公制下"升"的大小根本没有概念。

当然，加拿大航空这一事故还说明了，在航空这种"生死攸关"的领域，单位转换也许确实会伴随一定的代价。好在这一次事故并未造成人员伤亡。作为国际性大公司，波音公司的客机在世界范围内的运行与维护依然以公制为标准。发生了事故的 143 号班机在经过了维修后仍然继续投入使用，并因此得到了"吉姆利滑翔机"的美誉，最终一直服役到了 2008 年，才被运输到美国加利福尼亚州的莫哈韦机场封存（见图 8-6）。

图 8-6　经历过"吉姆利滑行"的加拿大航空 143 号班机退役后的照片。

NASA 火星气候探测者号坠毁事故

讲这件事前我们要先说明一点：美国并不是所有人都不使用公制单位，很多美国官方组织，比如主导了阿波罗计划等历史性航天计划的 NASA，其实是一直倡导使用公制单位的。在这个事故中，NASA 内部使用的是公制单位，但探测器的制造者洛克希德·马丁公司和许多美国本土工业制造商一样，未能改革过去的习惯单位。不过，NASA 在任务的合约中已经要求洛克希德·马丁公司使用公制单位来提交控制参数。

1998–1999 年，NASA 发射了两枚探测火星的探测器——"火星气候探测者号"（见图 8-7）和"火星极地着陆者号"，但这两项任务在两个半月内相继失败。其中，首先发射的火星气候探测者号在 1999 年 9 月 23 日由于抵达火星轨道的高度不足，与地球失去联络而坠入火星大气层解体。事后查明，探测器配套的软件给出的计算结果是以美国工程领域习惯使用的"磅力"表示的，但 NASA 自己的软件将该数字当成了公制下的"牛顿"，导致计算结果错误，最终损失超过 3 亿美元。

事后，NASA 自己承担了此次事故的主要责任，指出地面计算机软件设计上的失误是事故发生的主因。不过，在美国，以 NASA 为代表的自然科学探索部门与负责建造设备仪器的工程制造业在计量制度上的不统一，仍然是此次事件无可辩驳的导火索。

图 8-7 "火星气候探测者号"概念图。

　　我们可以看到，上文所述的两次事故，其实是在已经推行公制化改革之后，由相关专业操作人员的疏忽导致的，单位制与单位改革本身并没有错。无论波音公司还是 NASA，也都没有就此因噎废食。在当今，航空和航天这样高度全球化的领域里，公制单位仍然是绝大多数场合下的通行标准。

8.3　世界的公制化改革

● 为什么我国香港、台湾地区的"一斤"与大陆对应的数值不同？

下面这句出自美国中央情报局出版的《世界概况》（*The World Factbook*）的话，常常被世界各地的网站和媒体引用，用来揶揄美国：

> 现在，全世界范围内，没有官方接纳公制及国际单位制的国家有：
> 缅甸、利比里亚、美国。

其实这句话已经有些过时了，因为缅甸和利比里亚的政府都已经正式宣布和启动了官方层面的公制化计划。即便改革的进程仍需要时日，但这两国都已不能再被归入"没有官方接纳公制的国家"之列。

不过，我们的关注点不应该局限在这三个国家上，真正让我们惊叹的应该是——在全世界范围内，公制居然已经取得了如此大的成功！

我们知道，在我们生活的地球上，国家、民族、语言、宗教等一系列历史遗留的界线隔离了不同地方的人。但随着 20 世纪以来全球化的理念逐渐在全世界普及，人类一直以来所梦寐以求的——一套打破不同人群间的隔离的，统一、普适的标准，已经有了搬上历史舞台的契机。然而，即便在全球化已经硕果颇丰的今天，世界各国在生产生活习惯上的特殊差异依旧无处不在。如果你想体验一番，买张出国旅游的机票就可以了。只要走出国门，你在顷刻间就会发现，这个世界上还有着太多的不统一：车辆行驶方向、铁路轨距、电源插头、供电电压、手机制式、服装规格……

公制是人类最早开始的"国际标准"实践。从 1795 年法国政府正式将公制确立为官方度量衡标准，到 1875 年《米制公约》将公制确定为国际性制度，再到 1960 年公制正式成为国际单位制，直到 2018 年国际计量大会正式通过国际单位制基本单位的重定义方案，两个多世纪的历史里，公制已经为全世界的标准化进程立下了汗马功劳。然而，公制的发展并非一帆风顺。全世界各国达到今天的标准化程度，背后其实是几十年甚至超过一个世纪的艰辛改革历程。在本节，我们就来回顾一些代表性国家，包括我国的公制改革历史。本章我们主要涉及不受过去大英帝国及其殖民影响的国家。对于英国、美国、加拿大等国的单位制历史，我们会在下一章专门谈论。

公制在欧洲大陆

我们已经讲过，公制诞生于 18 世纪末大革命时期的法国。1795 年，大革命时期的法国政府正式颁布了度量衡改革法令。然而，在近代以前的欧洲，教育一直是被上层阶级和宗教垄断的特权，普通大众的文化水平低下。在公制开始推行的时期，法国民众的识字率仅略高于 50%（见图 8-8），全国还有近一半人是文盲。在这种情况下，采用拉丁文术语的新单位制自然难以为民众接受。

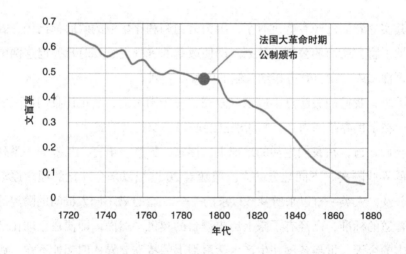

图 8-8 法国 18–19 世纪的文盲率。

法国大革命以一代枭雄拿破仑篡权称帝登基而告终。拿破仑清楚法国旧单位的不便，也意识到新单位制难以一蹴而就，于是在执政后期的 1812 年，拿破仑颁布了一套过渡性质的度量衡制度。这套制度的单位名称仍以法国的传统习惯称呼为主，只是与大革命时的标准米和千克原器进行了简单的挂钩。不过，这套单位并未持续多久，1840 年在拿破仑死后，法国国王路易·菲利普一世正式废除了所有民间习惯单位，公制正式成为法国上下唯一的合法度量衡制度。

19 世纪初，拿破仑在欧洲大陆上南征北战，一度快要将整个欧洲大陆纳入自己的版图中。虽然拿破仑的军事征伐最后以失败告终，但他将公制这一法国大革命的宝贵遗产传递到了整个欧洲大陆，法国的新兴科学度量衡迅速得到了处于拿破仑短暂统治下的欧洲诸国的欢迎。拿破仑在世的时候，欧洲的葡萄牙、荷兰和比利时最先接纳了公制，但它们都没有直接采用公制，而是同样把本国传统单位修改成一个方便的公制数值。在那时尚未统一的德国和意大利的领域内，一些邦国也按相同的做法改革了领土内的度量衡制度。可见，在 19 世纪前半段的欧洲大陆，各国的民间传统单位依然有很强的生命力，公制还远未被各国全面接受。

直到 19 世纪中后期，随着德国、意大利、奥匈帝国等统一国家形成，公制作为维护社会稳定、推进区域融合的重要手段，才终于被欧洲各国政府接纳。此时各国也不再保留本国的习惯单位，而是一概以公制的原始语言为度量衡名称的标准（但各国会依据本国语言更改单位的拼写形式）。到 1875 年《米制公约》签署时，欧洲大陆上的大部分国家（除了俄国），以及 19 世纪初独立的大部分拉丁美洲国家，皆已官方采纳了公制。不过，很多国家仍然采取本国传统单位与公制新单位并用的方式。直到 20 世纪初，欧洲国家才基本废除了各自的传统单位。

公制在日本、韩国、朝鲜

位于东亚的日本和朝鲜在古代受到了中国文化的深刻影响，这之中就包括中国的传统度量衡。我们在第 2 章介绍过日本移植古代中国度量衡并做了一定的本土化修改的单位制——尺贯法。19 世纪后期，日本开始明治维新，正式展开了大规模学习西方、引进西方先进科学技术的现代化进程，而这之中不可或缺的就是对计量的革新。日本是亚洲最早加入《米制公约》的国家，不过日本在最初也没有直接采用公制，而是在 1891 年颁布了一项将传统单位进行"硬校正"的法令，如规定 1 日本尺为 10/33 米，1 日本"坪"为 100/30.25 平方米（这一单位至今仍在使用）。在积极学习西方的日本维新时代，传统单位、公制单位与英制单位都是官方认可的合法计量单位。直到 1924 年，日本才将公制确立为官方标准，但尺贯法在民间依然广为使用。

第二次世界大战后，经济复兴时期的日本加速了计量改革的进程。日本政府于 1951 年颁布《计量法》，规定在 1958 年 12 月 31 日之后，一切交易、公证领域禁止使用传统单位（见图 8-9），违反者不仅会被罚款，甚至会招致牢狱之灾（20 世纪 70 年代时就有人因坚持使用传统单位而被逮捕）。在现在的日本，除了房地产领域还允许使用一些传统面积单位，绝大多数场合已经只存在公制单位，主流民众也基本只认识由日语音译的公制单位。

图 8-9　1959 年发行的日本公制化纪念邮票。

古代朝鲜同样长年使用着移植自中国传统度量衡的制度。不过，近代朝鲜遭受了日本长达半个世纪的殖民统治，殖民政府将日本的尺贯法强制规定为朝鲜境内的计量标准，使得朝鲜的本土度量衡里迄今仍残留有日本的殖民痕迹，如与房地产面积单位"坪"。朝鲜战争后，韩国和朝鲜政府各自展开了国内的计量改革。

韩国在 1959 年加入了《米制公约》，1961 年的时任总统朴正熙启动了严苛的计量改革，对传统单位的使用者施以重罚。然而，这一政策的推行并不顺利，韩国政府也不得不在 1970 年暂缓了强制措施。不过，在随后的 30 年里，韩国政府依然在全力推广公制，并仍会对工商业领域中使用非公制单位的行为处以罚款。如今，韩国与日本类似，除了房地产领域的"坪"仍在使用，其他领域皆已只使用公制单位。

20 世纪 70 年代，朝鲜官方启动了公制化改革，并在 20 世纪 80 年代加入《米制公约》。但传统习惯单位仍在民间广泛使用，官方也并未立法废止。直到 2013 年，朝鲜国内的公制改革才开始推行。

公制在印度

在全世界公制化改革的实践中，印度创造了不小的奇迹，也常被认为是公制化的模范样例。在推行度量衡改革之前，印度这片土地上密集居住着上百个族群，不同地域间阶层分立、语言不通、交流困难，人民文化程度低，这也自然导致了度量衡的高度混乱。印度在近代还遭受了英国的殖民统治，本国上层阶级以及殖民者兴建的工厂与基础设施普遍使用英制单位，但上层统治者与广大的民众存在很深的隔阂，殖民者带来的英制单位制远未能成为民间通行的标准。

印度脱离英国的殖民统治后，为了推进全国的统一，摆脱殖民统治的影响，印度迅速全面推行了公制。1956 年 12 月，印度议会正式立法采纳公制。仅过了短短的 5 年，印度政府就完成了改革，传统单位被一律废止。与世界上大多数先发国家不同，印度没有经历短则十余年、多则逾半个世纪的新旧单位过渡时期，而是真正的"一步到位"，这很大程度上也是先前的分裂与混乱所带来的结果。公制在印度很好地起到了稳定全国各阶层、各民族，促进交流和提升全民文化水平的作用。

印度的先例也是在很多亚洲、非洲发展中国家常见的现象：由于本国先前的全民文化水平与工业发展水平皆十分有限，公制的推行反而未受到很大阻力。这也有力地说明了，对于一个由于历史原因导致人民贫困落后的新兴国家而言，公制化、计量改革，皆有着举足轻重的作用。也许计量改革不足以帮助一个国家脱离贫困，但对于所有第三世界后发国家来说，全国上下统一计量，是融入现代世界的必修课。

公制在中国

最后，我们来介绍一下公制在我国的历史。

我们在本书前三章讲过，中国的古人在世界古代文明的计量历史上创造了辉煌的成就，中国人从上古以来就熟稔十进制的原理，2500 多年前铸造的"商鞅方升"已经达到了古代计量史里科学性与精确性的巅峰。秦始皇推行的度量衡改革，至今还被誉为中国乃至世界计量史上的里程碑，在几乎每一个关于计量和单位的话题中被后人反复提起。

然而，经过上千年历史变迁，中国传统度量衡的弊端在近代科学革命的年代已经显露无遗。比如，从上古到清朝度量单位的"膨胀"问题，导致成人的身高从上古的一丈"缩水"到了清朝的五尺，甚至导致同一时代的同一单位都难以统一（如明清时的"尺"就有三种）。此外，传统单位依赖政府强制力执行，却又容易被不法之徒借以中饱私囊的问题，使得官方规定的度量标准在民间形同虚设。中国著名的计量历史学家吴承洛在《中国度量衡史》里调查了晚清时期中国各地民间实际使用的度量基准与当时官方规定的差别，他发现，当时全国各地的度量衡极为混乱，不但各地度量基准的实际尺度偏差严重，一些偏远地方的基准甚至比官方规定高出 8 倍之多。可见，当时羸弱的清政府根本无力做到全国上下度量衡的统一。

清朝在康熙年间制定了"营造尺库平制"。晚清时期，西方列强的入侵导致清政府被迫打开国门，睁眼看世界，引入了同时期在西方国家"攻城略地"的公制度量衡。在辛亥革命前夕的 1908 年，清朝政府正式修订了"营造尺库平制"，开始尝试用公制改革中国传统单位制。这项改革是基于准确数量的"硬校正"，如 1 尺 = 0.32 米，1 斤 = 596.816 克。清朝灭亡后的 1915 年，继任者北洋政府采取"甲乙制"，即规定"营造尺库平制"与当时叫作"万国权度制"的公制同时推行，将"米"称为"新尺"、"千克"称为"新斤"。由于对旧制度采用硬校正的做法使用起来不方便，后来的国民政府再度修改了规定。国民政府于 1929 年颁布了《度量衡法》，确立公制为官方标准，但同时颁布了"市制"，规定了"一二三"换算：1 公升 = 1 市升、1 公斤 = 2 市斤、1 公尺（即 1 米）= 3 市尺，并规定 1 市斤 = 16 两、1 里 = 0.5 公里（千米）、1 亩 = 6000 平方尺，其余所有单位皆以十进制换算——这才是我们今天在非正式场合提到的斤、两、尺等单位的来源。

新中国成立后，市制依然在民间使用，但在 1959 年，国务院将民国时的 1 斤 = 16 两修改为 1 斤 = 10 两，这是在很早就已确立十进制思想的中国，有史以来第一次用十进制换算重量单位斤和两。在我国的计划经济时期，粮食、肉类、布料等生活必需品需要通过国家统一颁发的"粮票""肉票""布票"等凭证配给，而所有票证几乎都以市制单位为准。到了改革开放时期，我国政府意识到计量改革在新时代的重要性，于是开始了淘汰旧单位的计划。1977 年，国务院启动了从市制到公制的改革进程。1984 年，国务院规定公制为唯一的法定单位，全国上下应在 1990 年停止市制的使用，只保留市制的土地面积单位"亩"。粮票、布票等凭证，在 20 世纪 90 年代仍有过短暂的使用，而这些票证正好记录了我国的计量改革史。图 8-10 是我在广西南宁市的广西规划馆里拍到的两张粮票，可以看到，1981 年国务院尚未将公制定为法定单位，因而当时发行的粮票仍然以市制为准；到了 1992 年，粮票就已经以"公斤"为单位了（不过按现在的国家标准，使用"千克"比"公斤"更规范）。

图 8-10 1981 年与 1992 年颁布的粮票，可以看到 20 世纪 80 年代的中国社会仍然通行市制，进入 20 世纪 90 年代后才更改为公制。

然而，市斤、市尺在 20 世纪 90 年代仍然会在国内许多集市和商店里出现。直到 21 世纪，我国计量单位的规范化才算基本定型。在今天，除了偶尔用市尺、市寸测量腰围，以及口语中用斤表示体重等，我们绝大多数人已不再使用市制单位。在这里需要提醒各位读者，根据我国的《计量法》，民国时颁布的市制已经不再是规范的计量单位制，在正式场合（如市场交易、商业合同、新闻出版等）使用不规范单位是要负法律责任的。不过，如今很多超市和生鲜市场会采用以"500 克"代指民众习惯的"一斤"的写法，这是符合规定的。

如果你去过新疆维吾尔自治区和港澳台等地区，你会发现当地的计量习惯（尤其是重量单位）有些许的差别。如新疆维吾尔自治区普遍只用"公斤"，有时称"斤"也只表示 1 千克；在台湾，1 斤的大小是 600 克，与我们熟知的500 克不同，但在澎湖、金门、马祖等近海岛屿，1 斤仍然是 500 克；在香港，1 斤也大概是 600 克，而且香港还保留着一些英制单位，比如表示房屋面积时使用"平方英尺"。这是什么原因呢？

首先，新疆维吾尔自治区作为少数民族聚居区，在古代不使用汉族的传统单位，所以在民国时期单位改革时，当地直接接受了公制，使得全区范围内始终只使用"公斤"。

台湾地区曾被日本政府强制推行日本的尺贯法。按 1891 年的规定，日本尺贯法里的"斤"等于 600 克，因而台湾的"台斤"便一直是 600 克，并一直在民间留存至今。但是，澎湖、金门、马祖等岛屿并未受过日本影响，岛上人民使用的一直是民国政府颁布的市制（1 斤 = 500 克）。

香港地区和澳门地区在 1929 年时未受民国政府颁布的计量法规的管辖，而是处于晚清时代残留的民间度量衡与英制单位混用的状态。两地民间使用的"斤"实际上是晚清时遗留下来的"斤"，俗称"司马斤"，英文里叫"catty"。当时的港英当局一度以英制"磅"规定 1 斤为 4/3 磅，后来则规定 1 斤为 604.79 克。此外，一些英制单位在香港会以口字旁加汉字的方式表示，如吋（英寸）、哩（英里）等。

读到这里我们会发现，中国的单位制改革，从 1908 年晚清政府的计量改革算起，也已经有了一个多世纪的历史。不过，全面接受公制、废止旧单位，其实都是 20 世纪 70 年代以后的事情，在这之前，传统单位在民间一直居于主流。不过，民国时提出的"一二三"改制，以及新中国规定 1 斤为 10 两，客观上却也促成了公制在中国的普及——今天我们每个人说自己的体重时，大概都可以不费吹灰之力地把"斤"和"公斤"在脑子里过一遍吧。"万里长城""半斤八两"这样的词语，如今我们也多半会习惯性代入公制的数值来理解了。

此外，我们知道，公制普及的一大难题在于其原本的拉丁文形式。在日本、韩国，这些拉丁文只能直接音译成本国语言，但不论写出来还是念出来，效果都和"基罗米特""米利格兰姆"一样，显得有些"违和"。近代日本和中国民间还尝试过一种奇怪的单位记号——把不同的汉字写到一起，"挤"成一个字，如"瓩"字表示千克。但念出来时，这些字却要读作多个音节，所以"瓩"字的要读成"qiān kè"！只是中日两国都没有真正采用这种古怪的造字方式，这样的汉字如今只能在老版本的字典中偶有一见了。

但不得不说，我国悠久的计量传统的确为新时代计量术语的翻译提供了很多便利，这之中最成功的翻译应该就是分、厘、毫、微等小量词头，对单位的贴合度甚至超过了公制本身的 deci、centi、mili、micro。米、克、升等一个字的单位名也充分发挥了汉字简洁凝练的特点，适合在广大人民群众中推广使用。

第 9 章

改革之路（二）：英制的兴衰

9.1 从《大宪章》到"帝国单位制"

- 为什么今天英国的货币单位叫"镑"？如果你读过描写近代英国的文学作品，你可能还会意识到这样一个问题：为什么在过去的英国，"镑"一级的货币这么值钱（很多文学作品中，普通民众只用得上比镑小的"先令"和"便士"）？

到这里，我们终于讲到在序言部分就已经提到的"英制单位"了。

你可能会觉得我会在这一章里把英制单位的笨拙再数落一遍——当然确是事实，我们在第 2 章就已经专门介绍了中世纪英格兰的度量衡。归根结底，现在我们见到的这套"英制"，是一套源自 2000 多年前的古罗马的制度，那个时候的西方古人对科学和精确计量的认识还十分稚嫩。

不过，要是读过世界工业与科技的历史，你会发现，英制是人类历史上唯一"存活"至工业时代的农业单位制。从中世纪英格兰的牧羊人圈定土地，到工程师为近代的蒸汽机车铺设铁轨，英国人仍然能够使用几乎一样的计量方式。在这背后，其实有许多人（包括科学家）的努力。

我们也知道，我们在学校里废寝忘食地学习英语——这是从曾经的"日不落帝国"英国到后来的美国，盎格鲁－撒克逊民族持续两个世纪的政治与文化强权所带来的结果。不过我们可能不知道，作为英国的官方计量系统，英制一度也曾达到过"世界通用"的高度。在 19 世纪末到 20 世纪初，英制在很多国际标准中甚至可以和公制平起平坐。直到今日，英制的影响力依然没有消除，在一些领域，如民航业的海拔高度定位、标准货运集装箱尺寸，以及手机、电视等屏幕的对角线尺寸等，英制仍然会在国际标准中现身。

所以，在这一章里，我想放下一些成见（尤其是和在美国旅游或留学过的同胞们一样，被英制折磨的抱怨……），从客观的视角来讲述英制这套计量制度的历史。

英制的早期发展

我们常说"秦始皇统一度量衡"的伟大意义，但你知道在中世纪的西方，谁曾做过同样的工作吗？答案正是英国人。1215 年，英格兰颁布了一份流传千古的文件《大宪章》（*Magna Carta*）（见图 9-1），里面明确提出了：**在国王统治的范围内，只能有一套度量衡**。不过由于《大宪章》在历史上未能达到预期的效用，在英格兰王国统一度量衡的理想依然花费了数个世纪才得以实现[①]。但相比于直到近代资产阶级革命前夜还混乱不堪的欧洲大陆，英国人的创举已算捷足先登。

图 9-1 《大宪章》的原始复制件。

在当时，统一英格兰王国的度量衡所面临的最大问题是社会上同时存在不

---

① 我们在之前讲过"亨利一世用自己身体定义长度"的传言。但从时间上来说，即便于 1100–1135 年在位的亨利一世做过类似的事情，它对英国的度量衡制度也不会产生决定性的影响，因为他在位的时间比《大宪章》早了一个世纪。

同的重量标准。继承自古罗马的重量单位"磅"，在中世纪英格兰变成了五种不同的"磅"：常衡磅（Avoirdupois pound）、金衡磅（Troy pound）、塔磅（Tower pound）、伦敦磅（London pound）和商人磅（Merchants' pound）。这五种"磅"不仅自身尺度不同，它们与次一级单位"盎司"的换算关系也不一样，比如 1 常衡磅是 16 盎司，1 金衡磅却是 12 盎司。后来，经过两任君主亨利七世（1485 年至 1509 年在位）和伊丽莎白一世（1558 年至 1603 年在位，见图 9-2）的修改，英格兰王国正式确立了官方的统一度量衡，规定以常衡磅为标准，金衡磅只用于贵金属和货币。

图 9-2 对英国度量衡统一做出重要贡献的伊丽莎白一世（1558–1603 年在位）。

英国使用至今的货币单位"镑"也是在这一时期确立的。直到现在，英镑的全称仍然是**"磅纹银"**（pound sterling），和中国古代的"两银子"其实是一个意思。如果使用金衡磅，一磅纹银的重量足有 373 克（中国明清时的"两"不到 40 克），如此大分量的贵金属是很难进入寻常百姓家里的，民间只用得上次一级的先令（1/20 镑）和便士（1/240 镑）。你会发现——货币的换算竟然不是十进制！这是很正常的现象，我们在第 1 章就讲过，古代的重量单位换算青睐于更容易等分切割的进制。那时的英国还未出现纸币，货币单位来自称重，所以自然会采用与重量单位类似的换算。尽管后来的英国诞生了发达的金融业，并一度成为全世界的金融中心，但英国的货币一直维持着金属货币时代遗留下来的非十进制的换算，乃至一直用到了 1971 年！

在国内改革度量制度的同时，英格兰王国也开始了扩张的脚步，他们的首要目标便是周边的爱尔兰和苏格兰。两地被征服后，英格兰政府强制推行了英格兰的度量制度。在这里我们能看到，近代的英国人确实是当初秦始皇理念的实践者。

后来的历史，也就是过去偏居欧洲一隅的英格兰王国跃升为世界头号强国大英帝国，在政治、经济、文化、科学、军事等各个领域完成现代化，并开始向全世界殖民进军的历史。在坚船利炮的帮助下，英国人的殖民脚步很快踏上了欧洲之外的土地——美洲新大陆、非洲、中东、南亚、东南亚直到遥远的大洋洲。

为殖民秩序添砖加瓦的除了帝国的海军舰队，还有 1588 年由女王伊丽莎白一世确立的统一度量标准。在很多层面上，殖民时期的英国人都像是 2000 年前的秦始皇的忠实拥趸——都希望用"天下"各种制度的统一，来昭示统治者自身的权威。英国开拓殖民地时期，每一块殖民地都是国王的土地，故而只能通行国王认定的度量衡，殖民者甚至会以武力逼迫殖民地的原住民放弃本土度量标准。所以，发端于不列颠群岛的英制单位很快随着英国的殖民进程传遍了全世界。

与此同时，17 世纪的科学革命与 18 世纪的工业革命为大英帝国带来了全面的繁荣，于是用来测量新发现的科学现象的"习惯单位"开始进入历史舞台。我们今天还能见到的习惯单位绝大多数基于英制，说到底要归功于 17–18 世纪时英国国内度量衡的统一。

这里我们插一句：为什么发明华氏温标的华伦海特明明是德国人，一生也主要生活在荷兰，这套温标却成了"英制"的标志？其实不难想象，在 17–18 世纪的时候，英国对于一套现实、可靠、稳定的度量制度有多么如饥似渴。华伦海特在 1724 年提出了他的温标，同年他也访问了英国，并当选代表最高荣誉的皇家学会院士，他的温标也迅速得到了英国官方的认可。半个世纪后，更方便的摄氏温标正式成型时，英国官方已经完全采用了华氏度这套在当时只能算"迫于现实而妥协"的温标（见 4.2 节）。以至于当更便捷的摄氏度问世时，英国皇家学会没有采用，却反过来去修改了原本的华氏度，使得如今的"华氏度"已经不是华伦海特本人提出的温标了。

可想而知，当 18 世纪末法国大革命的炮火响起，法国人提出用"世界标准"革新度量衡时，英国的某些政客们 ① 是怎样想的：我们大英帝国早就把代表英王荣耀的度量衡传遍每一块帝国荫蔽下的土地，让高贵的英国人使用这帮和我

① 这里还是要限定人群，因为至少英国的科学家是支持全世界度量衡统一的。

们打了几个世纪仗的法国佬建立的制度？想都别想！

帝国单位制的诞生

　　事实正如上面所言，公制在诞生的初期对一海之隔的英国的官方计量影响微乎其微。不过，公制的一些科学理念的确传播到了英国，如将现有度量衡以及货币改成十进制，以及根据自然规律定义现有单位等。虽然货币的十进制改革直到 1971 年才得以实施，但后者还是得到了英国政府的重视。

　　于是，公制在法国颁布的 30 年后，英国也正式颁布了第一套采用现代科学方法规定的度量衡制度，并且起了一个与公制针锋相对的名字——"帝国单位制"（Imperial Units），这个名字代表的正是当时英国人疯狂的武力扩张之下，横跨全球的"日不落帝国"殖民霸权。帝国单位制由英国于 1824 年在《度量衡法》中规定，同公制一样，它以"码"（yard）和"磅"（pound）为长度、质量基准，并制造了与公制类似的金属原器，命名为"标准码"和"标准磅"（见图 9-3）。两者与同类单位的换算在《度量衡法》中都做出了严格规定，当然，其中很多换算都已经在伊丽莎白一世改革的时代确定——包括我们在序言里提到的 "1 英里 = 5280 英尺"。不过，帝国单位制没有采纳十进制改革的意见，各单位间换算仍然大体遵从古代英制的规定。

　　同时，帝国单位制也仿效公制进行了单位的自然等效物规定。比如，长度单位基于"在格林尼治所处的纬度的海平面上，一座秒摆的摆长为 39.01393 英寸且 1 码 = 36 英寸"，质量单位则基于"30 英寸汞柱大气压，62 华氏度下，1 立方英寸的水质量为 252.458 格令，1 磅 = 7000 格令"。容积单位加仑被规定为"上述条件下 10 磅水的体积"，和长度单位并未直接挂钩，这也是后来英美两国使用的"加仑"出现差别的主要原因（美国的"加仑"是以立方英寸定义的）。可以看到，这些规定的数字颇为奇怪，应该是在原器的成品上测量出来的结果。不过，考虑到帝国单位制的主要目的是维持大英帝国几百年来的计量系统的稳定，这样的规定倒也情有可原（和我们今天表达光速用到"299792458 m/s"这样的数字一样）。

图 9-3　现位于伦敦格林尼治天文台的帝国单位制长度基准遗址。

　　帝国单位制颁布后，英国的学者还为英制单位做了一些"与时俱进"的修改。比如，当麦克斯韦等人完善了单位制的一致性原则后，英国的工程师也提出了一套基于英制的一致性单位制——"英尺－磅－秒制"（FPS 制），这套制度与国际单位制类似，只是将长度和质量的基本单位替换成了英制。在这套基于科学单位制设计的"FPS 制"下，力才真正与质量分开，变成基于牛顿第二定律（质量乘以加速度）的定义。不过，一些人认为原本的"磅"是质量单位，于是把"磅"（lb）和加速度单位"英尺每平方秒"（ft/s²）相乘，将新的力单位称为"磅达尔"（poundal）；另一部分人认为"磅"是力的单位，于是用原来的"磅力"（lbf）除以"加速度"（ft/s²），创造了一个新的质量单位"斯拉格"（slug）。可见，即便英制单位在我们今天看来着实显得笨拙，但在百年前还是有一部分有识之士在想尽办法地把它移植到科学单位制的系统中[1]。

　　当时的英国学者做的另一项尝试是给帝国单位制下的华氏温标也建立一套包含"绝对零度"的绝对温标，它被称为"兰金温标"（Rankine scale），由科学家威廉·兰金（William Rankine）参照开尔文男爵的绝对温标设计，将华氏温标的 –459.67℉定为兰金温标的 0 度，其他思想与基于摄氏温标设计的开氏温标一样。

---

[1]　不过，无论"磅达尔"还是"斯拉格"在英制的世界里都没能得到充分推广。我们在第 4 章说过，使用习惯单位的工程师不会区分力和质量，他们的观念里"磅"和"磅力"是同样的物理量，两者间只是带一个数值等于标准重力加速度的因子，这套单位制后来被命名为"英式工程单位"（English Engineering Units），和也基于英制的"FPS 制"依旧不同。

然而，帝国单位制颁布后没多久的 1834 年，英国议会失火，建筑内保存的码和磅原器竟然被烧毁了！这个事件让力图与欧洲大陆分庭抗礼的英国颇为尴尬，更显得悲剧的是，前面定义的这些数字，在真正需要靠实验"重现"最初的原器时完全无能为力，英国人只好参照最初的复制品重新制作了原器。

不过，随着公制在欧洲大陆不断被推广，英国这坚持"分庭抗礼"的信念也发生了一些动摇。在公制的拥护者中，英国的科学家无疑是举足轻重的。我们已经介绍过，麦克斯韦、开尔文男爵等科学家使用公制的厘米、克、秒建立了第一套完整且符合一致性的单位系统——CGS 制。正是由于他们的努力，19 世纪新诞生的电磁学单位，如伏特、安培、欧姆等的定义只使用公制，我们终于可以在这些新单位中与古怪的英制告别了！尽管后来的 CGS 制与 MKS 制之争导致电磁学单位最终仍未得到统一，但我们仍应该感谢麦克斯韦等人——虽然他们自己是英国人（他们日常生活中肯定时刻在与英尺和磅打交道），但他们是着实地在物理学里为后人彻底消灭了一切基于英制的习惯单位！

英国在 1875 年时参与缔结了《米制公约》，但国内没有实行政治上的改革，对公制的使用并不强制。帝国单位制的码、磅两件原器，与公制米、千克原器的复制件同时存在。大英帝国范围内的度量标准依然是码和磅原器，英国人只是以自己的原器为标准给出了帝国单位制和公制的换算系数而已。

英制的终结

我们看到，19 世纪的世界计量体系最终成为英制与公制的"二重唱"。率先实现计量统一的英国，与过去的秦始皇一样，希望用度量衡推进自己的政治强权，维系全世界的霸权统治；而爆发大革命的法国，则留下了代表大革命遗产的平等、博爱思想，为全人类"千秋万代"设计的公制单位。

以现在的眼光看来，顶着"帝国制"之名的英制单位在那个时候并不是一个光彩的存在。"帝国制"的传播并非靠科学，而是靠殖民者对当地传统的武力摧毁和殖民地秩序下不平等的贸易，它与公制并存的历史并不是世界上广大受压迫人民愿意接受的历史——我们姑且不论英制单位用起来如何不方便。

但是，在 19—20 世纪的关头，余晖未尽的大英帝国与经济实力蹿升的美国一度成了世界的两极霸主，足足占据世界经济的半壁江山。同为盎格鲁－撒克逊人后裔，那时的英美甚至产生了"盎格鲁－撒克逊人领导世界"的极端呼声，公制则被排外的英美种族主义者不齿。进入 20 世纪后，英制的国际话语权一直持续到了国际标准化组织成立，这也是今天一些产品的国际通行标准（如图 9-4 所示的国际标准卡片尺寸）仍然是基于英制规定的原因。

图 9-4　银行卡、居民身份证等场合普遍使用的国际标准卡片尺寸。来自 ISO/IEC 7800 标准，最初就是以英制尺寸定义的。

当然，在 20 世纪前期，不可一世的大英帝国已经开始分崩离析，过去的殖民地纷纷独立，代表大英帝国的"帝国制"也早已不可能再维持其过去的强权标准地位。1959 年，英国、美国、加拿大、澳大利亚、新西兰和南非六国签署合约，正式规定六国使用"国际标准码"和"国际标准磅"，且分别严格等于 0.9144 米和 0.45359237 千克。这个规定稍稍减少了英制长度单位与公制换算的小数位数，此时的 1 英尺是 0.3048 米，而 1 英寸为 25.4 毫米。所以，今天我们所说的"英制"其实也是"国际标准英制"。与此同时，由英国政府官方颁布的码原器与磅原器正式退出历史舞台，"帝国制"也已经名存实亡。后人指代英制单位时虽然会偶尔使用"帝国制"的名字，但这与政治上的大英帝国已无瓜葛。

即便做了"国际标准"式的改革，此时的英制单位仍然已是明日黄花，第二次世界大战前后从大英帝国脱离的英联邦国家，包括加拿大、澳大利亚、新西兰、南非、马来西亚等国，纷纷在 20 世纪六七十年代开始了公制改革。与此同时，曾经坚持与欧洲大陆"势不两立"的英国，也开始寻求加入当时的欧洲共同体（即欧盟的前身）的机会。对英国而言，改用公制、与欧洲大陆统一计量的进程，此时已势在必行——当自己的老巢都不再愿意挽留时，英制单位也就该从历史的舞台上退场了。

然而，在英联邦国家实施改革的年代，无论对于在英制单位体系下发展了一个多世纪的工业领域，还是一直在使用传统单位的民众，改革都是阻力重重的，英、加、澳、新等国都设置了超过 10 年的改革时间窗。这几国的改革方式大体比较相似。对于工商业，政府会专门成立一个监督公制改革的部门，并颁布强制性法令，要求各个领域在限定的时间内完成单位转换。至于转换的方式，可以采用上一章讲到的"硬性修改"或"软性修改"。限定时间之后，政府会以法令形式正式停止习惯单位的使用。对于民众，政府通常会从学校教育入手，如改革初期全国的中小学课堂也许还会教授传统单位的知识，但几年后新入学学生的课本上就只有公制，这样经过大概一代人（10 年左右），社会上新一代民众就能基本放弃旧单位，这是很多国家用于改变民众观念的非常有效的策略。

各个英联邦国家大体上在 20 世纪 80 年代完成了初步的公制改革，其中澳大利亚、新西兰、南非等国的改革相对顺利，目前已经在各个领域全面通行公制。加拿大则遇到了一些阻力（包括我们提到的加拿大航空 143 号班机事故），加上与美国大面积接壤，为了贸易方便，民众和工业界都还残留着一部分习惯单位，但加拿大在大体上已完成了单位改革。英国的改革则更为困难，许多强制法令直到 20 世纪 90 年代才通过。目前，英国基本实现了公制转化，但在一些涉及安全的场合，如道路里程、车辆速度等，英国官方最终放弃了修改，维持原制度（英国的路牌和限速标志一般只使用英里，见图 9-5）。

图 9-5　英国现在的道路限速标志，其中标示的"38 mph"单位是英里每小时，但其实是从公制"60 km/h"换算过来的。

在 2019 年的今天，曾经作为计量统一的先驱，在全世界都留下过深刻、或者沉重印记的英格兰传统单位，早已随着大英帝国的没落退出了世界历史的舞台。从科学的角度，我们的确无法给英制单位一个好的评价——这在第 2 章就说到了，它本来就只是一套在 2000 多年前的古罗马时代（甚至更早）定型的制度，创立的时候根本无"科学"可言。所以，当我们看到百年前的英国学者绞尽脑汁创造出磅达尔、斯拉格等"新"单位时，这套农业时代的旧制度难以兼容现代科学的笨拙就着实不言自明了。但从政治的角度，英制的确是一套成功的制度——从《大宪章》开始，英国人不停为它修修补补，使它至少足够可靠，还能被用来向全天下昭示霸权与威严。然而，这套殖民霸权维系的制度终究会被新的历史所抛弃，正如一度呼风唤雨的大英帝国也早已土崩瓦解。

　　不过，在英制单位已经被它的"本家"英国放弃的时候，世界上依然还有一个国家，至今仍没有真正放弃这套单位制。这个国家虽然在名义上使用的是"英制"，但实际上却和英国有着微妙的差别。这个国家也和其他国家一样尝试过改革，但不幸最终未能完全成功。在这个国家又究竟发生了什么故事呢？我们在下一节就会看到。

9.2 美国的公制史

• 图 9-6 是笔者拍摄的一个在美国超市出售的收纳盒标签，你知道图中的方框内为什么会这样标注吗？

图 9-6 美国超市出售的收纳盒标签。

　　上一节着重叙述了英制在英国，以及某些"英联邦"国家的计量历史。但你可能会发现，我们没有提及同样曾经是英国殖民地的美国。在历史上，美国的确曾是英国的殖民地，主体民族与英国同属盎格鲁－撒克逊人且同样通行英语，他们的计量制度也的确直接来自经过统一后的传统英制。

　　不过，如果要说美国的传统单位系统是"英制"，这似乎并不准确。我们知道，大英帝国在 1824 年将本国的计量制度改名为"帝国制"并订立了正式的标准，但此时美国已经独立，不再受到大英帝国的管辖。此后，尽管各个单位的名称一样，但美国的计量制度已经与英国产生了诸多差异，尤其美国的液体容积单位"加仑"与英国的"帝国制加仑"截然不同，美制加仑约为 3.785 升，"帝国制加仑"则约为 4.546 升。当然，美国参与了制定 1959 年通过的"国际标准英制"，从这个层面来说，起码美国使用的长度和质量单位可以算入英制之列。在正式的场合，美国人一般不把国内使用的传统单位制度叫作"英制"，而是称为"美式习惯单位"（US Customary Units），但在不正式的场合仍会有人称之为"英制"或"帝国制"（尽管美国从未使用过"帝国制"）。

　　在今天，美国是全世界主要经济体里唯一仍然在官方、正式场合大规模使用传统单位的国家，但是我们并不能说"美国不使用公制单位"。事实上，美国进行过公制化改革，也推行过至今仍然生效的改革法令。在本节，我们就以公制在美国的历史为主线，看看美国这两百多年历史里究竟发生过什么，公制在现在的美国又究竟是怎样的情况。

读过世界近代历史的朋友应该知道，为了对付强大的大英帝国，谋求独立的美国与欧洲大陆上的头号强国法国结成了盟友。美国的许多开国元勋都与法国有密切的关系，因而发源于法国的公制在一开始就得到了大西洋对岸的美国政治家的认可。在法国大革命后的 1790 年，美国开国元勋托马斯·杰斐逊（见图 9-7）就向法国请求了一套公制标准原器，帮助新成立的美国统一国内度量衡。然而，法国派出的科学家约瑟夫·登贝（Joseph

图 9-7　美国计量改革的先驱，第三任美国总统托马斯·杰斐逊（1743–1826）。

Dombey）在航海途中遭遇风暴，随后他被海盗捕获，原器也一并丢失。这个故事常被后人形容为"美国的度量改革被一场风暴葬送"。但公制在那时的法国都还未正式确立，即便当时的原器成形，它显然也不可能决定美国接下来 200 年的历史走向。

其实托马斯·杰斐逊的度量改革方案远比这复杂，他设想了一套与公制平行的系统，基于纬度 45 度处秒摆的摆长和水的密度。杰斐逊还为当时的英制单位设计了一套十进制改革方案，如规定 1 英尺 = 10 英寸，1 英里 = 10000 英尺，1 盎司 = 1 立方英寸水的质量，1 磅 = 10 盎司等。不过杰斐逊的设想最终未能实现，美国还是在移民者从英国带来的英制下开始了接下来的历史。

19 世纪的美国正值工业革命的高峰，工业革命的产物——铁路与轮船带来了一批又一批寻求机遇的移民，他们一边在新大陆上兴办工业，一边开始了大规模的土地开拓。美国在南北战争后得到了统一，横跨大陆的铁路网随之竣工，随后更是在以电气、内燃机、石油、化工等新兴行业为代表的第二次工业革命中成为关键舞台。这一个世纪的美国几乎在一刻也不停歇地狂奔，工业、资本、人口都在一年年以指数膨胀。到了 19 世纪末，美国甚至反超大英帝国，工业产值跃升至世界之首。

我们知道，资产阶级始终是逐利的，在当时只有英制习惯单位的条件下，资本家手里只要有可用的，自然也不会有半刻的犹豫。在 19–20 世纪之交的欧洲，新一波科学技术革命在各个领域蓬勃展开，由新科学派生的科学单位制理论也已逐步完善。但是，在同时期的美国，相比于能赚钱的技术发明，基础科学研究并不受重视，这导致美国的基础科学水平明显滞后于欧洲[①]。那个时候，科学研究领域是公制的主要推动力量，但显然科学家们难以在美国社会获得话语权。

尽管有很多记录表明，美国在政治上其实比当时的大英帝国更愿意接受公制：美国在 1866 年就通过法案，允许公制在国内使用；1875 年，美国作为第一批缔约国签署了《米制公约》；1893 年，美国正式规定国内使用的传统单位（即美式习惯单位）完全与公制单位挂钩（同一时间英国官方仍在使用"帝国制"）。但是，19 世纪美国爆炸式的产业革命使得美国工业的体量已经无比庞大。另一方面，正如源源不断的外来移民来到美国后都说了英语，同样源自盎格鲁－撒克逊文化的英制传统单位也成了美国笼络新移民的纽带，这使民众的传统计量观念愈发根深蒂固。因而，政治上的计量改革提议在美国始终没能获得进一步推进。

也是在 19–20 世纪之交，前文提到过的，打着反对公制的旗号，暗地里却是为了鼓吹所谓美利坚"天选子民"理论的极端主义者也就粉墨登场了。这些反对人士大多是在当时美国的滚滚工业浪潮中获利的知识分子，他们有一定的学识，思想却极端狂妄和排外（当然另一大原因是他们不愿意因计量改革而导致自身利益受损）。于是，他们一边臆造"美国单位制的科学与合理性"，声称美国的度量衡属于"天意注定""上帝赋予"；一边疯狂攻击公制，罗织所谓"证据"来诋毁公制是"已经失败的制度"[②]。这些观点被两位机械工程师编纂在一本名为《公制谬误》（*The Metric Fallacy*）的书中，在 20 世纪初产生了不小的影响。我曾读过学校图书馆收藏的 1920 年出版的《公制谬误》原书，里面的绝大多数言论，只要稍微了解一点科学常识就能看出其荒谬性。但不可否认，这帮煽动性极强的知识分子，拿出一堆似是而非甚至断章取义的科学术语后，的确可以唬住当时没什么科学知识的美国民众和官员。在后来的历史中，这群打着反公制的旗号推销其排外乃至种族歧视理念的保守主义者，始终是阻

[①]　美国直到第二次世界大战之后才取代欧洲成为世界科学研究的中心，但 19–20 世纪之交时，美国的科学成就完全无法与英、法、德等国相比。一个典型的例子便是，在 20 世纪初的诺贝尔物理、化学、生理学或医学奖得主中，美国籍得主远远少于欧洲籍得主。

[②]　举个例子，他们听到中国人生活中还在使用"斤"表示重量，便会声称"公制在中国已经失败"。但实际上，中国在民国时期已经把"斤"规定成了"1/2 千克"，中国人可以轻而易举地将"斤"转换为"千克"，以应对各种场合，这恰恰说明中国很好地实现了传统单位向公制的过渡。

碍美国计量改革的一大不可忽视的力量。

随后的进展就要等到 20 世纪中叶了。在英联邦与东亚国家都纷纷开始正式的计量改革、国际单位制也已问世之际，美国也将改革的议题提上了讨论。美国国家标准局，也就是后来的国家标准与技术研究所（NIST），在 1964 年率先进行了公制改革，意味着美国政府在科学与高新技术方面鼓励使用公制。在 20 世纪 60–70 年代，美国的一些大型跨国企业纷纷在公司内部展开了计量改革运动，这包括通用和福特两大汽车巨头、可口可乐与百事可乐、宝洁、杜邦、IBM、卡特彼勒、波音等。大型跨国公司的计量改革总体是成功的，尽管改革初期需要付出一定的成本，但事实证明，与国际市场交流的巨大便利的确能使公司后续国际化进程的成本大大降低。

1968 年，美国正式开始在全国范围内实施公制改革的前期调查，并在 1975 年总统杰拉德·福特的任期内，由国会通过了公制改革的官方法案《公制转换法》（*Metric Conversion Act*），同一时间也成立了官方监督公制改革的组织"美国公制组委会"。到了 20 世纪 70 年代末，总统吉米·卡特上任后，美国全国上下的政府机关、教育机构和媒体纷纷投身到计量改革浪潮中（见图 9-8）。然而，《公制转换法》在一开始并未对工商业和民众的计量转换做出强制性规定，工厂、商家、学校在单位制的选择上完全自愿，这使得该法令的收效并不尽如人意。与其他国家的改革措施相比，美国未采取强制性的政策，是改革未能达到预期目的的主要原因。

事实正如后人所见，《公制转换法》颁布后，尽管有政府、国际性大公司和教育部门的表率，但美国国内大量中小型企业与零售商家对这个"完全自愿"的法案响应寥寥。美国民众也就更难以受到影响了。我在美国上学的地方——亚利桑那州的图森市（Tucson），市区南侧有一条州际高速公路 I–19，它的另一头连接美国与墨西哥边境。这条路乍看没什么特

图 9-8　20 世纪 70 年代美国出版的公制介绍读物。

殊之处，但它是今天全美国唯
一一条以公制标示道路里程的
公路（见图9-9）。它建成的
时间正好在美国颁布《公制转
换法》推行计量改革的关头，
作为计量改革的样例，这条公
路率先树起了与美国其他地方
截然不同的公制路牌。然而，
由于美国的汽车生产与销售商

图9-9　I–19州际高速公路的路牌，这是美国唯一使用"km"作为里程单位的州际高速公路。

不愿意变更速度、里程、油量等参数的传统单位表示方式，地方政府也不愿意
对已有的公路标识进行大规模替换，美国的交通领域始终未能将改革推上日程。
于是，这条I–19公路成了美国20世纪70年代《公制转换法》遗留至今的唯
一见证，变成了一座独特的"单位孤岛"。在美国的绝大多数地方，公路仍然
以英里标示里程和限速。

最后，由于公制改革执行的难度过大，加上20世纪80年代的总统罗纳德·里
根奉行精简财政的政策，美国在1982年废除了《公制转换法》，为改革设立
的美国公制组委会也随之撤销，这意味着官方层面的计量改革就此被搁置。不
过，《公制转换法》的废除并不意味着美国就此"告别"了公制，美国的科技
与计量工作者（如上面提到的国家标准与技术研究所）依然在为改革而努力。
比如，美国政府在1992年修正了《公平包装与标签法案》（*Fair Packaging
and Labeling Act*），其中明确规定美国境内销售的商品必须注明习惯单位（即
英制）和公制两者的数值。这就是我们在本小节开头所看到的情况——在美国
销售的商品必须在容量等参数后用括号标注公制数值，这是由法律明确规定的。
一些商品，如酒精饮品，在美国已经只以公制标注容量（如"750 mL"装葡萄
酒），在绝大多数州，商品只写公制单位是合法的，但只写英制是不允许的。

美国的计量改革为什么没有成功？这实在是一个太复杂的问题。从本节讲
述的故事来看，美国建国后一个多世纪里爆发式的工业与人口增长是导致计量
习惯积重难返的主要原因。世界上其他国家，包括同样深受传统单位影响的英
联邦国家和我国，计量改革必须靠政府与法律的强制性推行，因为民众和中小
企业都很难主动承担变革的代价。然而，由于政治环境复杂，美国的联邦政府

对地方政府与企业的控制力有限，很难在全国上下施行强制性的规定，这使得全国上下的计量改革在美国"水土不服"，不得已作罢。另外，由于美国在世界经济、文化领域上长期处于对外输出的领先地位，美国人对"世界统一标准"很难产生共鸣，很多大众对外国的文化和制度根本一无所知，正如美国作者约翰·马西亚诺在自己的《公制发生了什么？》一书中写到——对很多美国人来说，不是他们愿意使用这些陈旧且笨拙的单位，而是他们根本不知道世界上还存在其他的单位！这些难以认识世界的美国人也更容易受到极端民族主义者，以及有着明显的既得利益纠葛的商人与工程师的蛊惑，这更让公制以及其他世界性标准的推广举步维艰。在后文你还会看到，美国人与世界背离的习惯制度其实远不止单位制这一项。

美国的公制现状

我们在前面强调过，美国并非"不使用公制单位"，20世纪70年代的改革也并非完全"失败"。在现在的美国，公制单位依然有非常广泛的应用基础。在这一部分，我就结合自己的亲身体会以及互联网上的一些调查结果，向大家介绍一下现在公制单位在美国的使用情况。

一般来说，美国的普通民众的观念里只有传统单位，这使得在美国凡是面向民众的计量基本只会使用英制，所以超市的商品是"每磅××美元"，房屋的面积是"平方英尺"，汽车的速度表是"英里每小时"，加油站的汽油也是"每加仑××美元"，电视上的天气预报是"××华氏度"，等等。不过，是不是美国民众一点儿也不了解公制呢？这倒不是。美国人在学校里通常都会学习公制与国际单位制的知识，美国学校的物理、化学课本基本只使用公制单位，科学相关课程习题、作业、实验的教学活动一般也以公制为准[1]。不过，美国的学校仍然会教授英制单位，以及英制与公制的换算方法。由于美国人在生活中几乎只能接触到英制，即便他们在学校里学习过公制，但大多数人对公制单位的大小没有实际的印象。如美国人在学校的物理课上一般都学过摄氏度，但他们完全说不出"25℃"是个什么概念，也无法立刻将这个数值转换为华氏度。

不过，经过一些行业内部的改革，如今已经有许多以公制表达的量进入一般美国人的生活中。我们已经提到，美国所有的商品按法律规定必须注明公制

---

[1]　我们在前文提到过，由于缺乏一致性这样的基础条件，使用英制单位这样的传统单位是无法正常进行绝大多数的科学计算的。

的参数（见图 9-10）。大多数酒精饮料，尤其是葡萄酒，在美国几乎只使用公制表示容积；大容量的塑料饮料瓶在美国也已经以公制规格称呼，如"2L 装可乐"。此外，美国的医药卫生相关领域的公制使用非常成功，而且改革的时间远比其他行业早（从 20 世纪初就开始了），医学化验标准、药物成分、服药剂量、食物营养成分等已经全部是公制。对美国人来说，只要与医院、药房、营养食谱打交道，那就必然要用到公制单位，如"一顿饭摄入 10 g 蛋白质"或"每次服药 15 mL"等。然而在医生与病人交流身高、体重和体温时，仍会用英尺、磅和华氏度。

图 9-10　美国超市里 4 种常见饮品（可乐、矿泉水、牛奶、葡萄酒）的容量标示（见图中方框）。其中，可乐、矿泉水和葡萄酒采用的是以公制为基准的瓶，可乐、矿泉水的标签会附带传统单位，而葡萄酒的标签只使用公制单位（750 ML）；牛奶瓶则仍然是以传统单位"加仑"为准，但也要附注公制容量。另外，牛奶瓶包装上的"8 G PROTEIN"（8 克蛋白质）表明营养含量是以公制表示的。

　　在专业性的领域，美国使用公制的情况与所在行业有很大的关系。一些主营对内业务的行业，如建筑业、交通运输业，传统习惯单位依然占据着统治地位。但也有许多行业，如电子与半导体业、汽车业、化工业等，在跨国大公司的先例和国际化生产的驱动下，行业内部交流已基本只以公制为准。此外，在科学研究、学术论文和期刊、高级科学仪器等领域，美国的学生、教师和科研人员基本只使用公制（但部分科研领域使用的可能是 CGS 制，而非作为国际标准的国际单位制）。对于打算到美国留学、学习理工科的同学来说，大可不必担心不适应单位的问题——你起码不需要记忆"英制下的重力加速度"或"磅摩尔"这些奇怪的度量了。

在美国的政府层面，尽管《公制改革法》已经废除，但公制在政府的法规、政策中仍然会大量出现，前文提到过的美国国家标准与技术研究所就制定了诸多以公制表示的科学技术标准。在一些技术要求较高的政府部门，比如环保局、能源部、农业部等，公制也有很大范围的使用，尤其是汽车尾气污染物、食品安全检测这种技术要求较强的领域。此外，美国军队和 NASA 也都是通行公制的美国国家机构。

所以，"美国不使用公制"并非当下美国的现状。在现代社会里，科学、简便的公制的度量标准早已成了无处不在的生活基本元素，没有人能真正不使用它，而只固守上千年前出现的度量（事实上这些旧单位早已只是一个不太方便的公制数值而已）。不过，美国民众与小企业的保守与美国难以在政治上实施全国性计量改革的现状，却的确导致美国成为世界计量史上的"一朵奇葩"。其实，美国一直有人在努力争取计量改革，如 20 世纪 80 年代改革失败后，历史悠久的美国计量改革倡议者"美国公制协会"始终在积极地活动。美国民众甚至还在白宫网站上发起过改革计量的请愿，并收获了足够的响应，但限于美国复杂的政治流程，这个请愿最终未能继续推进。

至于未来的美国政府还有没有可能重启 1975 年的公制改革呢？现在很难说。但可以肯定的是，除非美国从"世界霸主"的神坛上跌落，否则在美国这样的国度完成彻底的计量改革确实很困难。毕竟美国国内仍然存在着那批从 19 世纪开始就不停地在鼓吹"习惯单位代表美利坚的荣耀，公制是法国大革命的暴政"的极端保守主义者，即便这样的言论看起来荒谬，但这些言论背后的保守主义思潮，至今仍然是能左右美国政治运转的一股不可小觑的力量。刨去他们不说，单说那些不在乎什么"美利坚荣耀"的平民大众，在互联网时代，换算单位的时候，不管换算关系是怎样的，最后都不过是拿出手机，在互联网上搜索一下的事，这使得大众的惰性更为积重难返——在短期内，我们大概是看不到什么变化了。

专栏

美国人的奇怪习惯

　　如果你来到美国，你会发现：美国不同的地方其实远远不止度量单位，美国大众的习惯在很多方面都与世界通行的标准存在些许差异。这些差异中，有一些和美国的传统英制单位一样，看上去显得很笨拙，有一些则总是给你带来麻烦——当你在美国生活时，你也许会不断被这些细微的差异莫名地打扰，直到你猛然意识到，美国的这些东西居然是和国内不一样的！

　　首先，美国人最奇怪的习惯，莫过于他们的时间表示方式。在美国，各种公共场合都见不到世界上普遍使用的 24 小时制。哪怕在最正式的场合（如政府公文、公共交通时刻表），美国人也只会用 12 小时格式表达时间，并在后面加上"am""pm"以示区别[①]。更怪异的是，美国人的"12 pm"表示中午的 12 点，"12 am"表示凌晨 12 点。所以，美国人的一个半天起于"12"，然后突然跳跃到"1"，最后结束在"11"。这个习惯大概是直接仿照时钟表盘的格式而来的，你可以想象，表盘的正中央是"12"，下一位才是"1"，时针转到最后一位才是"11"。

　　这套无比古怪的 12 小时制表示法大概害苦了无数没看清"am"或"pm"，或是分不清"12 am"和"12 pm"到底是什么时间的外国人。而且，这套表示法还有一个致命缺陷——说"12 am"时，完全无法分辨是在哪一天，比如当有人对你说"3 月 12 日的 12 am 到机场接我"时，无论按"3 月 11 日–12 日交界"还是按"3 月 12 日–13 日交界"来理解"12 am"，都是说得通的！所以，美国人往往只能被迫用"中午"（noon）或"半夜"（midnight）来分别指代"12 pm"和"12 am"，在提及半夜的"12 am"，比如学校里某门课程设置交作业系统的截止时间时，往往必须写成"11:59 pm"，这些都只是为了回避 12 小时制表示法带来的歧义和误解。由于美国的国土跨越众多时区，国内还可能存在

[①]　12 小时制在一些英语国家，如加拿大和澳大利亚，也有较广泛的使用，但这两国在官方层面上是建议使用 24 小时制的，尤其是在书面、正式场合。只有美国在正式场合仍然以 12 小时制来表示时间。

夏令时，加上飞机、火车的时刻全都是 12 小时制（见图 9-11），初到美国时，千万别抱有不靠智能手机看懂当地时间的自信！

Train No.	421	423	801	425	427	429	431	433	803	435	437	439	441	*443
Shuttle Bus					**AM**	**PM**								**PM**
Departs Tamien	—	8:11	9:24	9:46	11:11	12:41	2:11	3:41	4:54	5:16	6:41	8:11	9:41	—
Arrives SJ Diridon	—	8:23	9:36	9:58	11:23	12:53	2:23	3:53	5:06	5:28	6:53	8:23	9:53	—
San Jose Diridon	7:08	8:38	9:51	10:08	11:38	1:08	2:38	4:08	5:21	5:38	7:08	8:38	10:08	10:30
Santa Clara	7:13	8:43	—	10:13	11:43	1:13	2:43	4:13	—	5:43	7:13	8:43	10:13	10:35
Lawrence	7:19	8:49	—	10:19	11:49	1:19	2:49	4:19	—	5:49	7:19	8:49	10:19	10:40
Sunnyvale	7:23	8:53	10:01	10:23	11:53	1:23	2:53	4:23	5:31	5:53	7:23	8:53	10:23	10:44
Mountain View	7:29	8:59	10:06	10:29	11:59	1:29	2:59	4:29	5:36	5:59	7:29	8:59	10:29	10:49
San Antonio	7:33	9:03	—	10:33	12:03	1:33	3:03	4:33	—	6:03	7:33	9:03	10:33	10:53
California Ave	7:37	9:07	—	10:37	12:07	1:37	3:07	4:37	—	6:07	7:37	9:07	10:37	10:57
Palo Alto	7:42	9:12	10:13	10:42	12:12	1:42	3:12	4:42	5:43	6:12	7:42	9:12	10:42	11:01
Menlo Park	7:45	9:15	—	10:45	12:15	1:45	3:15	4:45	—	6:15	7:45	9:15	10:45	11:04
Atherton	7:49	9:19	—	10:49	12:19	1:49	3:19	4:49	—	6:19	7:49	9:19	10:49	11:08
Redwood City	7:53	9:23	10:20	10:53	12:23	1:53	3:23	4:53	5:50	6:23	7:53	9:23	10:53	11:12
San Carlos	7:58	9:28	—	10:58	12:28	1:58	3:28	4:58	—	6:28	7:58	9:28	10:58	11:17
Belmont	8:02	9:32	—	11:02	12:32	2:02	3:32	5:02	—	6:32	8:02	9:32	11:02	11:21
Hillsdale	8:05	9:35	10:27	11:05	12:35	2:05	3:35	5:05	5:57	6:35	8:05	9:35	11:05	11:24
Hayward Park	8:09	9:39	—	11:09	12:39	2:09	3:39	5:09	—	6:39	8:09	9:39	11:09	11:28
San Mateo	8:12	9:42	10:32	11:12	12:42	2:12	3:42	5:12	6:02	6:42	8:12	9:42	11:12	11:31
Burlingame	8:16	9:46	—	11:16	12:46	2:16	3:46	5:16	—	6:46	8:16	9:46	11:16	11:35
Broadway	8:20	9:50	—	11:20	12:50	2:20	3:50	5:20	—	6:50	8:20	9:50	11:20	11:39

图 9-11　一份由美国 Caltrain 铁路公司制定的列车时刻表，可以看到图中"am"和"pm"的分界线，中午 12 点属于"pm"，并且"am"的数字不加粗而"pm"的数字加粗。

　　美国人的日期表达习惯也有不同。世界上普遍采用的日期格式一般是"年 – 月 – 日"（我国和一些亚洲国家使用的格式）或"日 – 月 – 年"（欧洲国家普遍使用），也就是年、月、日应按顺序排列。但美国人的习惯却是"月 – 日 – 年"，即先说位于中间的"月"，接着说最小的"日"，最后却又跳到最大的"年"，这个习惯在全世界几乎是"独此一份"[①]。

　　美国的纸张尺寸也与世界通行标准不同。美国最常见的纸张不是世界范围内广泛使用的 A4 纸，而是一种称为"letter"的尺寸，定义为 8.5 英寸 × 11 英寸（215.9 毫米 × 279.4 毫米），与 A4 纸（210 毫米 × 297 毫米）相比，明显短一些，但略宽一点。外国留学生带着自己的电脑在美国打印文件时，电脑系统往往默认将纸张尺寸设置成 A4，可打出来后，每一页的下边可能会漏掉一两行字，很多人还以为是打印机坏了……其实，你要做的只是在打印设置窗口里把尺寸调成"letter"而已（见图 9-12）。

---

① 对中国人来说，美国还有一个与我们不同的时间表达习惯：一周的第一天是周日而非周一。这个习惯的确与世界的主流（ISO 标准）不同，不过，一周第一天在一些其他国家，比如亚洲的日本、韩国、越南等国也是周日，所以我们不把它当成美国的特殊习惯。类似的还有美国的 110 V 标准供电电压（国际标准一般是 220 V 左右）。

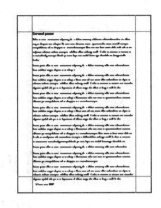

图 9-12　A4 纸（左）与美国 "letter" 纸（右）的版面差异，若将按 A4 纸排版的内容打印到 "letter"
纸上，最下方可能会有一两行字打印不出来。

　　此外，美国的服装与鞋的尺寸也与世界通行标准大相径庭。你在美国购买
衣服、裤子和鞋时，在标签上看到的会是一个类似于英寸的单位（即符号 """"，
它在大多数场合表示英寸）。但当你用标有英寸的尺子测量好自己的身体后，
又会发现，自己测量的这个数字根本不是实际合身的尺寸！如果你看到一个标
注成 "10″" 的美国鞋码，千万不要以为这代表 "10 英寸"（25.4 厘米）！如
果是男鞋，这个码数要比 11 英寸长一点，可如果是女鞋，实际长度还是不一
样的！

　　说了这么多，你可能会好奇道：美国人的各种习惯为什么这么 "奇葩"？
也许答案就在美国这与其他国家隔离，却又吸纳了全世界移民，建立起发达经
济的近现代地缘环境吧。其实，美国人在历史上也引领过一些国际性的通用标
准，比如，今天绝大多数国家采用的靠右行车规定，就是由美国的开国元勋们
最先确立的。在这之前，古代世界的行人和骑马者其实更倾向于靠左行走，因
为对于大多数右撇子而言，走在道路左侧可以使右手朝向有人来往的一侧，从
而更好地保护自己。美国提倡右行，最初只是为了方便马车的操控，因为惯用
右手挥鞭的马车驾驶员需要坐在靠左的位置，所以让所有马车都靠右行驶便可
以使驾驶员得到更开阔的视野。到了后来的汽车时代，右行对汽车驾驶者显示
出了更大的便利性（如右手换挡和拉手刹），因而为全世界大多数国家使用。
在这方面，美国人的确做了一件有意义的好事。

第四部分
新时代

人类走过数千年的计量史来到今天，无论在理念还是技术上都已取得了累累硕果。然而，代表着人类计量史的最高成就的国际单位制，却依然留有一个很大的遗憾——基本单位的定义，始终未能真正实现先哲们的理想。这之中，封存在巴黎市郊那座戒备森严的地下室里的"国际千克原器"，无疑是人们最大的心结——直到科技高度发达的 21 世纪，人类却仍然得用一件实物来度量全宇宙的质量。不过，随着理论与实验技术的完善，人类终于要对先哲们数百年来的最高理想—— 一套属于全宇宙的终极计量，发起直接挑战。我们能成功吗？本书的最后一章，将为你揭晓答案。

	年代	事件
计量进化年表（第四部分）	1975 年	发明基布尔秤
	1979 年	坎德拉改用给定频率单色光的辐射功率定义
	1983 年	米改用真空中光速定义
	1987 年	千克定义的变更方案开始筹备
	2004 年	阿伏伽德罗计划启动
	2011 年	使用自然常量重新定义基本单位的方案正式启动
	2017 年	主要自然常量的新测定值发表
	2018 年	第 26 届国际计量大会正式通过国际单位制基本单位的重新定义方案
	2019 年	5 月 20 日，国际单位制基本单位的重新定义正式生效，千克、安培、开尔文、摩尔的定义更改，国际千克原器停止使用正式失效

第 10 章

单位定义进化史

- 根据你对前面章节内容的体会与思考，在 2018 年以前，人类在度量
  制度上取得了怎样的成绩？还有哪些尚未完成的任务？

不觉间，我们走过了人类几千年的计量史。

我们的故事始于蒙昧、蛮荒的原始时代。人类的先祖为了将大自然里"不可数"的事物转化为"可数"，发明了"单位"，这个转化的过程就是"测量"。

后来，人类进入了农耕文明，在农业社会空前的文明规模下，人类将原始单位发展成了完整的"度量衡"制度，这三者构成了文明社会的根基。

然而，古代的度量衡从诞生时就存在诸多缺陷，这导致它始终离不开强权与政治，这两者有时能为人们建立起大一统帝国，有时却也会随着帝国的衰落而分裂、崩塌。

近代，随着西方先哲们掀起的科学革命与启蒙运动，人类终于意识到，单位与科学息息相关，科学背后的理念——追求自然界的"永恒真理"，正是计量制度设计者们的终极理想。从用秒摆的时间定义长度，到法国科学院的地球子午线测量，又到麦克斯韦等人设计出完善的单位一致性理论，再到完整的国际单位制体系正式确立，人类终于一步步建起了科学单位体系的大厦。

与此同时，作为启蒙运动中心的法国为人类带来了第一次用科学统一社会度量衡的实践——公制。公制为人们打开了一扇新的大门——一套属于全人类，而非某个国王或某个朝代的制度。在法国大革命之后的两个多世纪，全世界都开始为计量改革而努力，尽管过程并非一帆风顺，但如今公制已经成为人类社会的根基，地球上的每个人从生到死都不可能与之分离。从这角度说，公制正是启蒙运动最伟大的成果之一，是近代社会对每个人类个体实现的最成功的科普。

以上，便是在 2018 年以前，人类计量制度的脚步所在的位置。但是，还

有什么是我们没有完成的吗？

的确有，而且我们在这本书前几章就提过了。你甚至会感到惊讶——人类如今的科学技术水平已经如此发达了，这件事居然还没做完？

这是什么事呢？你是否还记得，我们在第一部分就提到了一个关键的概念：**精确度**。

我们还强调，古代计量制度最大的缺陷就是不精确，而不精确的根源在于计量制度总是摆脱不了"自己定义自己"的问题。就像我们每个人都不可能不借助外界工具看到自己的模样，测量领域里，"长度单位是某物体的长度"这般的定义同样也不可能达到真正的"精确"。

于是，300多年前的科学先驱想到了单摆，以及"用时间定义长度"，这个真正跳出"自我定义"的束缚的绝妙创意。然而，尽管单摆在操作上无比简便，但它的科学原理存在着明显的局限——它的运动规律与地球上的重力加速度密切相关，这使得它不够"普适"，也不适用于创建更严格的科学单位制。后来，法国科学院用地球周长取代单摆，创造了一个名义上更平等的"米"。但做到了平等，却暂时牺牲了精确。在名义上采用地球周长定义了数十年的"米"后，19世纪的公制最终还是回到了古人的做法——制作标准器。

从"精确"这个角度来说，本章之前所叙述的"单位制"大致处在19世纪制作标准器时的水平。我们在前文反复强调，"精确"并不是近代科学与技术发展的唯一追求，不同时代、不同领域的人，都有不同的精确度要求。对于19世纪的科学来说，一件具有当代意义的标准器，就是那时人们所能追求的最高精确度了。

作为本书的最后一个部分，我们就从19世纪《米制公约》时制定的"原器"谈起，讲讲这个人类计量史上未解决的难题。

"原器"探秘

2018年的国际计量大会做出的最重要决定，便是正式停止使用"国际千克原器"。这件在1875年时制造的铂铱合金圆柱体，终于完成了自己近一个半世纪的使命。不过，如果你不关心这方面的动态，你可能会问：现代科学技术都这么发达了，很多尖端仪器都需要高度精确的质量测量，可现在你告诉我，"千克"的定义居然还是这个普普通通、其貌不扬的金属块？

其实这也是 19 世纪人们的无奈之举。19 世纪，电磁学、光学、热学等新兴物理学科蓬勃发展，将测量的精确度要求引向了更深的境界。与此同时，公制的平等、亘古不变的理念也开启了全世界的计量改革。在那时，既要让全世界平等地使用，又要满足最尖端的精度要求，还真没有什么比"原器"更适合的了。

我们先来看看，"原器"的定义方式是如何保证平等的？

我们讨论过，古代度量衡之所以不平等，在于它的基准只能依赖于统治者的政令。而且这个基准在古代是极其模糊的，除了统治者手中的标准器，百姓们对古代的"升"或"磅"究竟多大几乎无从得知。相反，近代的"国际米原器"和"国际千克原器"来自《米制公约》，为它的权威性背书的是参与公约的每一个国家。尽管米与千克原器保存在巴黎，但这两件原器本身不具有任何政治上的特殊地位，它们只是从同时制作的若干件原器中随机抽选出来，此后按最高的规格保管而已。每个《米制公约》的缔约国都有权拥有这两件原器的精确度稍低的复制品（见图 10-1），也可以将自己的复制品与巴黎的国际原器进行校对，这正是"国际"两字的意义。

你可能会想到，某个小国的政府会不会参与缔约后，偷偷篡改自己的米和千克原器复制品（见 3.1 节），以达成某些非分之想？事实是，在一个国际性公约的体系内，某个国家的度量基准发生变化，在国际贸易中会即刻暴露，该国的公信力会立刻受到全世界的质疑。而且我们讲过，最早的"米"来自秒摆的摆长，"千克"来自水，我们很容易用简单的实验再现"米"和"千克"。在日常使用中，这样再现的度量基准已经非常精准，远远低于古代度量衡的变动幅度。假如某国官方的"米"与国际标准的偏差达到了能让人以权谋私的程度，人们很容易察觉到异常，政府的篡改行为很快就会暴露。所以，当今世界上不会有哪个国家敢拿科学来开玩笑，这也正是科学的度量衡制度对现代社会的意义所在。

下一步，我们来看看"原器"是如何做到"精确"的。

在科学家眼里，要做到"精确"，最重要的就是两个字——控制。控制，意味着我们要准确地知悉实验中存在的每一个可能影响结果的因素，并把所有负面的影响尽可能排除。所以，在制作原器的过程中，物件的尺寸、元素组分

（铂铱合金）与含量，保存时的温度、湿度、气压，这些都要记录在案。乃至在原器的外形设计上，科学家考虑到了防弯折、防扭曲、防尘埃沉积、防腐蚀、最小化表面积等一系列看似不起眼的措施，一切都只为了让每个潜在的误差因素都尽可能被人们预先掌控。

另一方面，科学家为原器的使用制定了一套严格的"品质管理"体系。按科学家的设计，虽然米和千克的国际原器都只有一件，但为它们保驾护航以及为全世界的度量标准服务的，还有它们的若干件复制品。这些复制品都按相同的规格进行设计和制造，只是有着不同的保管等级而已。以质量单位管理为例，在国际计量局的设计中，用来定义千克的是仅有的一件"国际千克原器"，又称"大 K"。然而，"大 K"在绝大多数时候被封存在巴黎市郊一座城堡戒备森严的地下室的一个保险箱内，平时根本不能为外人所见。打开保险箱需要三把钥匙，它们分别为国际计量界的三位重要官员保管。"大 K"的保险箱每 50 年才能被打开一次，打开后要用乙醚、乙醇、蒸馏水蒸汽轮流进行清洁[①]。如此的待遇，唯一目的就是保证"大 K"身上的一切误差因素都能尽量被控制。与"大 K"同时被制造的还有 6 件规格完全一样、以相同方式保存的"姊妹原器"，它们平时也不使用，只是在"大 K"的保险箱打开时与"大 K"做比对。位于"姊妹原器"以下的是 10 件保存于国际计量局实验室的"工作原器"，以及由各国各自保管的本国原器。在国际计量局近 50 年一次的"周期验证"（periodic verification）工作中，

图 10-1　美国国家标准与技术研究所持有的一件千克原器复制件（K4）的早期照片。由于"大 K"的真身必须严格封存，无法留下照片，今天我们能够看到的基本是各个国家所持有的复制件。

---

① 由于把金属表面清洁得太干净反而会增强其反应活性，所以一些高强度的清洁手段并不适合使用。

各个国家会将本国原器送到巴黎的国际计量局实验室，之后同"工作原器""姊妹原器"一起，与"大K"进行比对，从而完成校准。

可见，"原器"的制造与保存，凝结了19世纪时科学家无数的心血，也堪称人类在一项世界性的科学活动中，组织、协调、管理等方方面面的巅峰之作。"国际米原器"从1889年用到了1960年，而"国际千克原器"从1889年一直用到了2019年。它们经历过战争的危机时刻，也经历了20世纪的科学领域里翻天覆地的新发现，却依然安静地躺在巴黎市郊的地下室里，履行着自己这个看似"过时"的职责。

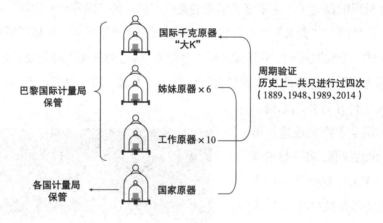

图 10-2　国际千克原器及其复制品的管理体系。

精确度不够用了？

不过，人算不如天算，尽管计量学家为保存"原器"使出了浑身解数，但和古人所遇到的麻烦一样，实物定义方式的固有缺陷——基准物体自己发生不可控的变化，仍然在现代的"原器"身上发生了。1889年人们第一次打开"国际米原器"和"国际千克原器"时，便已经察觉到了它们的变化。这也就意味着，"原器"在某一级的精确度上遇到了不可调和的瓶颈。

为了理解"原器"的变化与其对精确度的影响，我们不妨回顾一下前文讲过的"数量级"知识。用第5章提到的秒摆做个例子，根据单摆周期公式得到：

$$l = \frac{gT^2}{4\pi^2}$$

在最初根据秒摆定义的"米"中，如果规定时间单位"秒"没有误差，这个定义唯一的误差便是地球上的重力加速度 g。如果我们已知 g 在地球表面上的变化范围是 $9.78 \sim 9.83 \ m/s^2$，代入上面式子能够得到：用秒摆长定义的"米"只能精确到 10^{-3}，也就是小数点后第三位（毫米）这一级。在 17 世纪这样的精度也许够用，但到了 20 世纪，这样的精度在现代工业里就远远不达标了。

所以，科学家制作"姊妹原器"，就是为了通过各件原器之间的比较，确定使用原器定义基本单位的精确度。如科学家对于"国际米原器"与世界各国复制件的跟踪记录显示，"米原器"这种定义方式的不确定区间在 0.1~0.2 微米，这意味着当时"米"的定义下，小于这个区间的长度的直接测量结果是不可靠的[①]。而在对"大 K"的跟踪记录中，科学家发现在"大 K"的基准下，各个"姊妹原器"平均多了约 50 微克的质量，这表示"千克原器"的精确度极限在 10 微克量级，或者说它存在一个 5×10^{-8} 千克的不确定区间。

于是，使用实物定义单位的精度也就"卡"在了这个瓶颈上。在尖端科技发展日新月异的今天，这样的精度显然是不尽如人意的。事实上，今天的高精度微量分析天平可以给出微克数量级的读数，这已经低于质量单位本身的不确定度所处的量级。但是，对于"原器"这个未脱离"自己定义自己"的缺陷的定义方式来说，经过一个多世纪的严苛保管，人们已经达到了能力范围内的极限。那么，我们如何才能脱离"自己定义自己"的限制呢？

我们不妨换个角度想想：有什么东西是绝对精确、零误差的？回想一下本书的 6.1 节，我们已经提到过：数学上的"可定义数"，在物理层面上就是绝对精确的。比如圆周率 π，即便我们永远不可能知道它的每一位数字，但我们可以确信：π 的每一位数字都是 100% 确定的，只要在人类计算能力的范围内，π 的数值就是精确的。

人类对"数"的计算精度与对"量"的测量精度的差距有多少？这里我们就用 π 来做个比较。截至 2019 年，人类使用超级计算机算出的圆周率数值已经达到了小数点后的 31 亿亿位（2019 年 3 月在日本得出）。而人类依靠仪器测量出的最高精度是由锶原子钟得到的，能精确到小数点后大约 17 位。31 亿

---

① 这里的"不可靠"指的是利用现有的测量工具无法准确地测量出该尺度下的物理量的具体数值，但通过实验观察到这个尺度下发生的现象仍然是做得到的（就像我们能看到一颗沙粒和一根头发丝，但硬要用手中的文具尺量出它们的直径的话，误差会非常大）。

亿和 17，这两个数字的差距就不用多说了吧。所以，要是我们反过来想，如果能把测量转化成"数数"，并且让"数"的次数尽可能多（每个要"数"的单元尽可能小），这不就是一个真正摆脱"自己定义自己"的妙计吗？而且，把"数数"作为一切测量的根基，让其他测量的不确定度都只与"数数"的不确定度挂钩，这不就能让单位制整体的精度突飞猛进了吗？

在威尔金斯用单摆变革长度定义的三个世纪后，人们终于再次开启了测量领域的革命。而这一次作为起点的物理量仍然是时间，只是许多单摆时期未完成的夙愿，在 20 世纪终于成为现实。

读者也许会发现，这一部分出现了许多诸如"精确到某位""精确到某量级""不确定区间"这样的概念，在开始最终章的下一部分讲解之前，我们先来个中场休息，简单介绍一下这些概念的含义和差别。

专栏

精确度的表示方式

我们在第 3 章介绍了准确度、精密度和精确度这三者的关系。我们知道，准确度，严谨地说叫"真实度"，衡量的是测量结果的平均值与真实值间的差距。精密度则体现了多次测量结果与它们的平均值之间的偏差——与测量值究竟是否真实合理无关。把准确度和精密度加起来，得到的便是"精确度"，它是测量的整体效果的体现。

在这一章里，我们遇到了新问题：如何告诉其他人，某次测量的结果究竟有多"精确"？显然，这要求我们用数值的方式把精确的程度表示出来。在本专栏里，我们就来讨论一下精确度的表示方法。

首先，本章中使用得比较多的一个表示方法是"精确到某数量级"。关于数量级的概念我们在 6.2 节有详细介绍，在实际应用中，我们可以说成 10 的幂指数形式，如"10^{-6} 量级"；也可以用汉语自身的数字表示法，如"十万量级"或"千万分之一量级"；还可以使用国际单位制词头的说法，如"毫克级""纳米级"等，这是一个基本没有歧义的说法。在表达小数时，我们还会使用"精确到小数点后第几位"这样的表示方式。这样的说法比"千万分之一"或"纳米"直白。这几个概念之间的快速切换，可以参考以下的例子：

$$百万分之一 = 1/\underbrace{1000000}_{6个0} = 10^{-6} = 0.000001（小数点后第六位）$$

我们在中学课堂上还会学到一个概念——有效数字，它也是表现测量精确度的重要概念，但与"精确到某数量级"的表示法不同。如一次测量的结果是0.0003586克，这个结果可以说成"精确到了10^{-7}克（千万分之一克）量级"。但是，有效数字必须从左边第一位非零的数位算起，所以它的有效数字只有四位。如果一个天平既能测量出0.0105克，也能得到3.1035克的结果，说明它的精确度在10^{-4}克量级，但在测量后者时，它还能额外给出两位有效数字。这个天平能处理从10毫克到1克，质量相差两个数量级的样品，这说明它不仅有很高的精确度，还具有很宽的量程，这两者都是检验一台测量仪器的关键指标。

我们在6.1节提到了"数"与"量"（离散量和连续量）的区别，还特别强调过：实际测量中数和量是可以相互运算的。但是，科学测量的运算中，数和量的运算必须遵从"有效数字"这一约束。如我们用游标卡尺测出一个圆柱水管的内径是5.21厘米，然后我们把它乘以圆周率π以计算水管内径的周长，但π是有无限多位小数的，这个周长应该如何表示？由于第一次测量只有三位有效数字，我们只能说周长是"16.4厘米"。

在实际测量中，为了保证有效数字的合理性，我们往往会把测量结果写成科学记数法的形式。如2018年以前的普朗克常数的数值是$6.626070150(81) \times 10^{-34}$ J·s，这表示当时人们能测量出10位的有效数字（但最后两位存在不确定性）。把普朗克常数除以2π会得到一个"约化普朗克常数"，我们可以肯定，它的值也只能有10位有效数字[①]。对于比较大的数（超过千位），从严谨角度来说都应该写成科学记数法的形式。不正式的场合里，一些人会用"长尾零"的方式

---

① 2019年5月20日后，普朗克常数被人为规定为$6.62607015 \times 10^{-34}$ J·s，此时它已经不存在测量的不确定度，那么约化普朗克常数也就变成了一个有无限位小数的无理数，它不再受有效数字制约。

来标记较大的数，比如把真空中光速写成"300000000 m/s"，但这样的表示法是很不严谨的，因为它表示测量结果不偏不倚，后八位正好全是零。实际上，真正有效的数字只有"3"这一位。从科学的角度，我们要么把它写成 3×10^8 m/s，要么表示成汉字"三亿米每秒"。

和精确度相关的另一个概念叫"不确定度"，这是从统计学意义给出的精确度表示方式，具体概念与统计学里的标准差与置信区间有关，这里就不详细展开了。你可能已经注意到，我们在上一段用了 $6.626070150(81) \times 10^{-34}$ J·s 这样的表示法，这里括号里的数字称为"绝对不确定度"，表示在多次测量后得到的平均值是 $6.626070150 \times 10^{-34}$ J·s，并且所有测量数据的最大与最小值，可由这个平均值加减 $0.000000081 \times 10^{-34}$ J·s 得到。实际应用中，我们可以把它转化为无因次的"相对不确定度"，也就是把偏差与平均值相除后得到的结果，对于上面的数据，相对不确定度为 1.22×10^{-8}。可以看到，"不确定度"这一概念，无论是绝对还是相对的不确定度，其实和"精确到某量级"很接近。它们实际上是把一般十进制小数中小数点前后的 0 全部拿走后，基于测量有效数字来规定的"精确到某量级"。如果用一般意义上的十进制小数表示普朗克常数，那么在首位数前面还要放 34 个 0，但这些 0 在测量上是无效的数字，说"精确到 ×× 量级"其实是没什么意义的，对于这样的物理量，我们最好说它的"不确定度是 ××"，而不要说"精确到 ×× 位"。

不过，对于"米"或"千克"的定义，说"精确到第 ×× 位""精确到 ×× 量级"和"不确定度是 ××"都是可以的，毕竟在讨论"大 K"的精确度时，我们可以肯定它的基准必然是"1 千克"。如果说"姊妹原器"相对"大 K"多了 50 微克（5×10^{-8} 千克），那么说"大 K"的定义"精确到 10^{-8} 千克量级"或"相对不确定度在 10^{-8} 量级"并没有太大区别。当然，说"不确定度"可以给出一个更详细的变动区间（5×10^{-8}），更适合用来定量地描述精确度。另外，讨论时间的精确度时，人们往往会说成"每 ×× 小时差 1 秒"，这其实是一个绝对不确定度。为了便于比较，本书会把它表示成相对不确定度，也就是把前面的时间转换成秒后，再用 1 秒来除以它。

时间与原子钟

我们在第 4 章讲过，时间是人类能够接触到的物理量中的一个很难测准的量。但另一方面，地球自转造成的昼夜变化，又是对全世界人类来说一个颇为理想的平等度量。所以，时间可以作为所有测量的基准：时间导出长度（单摆），长度导出质量（水），长度和质量再导出万千世界的所有单位。

尽管古人很难测准时间，可到了机械钟表的时代，时间测量却一跃成为人类测量水平的标杆。人类用最精密的齿轮传动机械，将钟表上的"秒"与地球一个昼夜周期的 1/86400 对准到了极致。现在较好的机械手表可以做到每天误差 1 秒，精确度在 10^{-5} 秒量级，我们生活中应该不会有比这还准的测量工具了。而在 100 年前，基于传统机械钟表原理的精密计时器已经达到了每年误差仅 1 秒的水平（来自英国铁路工程师索特制作的真空式摆钟），精确度提升至 10^{-8} 秒量级，这已经轻易超越了封存在戒备森严的地下室里的"大 K"的精度。

计时精度到了"每年 1 秒"这个量级，也就超过了地球自身拥有的最大基准——地球公转周期"一年"。但没过多久，20 世纪中叶出现的石英钟又带来了新一波精度的革命。石英钟以其简单的技术和低廉的成本，给人类计时的精度带来了颠覆性的突破，此时计时工具的误差区间已经远远超越了人类的寿命（将近每千年 1 秒）。很快，人类又进一步发明了原子钟，它的精度更是来到了讨论地球年龄时才用到的范围（每千万年甚至每亿年 1 秒）。在国际单位制的三大基础单位领域中，时间测量的精度已经把长度和质量测量精度远远甩在了身后（见图 10-3）。

为什么让古人无能为力的时间，却能被现代人测得这么准？如果你了解计时工具的原理，就会发现从摆钟开始，人类测量时间的原理其实都是"数数"，确切说是"数一个往复运动的周期数"——在一段预先设定的时间如 1 秒内一个稳定的往复运动循环的次数，在物理学上被称为"**频率**"。我们知道，"数数"的误差一定远小于"测量"，为了提高通过"数数"得到的"秒"的精度，我们只需要找到一个在 1 秒的时间内能往复更多次（频率更大）的运动形式，并让信号接收装置把运动的每一个循环都标记成数目。相比于其他测量方式，它的革命性在于——测量的过程中，我们几乎不需要去"看"，涉及人眼主观判断的操作大多交给了比人眼更可靠的计算机。而在用传统的测量工具，比如尺子和天平时，看刻度或判断秤盘是否平衡这种主观判断，正是制约测量精度的最大瓶颈。

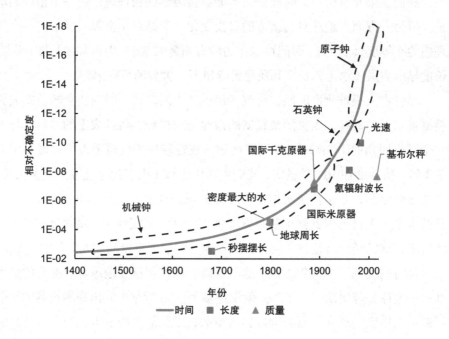

图 10-3 时间测量技术的相对不确定度与长度、质量单位定义基准的对比。时间、长度、质量分别以秒、米、千克为基准（注意"秒"在生产和生活中是个很小的单位，若以人对精确度的实际感受为准，时间测量的精度可能还要更高）。

至于说计算机在一秒内究竟能数多少次数？看一组数据就明白了：目前的国际单位制中，"秒"的定义用到的"铯频率"在 10^9 赫兹（GHz）的量级，也就是 1 秒内要数 10 亿次数——这个要求，随便一台日常电脑甚至手机的处理器都可以轻松满足。而代表人类最强计算能力的超级计算机可以在一秒完成"拍"（peta）量级的"浮点运算"（PFLOPS），比上面的 GHz 要高出 100 万倍！以现在的技术水平，我们丝毫不用担心计算机会"数不过来"。

解决了测量方法的问题，下一步要做的便是告诉计算机究竟该数多少次才算"一秒"，通俗说就是"对表"。

我们在本书一开始就提到，人类对时间的认识来自"日"，直到 20 世纪之前，一日，确切说是"在地球上观测到的一个太阳运动周期"，仍然是人们掌握的最可靠的计时标定基准，人们也是通过这个基准来划分时、分、秒的。然而，随着计时技术的发展，"日"的概念出现了些许变化——科学家首先意识到，由于地球本身在绕太阳公转，从地球上看太阳，一年当中太阳两次经过天空中同一参考点的间隔（真太阳日）是不同的，误差甚至会达到十几秒。人们只好给一年之内所有"日"的实际时间取了个平均值，称为"平太阳日"。根据"平太阳日"得到的"平太阳时"，便是所谓**"世界时"**（UT）。

但科学家又发现，即便使用了一整年所有"日"平均后的"平太阳日"，不同年份的平太阳日仍然存在些微的不均匀现象，这个误差大约在10^{-8}秒量级。对于这个偏差，人们难以再做出修正。这也就暗示了，"日"这个基准时间和前面提到的"大K"一样，触碰到了人们无法控制的精度瓶颈。另一方面，"平太阳日"的固有误差已经超出了石英钟的测量范围，也就说时间单位本身的不确定性已经阻碍了计时工具的进化。于是在1960年，国际计量大会把时间单位的定义基准改成了地球的绕日公转周期（回归年），此时的计时体系叫作**"历书时"**。有趣的是，时间测量技术又一次跑到了定义的前面。20世纪50年代时发明的铯原子钟再次超越了公转周期定义的精度，谁能保证地球的公转周期是绝对均匀、稳定的呢？

其实，早在19世纪，科学家已经意识到：为何一定要盯着天上？地面上，甚至我们身边，就存在一种极为可靠的周期运动——**电磁波**。人们经过进一步研究发现，每一种元素的原子都存在若干能级，原子在不同能级间会发生跃迁，同时辐射出固定频率的电磁波，于是，只要能精准地锁定一种特定元素的原子的两个特定能级，再捕捉到它发射的电磁波，剩下的工作就可以交给更可靠的计算机了。这样的时间基准来自宇宙中最基本的原子和能级，比起地球和太阳，它们才是属于全宇宙的通用标准。

根据这一原理制作的计时工具便是原子钟，其中的代表便是基于铯元素的铯原子钟。对于铯原子钟的原理，我们就不花太多篇幅介绍了。读者只需要知道：无论石英钟还是原子钟，它们测量的都不是时间，而是频率（时间的倒数）。通过实验测量频率的物理学原理，便是读者们在中学时接触过的"共振"。我们先准备好一台可以调节信号频率的仪器，再设法让它的信号与需要测量的信号发生共振，剩下的"数数"工作，对于计算机来说就实在是小菜一碟了。虽然说着简单，但对科学家来说，铯原子不只有两个能级，发射的也不只有一种电磁波，如何确保仪器正好捕捉到我们需要的那一种频率的电磁波，这是原子钟装置的最大挑战。所以，当今最精密的原子钟需要用到激光冷却、"光镊"等顶尖技术，几乎能"夹"起单个的铯原子，科学家还给它起了个形象的名字——"原子喷泉"（见图 10-4），可见，如此精准的原子钟可不是随随便便就能制作的。

图 10-4 在原子钟内使用"光镊"夹起原子的示意图。

不过，原子钟本身并不能直接测量时间。为了得到真正的时间单位，人们还需要做最后一次"对表"，也就是在一段规定好的时间内，数出铯原子钟记录的振动周期数。把这个数字记下来后，以后所有的"秒"都只由它决定，这样人们就再也不需要"看天色"计时了。根据最后的结果，铯–133 原子基态的两个超精细能级间跃迁所释放的电磁辐射的频率为 9192631770 赫兹，也就是 1 秒振动 9192631770 次。于是，人们把上面的这个数字设置成了一个常数，简称为"铯频率"，1 秒就被精确定义为如此规定的电磁辐射振动 9192631770 个周期的时间。这个定义在 1967 年的国际计量大会上正式生效。根据原子钟定义的"秒"生效后，以之标定的世界统一时间便被称为"**协调世界时**"（UTC），与过去基于天文观测得到的"世界时"相区别。至于前面说到的地球自转不均匀产生的误差，人们会通过不定期地在"协调世界时"中插入或移除"闰秒"来实施补偿。

就这样，时间的单位"秒"成为第一个通过纯数字来定义的基本单位。铯频率的定义迄今为止使用了 50 多年，2018 年的国际计量大会上，"秒"的定义也并没有修改。不过，随着更先进的"光钟"的发展，时间的单位也许很快（大概在 10 年以内）就将被从新定义。

长度基准的进化

在人类的计量史里，长度的测量大概占据了大半壁江山。古代"度量衡"三者中的两个属于长度的领域，公制的本名至今还是"米制"（metric system），"米"（metre）一词本身也就指代"测量"。从古埃及的"皇家肘尺"到中国古人的"矩黍"，从用秒摆定长度到法国科学院七年的地球勘测，从弹簧测力到温度计刻度，人类科学史上测量技术的进步总离不开精确的长度测量。长度是人类最先熟练掌握的测量，也是在现代科学中最根本的测量，它的单位自然是科学单位体系里的重中之重。

在公制的早期，经过妥协和折衷，长度单位的定义最终确定为"国际米原器"。经过后续验证可知，"国际米原器"不确定度大约在 0.2 微米，这个数量级以当时的单位词头"微"（μ）表示。然而，量子力学与粒子物理学对微观世界的深入探究，使得人类的研究尺度很快超出了微米的表示范围。科学家很早就知道，原子和分子的大小大致在 10^{-10} 米量级，并给 10^{-10} 米这个尺度起名为"angstrom"（埃，来自瑞典科学家埃格斯特朗），符号为"Å"。显然，"国际米原器"的精确度在原子和分子的领域里是远远不够用的，科学家亟需一个更精确的"米"的定义。

随着科学家在微观领域探索的深入，精确的长度测量技术在 20 世纪初便应运而生，这便是利用光的干涉现象设计的"干涉仪"。利用干涉现象产生的明暗条纹与光波长间的数量关系（见图 10-5），干涉仪将人类测量空间的尺度轻易地延伸到了微米以下，也就是可见光波长的范围（10^{-7} 米）。此后，20 世纪中叶问世的激光技术使科学家对光的控制力大大增强，也进一步拓展了干涉仪的测量能力，人们进而意识到：电磁波的波长同频率一样，也是一个定义单位的绝佳参照。1960 年，国际计量大会正式改用"氪 –86 原子在 2p10 与 5d5 能级之间跃迁释放的辐射在真空中波长的 1650763.73 倍"定义米，"国际米原器"也终于寿终正寝。

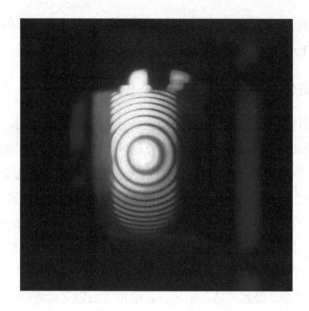

图 10-5　单色光通过迈克耳孙干涉仪得到的干涉图样。

　　不过，这个定义还是"自己定义自己"，看起来仍然有那么一些不完美。我们刚讲完"秒"的定义与铯原子激发电磁波的频率密切相关，而"米"的定义又与氪原子激发电磁波的波长密切相关，这说明科学家对频率与波长的测量已经有充足的信心。那么，把频率乘以波长，学过高中物理就知道：这不就是光速吗！相对论告诉我们：真空中的光速在一切参考系下都不会改变，因而它是一个真正意义上亘古不变的**"宇宙常量"**。更重要的是，光速由长度和时间两者导出，时间的测量在原子钟里已经相当精确，于是用一个"宇宙常量"加上时间来定义长度单位"米"，这无疑是当前测量体系里最理想的方案了，这也正实现了 300 年前提出单摆定义长度的先哲们的愿望。

　　当然，我们知道光速约等于 3×10^8m/s，也就是每秒大约 3 亿米，要用光速定义"米"，我们起码得把这个数值精确测量到个位数。人类测量光速的历史十分悠久，17 世纪的天文学家奥勒·罗默（Ole Rømer）就在观测中发现了光速有限的事实，并利用木星卫星的轨道周期进行了最早的光速测量（那时的误差还比较大）。19 世纪的科学家阿曼德·菲索（Armand Fizeau）和莱昂·傅科（Léon Foucault）首次在地球上测出了光速，并大致得到了约 3×10^8 m/s 的数值。同一时期，麦克斯韦指出光是电磁波的一种形式，测量其他电磁波的速度也就相当于测量光速，这无疑大大拓宽了人们取材的范围。到 1950 年时，科学家通过测量微波谐振腔将光速的不确定度缩小到了 4 km/s。随着激光干涉仪测量光波长技术的成熟，1970 年后，光速测量的精度终于突破了 1 m/s 量级，这也意味着使用光速来定义"米"的条件已经达到了。

1983 年，国际计量大会做出了"秒"之后的第二项重大修改——"米"正式定义为"光在真空中传播 **299792458 分之一秒**所经过的长度"，这意味着长度单位不再是自我定义，而是与"秒"直接挂钩，光速也正式成为零误差的常量。3 个多世纪前的先哲们构想的"时间定义长度"，在科技日新月异的今天终于成为现实。

阿伏伽德罗计划

从 1960 年国际米原器正式退出历史舞台，到 2018 年所有基本单位皆与物理常量挂钩，这中间还隔了 58 年，另一件封存在巴黎市郊地下室里的原器"大K"，依然在默默无闻地承担着定义"千克"的重任。这么多年间，国际计量学界究竟在做什么呢？

其实，和有着"频率－波长"这组万能关系的时间与长度不同，数十年前的科学家对于质量测量的新技术还并没有十足的把握，乃至还没有让精度超越"大 K"的信心。其中一个重要原因是：从古代用秤称量开始，质量的测量就一直基于"比较"，如今的"大 K"已经是地球上保存得最好的秤砣，还能从哪里找到比"大 K"更精确的校准实物呢？

有一个比较简单的想法（你应该也能想到）：不用天平，而是像过去用 1 立方分米水定义"千克"一样，用体积和密度来标定质量单位。体积就是长度的立方，用已经精确定义的"米"测量即可。至于密度，实际上相当于一个单位体积内的原子总数。于是，我们可以把某种元素的单个原子的质量定义为常量，将其乘以一个确切的数目，得到的总质量就是一个确定的数值，也就可以和"千克"挂钩。这里的"一个确切的数目"，换句话说就是测量出**阿伏伽德罗常数**。

阿伏伽德罗常数最初由法国化学家让·佩兰（Jean Perrin）提出[1]，本意就是将"1 克"与元素周期表中的相对原子质量建立联系。比如，让·佩兰将 32

——————————

[1] 其实，阿伏伽德罗常数、普朗克常数、玻尔兹曼常数这些名字都是后人起的，它们名字中的本人在世时并没有用自己的名字来命名它们。

克氧气表示为"1 克分子"的氧气（1 gram-molecule O_2），2 克氢气则是"1 克分子"的氢气（1 gram-molecule H_2），根据阿伏伽德罗提出的气体定律，这两份气体同样的温度和气压下有相同的体积，于是也就有相同的分子数，这个数量就是"阿伏伽德罗常数"。所以，所谓的"克分子"[①]，就是一个将通过化学反应得到的相对原子质量与物质的宏观质量联系起来的桥梁。后来，科学家把"gram-molecule"中的"gram"去掉，又从"molecule"一词中取出前半部分，创造了一个新单位**摩尔**（mole）来表示"阿伏伽德罗常数个微观粒子"。

2004 年时，科学家在全世界多个国家启动了"阿伏伽德罗计划"，目的就是测量出一个更准确的阿伏伽德罗常数。如果它测得足够精确（毕竟阿伏伽德罗常数是个极其庞大的数），我们也许能直接用它来定义"千克"，当然更主要的目的还是用来定义与它直接相关的"摩尔"，毕竟要用阿伏伽德罗常数定义千克的话，就仍然是"自己定义自己"了。

不过，在实际的测量中，数出确切的原子数目并非易事。我们首先要制造出一件尽可能规则的球体，只有这样才能保证通过数学公式（$V = 4\pi R^3/3$）算出的体积与现实物体一致。然后，我们要让这个球体只含有一种元素，甚至还得只含有一种同位素。在现有的技术下，最适合高度提纯的是半导体领域里应用广泛的硅元素，于是科学家制造了只含有一种硅同位素硅 –28 原子的高纯度单晶硅球（见图 10-6 右图）。随后，他们用波长很短的 X 射线测量出硅原子形成的晶胞单元的尺寸（见图 10-6 左图），从而分析出单位空间中原子的个数，再与球的总体积比较，即可计算出阿伏伽德罗常数。通过这个方法测得的阿伏伽德罗常数在 2018 年被规定为 **6.02214076×10²³ mol⁻¹**，用于定义基本单位"摩尔"，这个数值也从此成为零误差常数（常量）。定义千克的任务，则交给了另一个高科技精密测量技术的结晶——基布尔秤。

[①] "克分子"的"克"是个前缀，表示测量所依据的质量基准是"克"，而不是说"质量为 1 克的分子"。类似的单位还有"千克分子"或"磅分子"。它们最后分别演变为"克摩尔"（即现在的"摩尔"）、"千克摩尔"和"磅摩尔"。

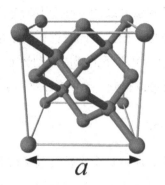

图 10-6 精确测量阿伏伽德罗常数所依据的单晶硅晶胞及由它构成的高纯度单晶硅球。

基布尔秤（瓦特天平）

在质量的测量上，除了用密度这个直观的方式，现代科学家还想到了一个看上去有些原始的方法：我们就用自古以来天平平衡的原理，一边放上"大 K"，另一边施加一个力来抵消"大 K"的重力。如果能精确地控制这一外力，使之的误差区间低于"大 K"的不确定度区间（约 50 微克），那么我们只需要用"大 K"最后标定一次这个外力，往后就只需要用输出这个力的各项参数来测量质量了。

当然这个想法要实践起来可一点都不原始，它的装置极其复杂，操作的要求极高，并且涉及精细的量子效应，甚至被评为"最难操作的科学实验"之一。如果这个实验做成了，它将很有可能超越"大 K"，成为"千克"新的精确定义。这套装置是由英国物理学家布莱恩·基布尔（Bryan Kibble）在 1975 年时提出的，不过他未能见到他的设想最终成为"千克"定义的现实，便在 2016 年去世。他去世后，国际计量委员会将这个装置命名为**"基布尔秤"**（Kibble balance）（见图 10-7），以纪念他的功绩。

基布尔秤的运行原理其实并不难理解，它的基本构造和传统的天平差别不大，也有两个通过滑轮连接的"秤盘"，但只有一边的秤盘可以放置秤锤，另一边则通过线缆连接一台电机，有秤盘的一侧的下方连接着一个置于磁场中的线圈。实验开始后，我们把"大 K"放在秤盘上，并启动基布尔秤的"称重模式"，此时线圈内通以电流并产生磁场，直至将"大 K"和秤盘一并托起，磁场的安培力与重力达到平衡。然后，我们将"大 K"拿走，开启右侧的电机，启动基布尔秤的"速度模式"。此时，电机会使秤盘和线圈一起上下匀速运动，线圈切割磁感线产生感应电动势。最后，消去两个模式下同时存在的常量后，我们只要测出"称重模式"下的电流 I，"速度模式"下的感应电动势 U 和速度 v，加上待测质量 m 和当地重力加速度 g，就可以得到一个简单的等式：

$$UI = mgv$$

这个式子的左边"UI"的意义是功率，所以这个实验装置又被称为"功率天平"或"瓦特天平"。在实验中，重力加速度 g 和运动速度 v 只涉及我们已经精确定义的时间和长度，可由装置内配套的干涉仪精确测量。如果我们放上了"大 K"，等式的右边就是个精确的量了，那么我们的下一步该做什么？[①]

20 世纪的六十到八十年代，科学家相继发现了两个重要的量子力学现象——约瑟夫森效应和量子霍尔效应。它们的具体内容这里不做阐述，读者只需要知道一点：这两个效应能将量子力学中最重要的常量——普朗克常数，与电学中最基础的物理量电压、电流和电阻直接联系起来。普朗克常数 h 表示电磁波的能量有一个基本单元"hv"，而频率 v 只和时间有关。代入约瑟夫森效应和量子霍尔效应的结论后，上式左边的电功率"UI"会变成一个只包含普朗克常数 h 与电磁波频率 v 的结果。

至此，基布尔秤的作用就显而易见了——等式的一边是**普朗克常数**，另一边是**质量**，于是我们既可以用精确的普朗克常数测量出质量，也可以用质量的基准"大 K"测量出精确的普朗克常数。实际的操作中，我们会先给出一个精确的普朗克常数参考值，用来测定等式右边的质量 m，如果实验测量的不确定度能小于"大 K"的 5×10^{-8} 量级，这就意味着我们的基布尔秤是更优越的。接下来，我们只需要把"大 K"拿过来精确测量出等式左边的普朗克常数，"千克"的重新定义就大功告成了。

然而，由于基布尔秤的操作要求极高，全世界能达到国际计量大会要求的国家寥寥无几。用普朗克常数定义"千克"的提议是在 2011 年的国际计量大会提出，但最终的精确数值一直到 2018 年大会才给出。目前的普朗克常数被精确定义为 $6.62607015 \times 10^{-34} \mathrm{kg \cdot m^2 \cdot s^{-1}}$，而"千克"的新定义，便是在精确定义的"米"

①　基布尔秤的前身是"安培天平"，最初只是用力学平衡原理测量电流的工具。

和"秒"的基础上,使普朗克常数等于这一精确数值的质量单位。使用了130年的"大K",也已告别历史舞台。当然,由于基布尔秤的操作极其烦琐,人们仍然需要将基布尔秤的校准结果制作成新的标准器,但人们至少可以放心:以后不必戒备森严地看管那件每50年才能打开一次保险箱的"原器"了。

图 10-7　基布尔秤,位于美国国家标准技术研究所实验室。

电流、温度和发光强度

最后,我们来简单介绍一下国际单位制的七大基本单位中剩下的三个基本单位——安培、开尔文和坎德拉的定义。

电流单位"安培"的旧定义大概是2018年以前的基本单位定义中最拗口的一个,读者可以参看6.3节,这里我就不再重复了。不过,我们在物理课上都学过:电流就是单位时间内通过一个导线横截面的电量,而电量又是有最小单位的,即每个电子或质子所带的电量——**元电荷** e。那么我们为什么不直接用 e 来定义电量或电流呢?

放在过去,科学家给出的也许就是一个比较无奈的回答——我们还测不出更精确的"e"。最早测量元电荷 e 的尝试是我们在大学物理实验课上可能会遇到的"密立根油滴实验",这个实验证实了电荷有最小单位,不过由于实验设计者罗伯特·密立根（Robert Millikan）本人在数据处理上的问题，他测量的结果不是很准确（出现了一点人为偏差）。

直到后来约瑟夫森效应和量子霍尔效应出现后，人们发现元电荷 e 可以与普朗克常数 h、光速 c，以及前面提到的精细结构常数 α 产生紧密联系。光速的精确数值已经在定义"米"时获得，而精细结构常数的测量在现代高度精密的量子电动力学实验中也已经达到了与光速相当的精确度（相对不确定度 10^{-10} 量级），于是普朗克常数（相对不确定度低于 5×10^{-8}）成了决定整体精确度的掣肘。作为定义千克计划的核心。只要测量出足够精确的普朗克常数，e 的精确度就至少与之相当 [①]，这个精确度足够超过使用两根无限长导线之间的安培力的旧定义。所以基布尔秤实验成功后，电流定义的修改也就水到渠成。在 2018 年的基本单位定义中，元电荷 e 被规定为 **$1.602176634 \times 10^{-19}$ A·s**，电流单位"安培"（A）也就由 e 和时间单位"秒"精确定义。

温度的测量是人类测量史里举足轻重的一环，无论华氏度还是摄氏度，在测量的历史里都是有里程碑意义的突破。另一方面，温度又可算是科学领域里最难捉摸的物理量。我们说过，华氏度和摄氏度都不是表示真正意义上的"物理量"的单位，它们仅仅是基于水银这种物质的两个特殊的物性点人为规定的"分度"。直到 19 世纪初，科学家从当时的实验测定结果中推测出"绝对零度"的存在，随后由开尔文男爵将其发展为物理意义上的绝对温度"开尔文"。不过，最早的"开尔文"仍只能算"开式温标"，它只是用摄氏温标（基于更精确的空气温度计）推算出了一个温度的下限——-273℃，并把这个点定为"0K"，实际上它也只算把摄氏温度定义里的两个数字"0 和 100"改成了"273 和 373"而已。

不过，19 世纪确立的热力学与统计力学为人们进一步揭示了温度的实际意义。热力学告诉我们：温度是分子平均动能的宏观表现——这表明温度和能量在性质上有密切关系，或者说温度本质上是否就是能量？经过物理学家路德维希·玻尔兹曼（Ludwig Boltzmann）的工作，统计力学里的一个重要定理"能量均分定理"被正式确立。这个定理直接给出了能量与温度的关系——对于单

---

① 除了元电荷电量，在目前的定义体系中，阿伏伽德罗常数的精度也要取决于普朗克常数。

原子的理想气体，一个原子的平均动能 E_k，与宏观气体的绝对温度 T，满足如下的关系：

$$E_k = \frac{3}{2} k_B T$$

其中，k_B 是一个常数，它被后人命名为**玻尔兹曼常数**，以纪念热力学的灵魂人物玻尔兹曼。在这个层面上，如果把 k_B 视为一个无因次的比值，温度的确与能量同量纲，可以使用能量的单位"焦耳"表达，所以早期学者并没有将温度列入基本单位的行列中[1]。但是，上式只是个很简单的情形，实际上对于世间万物而言，能量均分定理还要涉及分子的平动、转动、振动能量，分子间的作用力乃至量子效应的影响，很难通过一个简单公式来阐明。到了 20 世纪中叶后，热力学的理论体系逐渐完善后，科学界才把温度单位"开尔文"（K）认定为基本单位，同时不再使用带有习惯单位色彩的"开氏度"称呼，而是直接称温度单位为"1 开尔文"。这表示，此时的温度单位已经与水的冰点与沸点无关，它是一个有确切的物理意义，且可以像长度、质量一样任意叠加累积的标量。原来的"摄氏度"，此时也就直接由"开尔文"规定，表示在一个用"开尔文"表示的温度数值上减去 273.15，不再靠水的冰点和沸点定义。上面的玻尔兹曼常数 k_B，此后也就带上了单位"焦耳/开尔文"（J/K）。

不过，人们要测量温度时，仍然需要使用通常意义上的，需要通过物性点来标定的温度计。有了绝对温度后，科学家认为如果能找到一个非常准确和稳定的物性点，把这个物性点的温度规定成一个精确的数值，这不就是一个像"米原器"一样定义温度的方式吗？科学家很快找到了这个点——水的三相点，也就是让冰、水、蒸汽共存的物性点。这个点会在特定的温度和气压下存在，科学家在实验中测出，这个气压为 611.73 帕，而相应的温度是 0.01℃。于是，国际计量大会便将水的三相点温度硬性规定为 273.16 K，这个定义也就相当于把水的三相点当成了"温度原器"，只是它对应的数值不是"1"，而是"273.16"，而"开尔文"则相当于这个"原器"大小的 1/273.16。

---

[1]　早期学者把玻尔兹曼常数视为无因次的另一个理由是：k_B 和另一个热力学中的关键概念"熵"有关，而如果将它当作无因次，"熵"就也是个无因次的量，符合大众观念里"熵"是"混乱度"的认识。

当然，这个定义方式是我们不太喜欢的"自己定义自己"，似乎仍不是长久之计。既然上面已经提到了能把温度与能量联系起来的玻尔兹曼常数，为何不直接测出它的数值呢？科学家的确也在思考这个问题，在重定义"千克"的同时，测定精确的玻尔兹曼常数，重新定义"开尔文"的计划也正式展开。精确测量玻尔兹曼常数的原理其实还是我们提过的"共振"，只是这回我们要测量的是声波，所基于的原理是声速和温度间关系，这个仪器也被称为"声学温度计"（Acoustic Thermometry）（见图 10-8）。具体的原理我们就不多说了，在 2018 年的新定义中，玻尔兹曼常数被精确规定为 **1.380649 × 10^{-23} J/K**

图 10-8　声学温度计，位于美国国家标准技术研究所实验室。

（可以看到，相比前面给出的各常数，这个数值的所含的有效数字是比较少的），能量单位"焦耳"（J）等于 kg·m^2·s^{-2}，单位中的三者都已经精确定义，所以以热力学温度单位"开尔文"，也就正式成为精确的基本单位。

我们在第 6.3 节后专栏里简单介绍了发光强度单位"坎德拉"的概念。我们知道，坎德拉之所以被列为基本单位，其实只是基于特殊要求的人为安排。从量纲角度看，坎德拉（包括流明）的性质与功率单位瓦特是一样的。但是，为了区分全体辐射的强度与辐射可见光的强度，计量学界将"坎德拉"与"瓦特"分离，独立成为一个基本单位。作为基本单位，坎德拉需要使用给定的数值，从其他的基本单位定义，而不能像瓦特这样，按照"焦耳/秒"这种遵循一致性的推导方式得到。

在过去，"坎德拉"曾使用黑体辐射的方式定义，但在 1979 年时改成了：在规定的可见光波长（或频率）下，发光体在每球面角内对应辐射强度的一个瓦特数值。也就是说，"坎德拉"的定义是七大基本单位中唯一出现两个可视为"常量"的物理量的，这里规定的波长大概是 555 纳米（即频率为 540 × 10^{12} 赫兹），是人生理视觉上最敏感的波段；相应的辐射强度是 1/683 瓦特每球面角，这个值主要是为了与之前规定的"国际标准烛光"一致。这个定义在 2018 年时并未进行明确修改，只是将定义的描述写得更为具体和严谨，并将 1/683 瓦特每球面角这个数值重新规定成常数 "K_{cd}"，且 $K_{cd} = \textbf{683 cd·sr·kg}^{-1}\textbf{·m}^{-2}\textbf{·s}^{3}$，这也是一个精确的数值。不过在未来，随着激光精确测量技术的发展，坎德拉的定义很可能会修改，变成直接基于每秒发射的光子数量的方式。

总结

现在，我们介绍完了国际单位制中七大基本单位定义的历史，也把 2018 年国际计量大会基本单位改革的全部内容以及每一个单位各自的故事介绍完了。读者若还记得第 7 章讲到的"自然单位制"，再看这一章便会发现，2018 年重新定义的逻辑其实和自然单位制很像。自然单位制的想法是：把每一个宇宙常量（c、h、e、k_B 等）当成单位"1"，再尝试用这些单位来表达其他物理量。而我们的重定义也要用到这些宇宙常量，但我们必须保证：全世界普罗大众日常生活中使用的秒、米、千克、摄氏度等都是稳定的。所以，科学家的任务是，用普罗大众手中的秒、米和千克来测量这些巨大或微小的宇宙常量——自然，得到的也就是一个个不规整的数字。也许你看完这一章后，都已经能把光速的精确数值"299792458"背下来了，但请务必记住，之所以是这个数字，而不是"300000000"或者"1"，正是国际单位制本身所追求的终极价值——一套能流传"千秋万代"的普适计量制。

你可能会注意到，自然单位制中还把万有引力常数 G 规定为"1"，它的目的是把时间、长度和质量全部转化为"1"。但在国际单位制的基本单位定义中，我们并没有引进万有引力常数，而是在定义时间单位"秒"的过程中，引进了比测量更基础的方式——计数，或者说"离散量"。通过离散量定义了"秒"后，我们再用"秒"和自然常量，一步步推导出米、千克，以及其他基本单位。这正是一个严谨、完善，也无比美妙的逻辑，它终于实现了三个多世纪前设想基于秒摆的单位系的先哲们未尽的夙愿。

当然，即便完成了改革，这也不意味着国际单位制已经达到完美，人类的计量进化依然有着漫长的道路。只是说，计量的进化之路已经找到了最合适的方向。未来，人们不必为如何看管一件实体器物而绞尽脑汁，全世界计量界努力的方向已经非常清晰——把光速、普朗克常数、阿伏伽德罗常数等自然常量的精确度推进到小数点之后的更多位，以及通过更精确的"光钟"定义的时间单位，为整个国际单位制提供一个更稳固的根基。站在整个计量进化史的角度，这才是本次改革所具有的终极意义。

在全书的最后，我们把这次国际单位制重新定义的整体推导过程制作成下图（见图 10-9），这幅图应该就是这本书，以及对这本书所讲的整个人类计量史的最好总结吧。

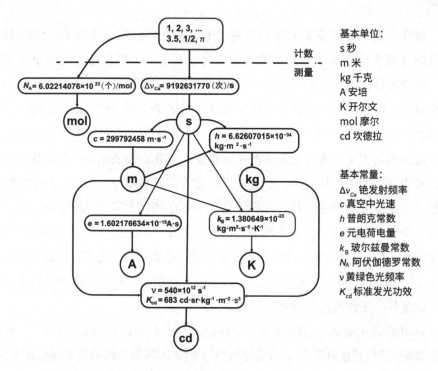

图 10-9　新国际单位制基本单位推导关系图。

宇宙的浪漫

> 它们的意义，对一切时代，一切文明，乃至对于外星球的非人类文明都不可或缺。
>
> ——马克斯·普朗克

2019 年 5 月 20 日，在这个在近几年新晋成的"网络情人节"，人类完成了一件浪漫的事。

一个世纪前，伟大的科学家马克斯·普朗克为了解决困扰科学家许久的黑体辐射问题，用他杰出的想象力与创造力，把辐射的能量分成了一份份的"能量子"，每一份"能量子"都包含着一个不变的比例系数。正是这个比例系数，为后人揭开了宇宙中的另一番新天地——量子力学的大门。后人为了纪念，把这个比例系数称为"普朗克常数"。百年后，人们用普朗克这一伟大的贡献，完成了计量制度改革中最关键的一环。

但普朗克想象的远不止这些。他在同一时间便把自己提出的这个常数，与当时人们已经掌握的光速、引力常数、静电常数、玻尔兹曼常数放到一起，他惊奇地发现，把这些宇宙常数放在一起，得到的会是一套能在全宇宙通行的计量法则！

外星人也许不理解巴黎郊区地下室的那个金属块，不理解人类的地球公转一圈要多久，甚至也许不会使用十进制（毕竟他们不一定有十根指头），但只要他们有了文明，就一定会理解光速不变，一定会理解微观世界的不连续，因为这是全宇宙都遵循的法则。不论人类是否会遇到外星文明，在未来的星际时代，用一份在全宇宙统一的属性来量度宇宙，这都是人类必须完成的任务。

说到底，人类在过去几千年以来，所希冀、渴求的，不都是这样一份"统一"的浪漫吗？

中国古人把天下和谐的愿望寄托在一件能"同律度量衡"的终极机关——

"黄钟"上。人们在钟声的荫蔽下自由地做买卖，不必担心缺斤少两，这是多么美妙的设想！

17 世纪的西方先哲从数字、符号、语言、文字、度量衡等各个方面出发，希望在纸面上设计出属于全人类的"共同语"。他们的理想也许有些超前，但正是他们留下了用一项属于全人类的度量——时间，来创造全人类统一的长度的精妙构思。

一个世纪后，人类终于为这个构想展开了实践，后来，人类又用"统一"的理念推动了全世界的计量改革，在计量改革的基础上创立了以国际标准化组织为首的，将统一扩展到人类生产生活方方面面的机构。尽管进入 21 世纪的人类仍然存在着国籍、种族、宗教、经济发展水平等一系列差别，但正因如此，统一就更显得弥足珍贵。

人类用两百多年的努力，为地球的计量制度带来了统一。下一步，是像普朗克设想的那样，让人类以统一的脚步迈向宇宙吗？

不过，当人类站在宇宙面前，面对宇宙留给我们的这些要么无比巨大（如光速和阿伏伽德罗常数）、要么无比渺小（如普朗克常数和元电荷）的信号时，似乎有些力不从心了。我们自己的手脚和身体，似乎总被桎梏在了一个太局促的空间中，我们感官的极限，似乎连这些宇宙常量的一点点皮毛都无法触及。

但是，人类仍然有属于自己的执着，它引领人类建造出宏伟的金字塔与长城，开启蒸汽与电力构建起的工业时代，又踏入让每个人的生活焕然一新的信息时代。它就是人类对"精确"的执着，是一代又一代的精英头脑可以为之奉献一生的圣杯。

看不到，摸不着，这又如何？执着于"精确"的人类，用最尖端的技术制造出了最精密的仪器。虽然我们感受不到宇宙的信号，但我们可以测量它们，把它们保存在全人类都能理解的数字里。

你也许会问，举全人类之顶尖智慧打造出的仪器，却只能把一个物理常数的数值往小数点后多写一位，这有什么意义吗？但是，人类最优秀的百米赛跑选手付出毕生心血，也只是为了那 0.01 秒的突破。在人类通向宇宙的路途中，每新添一位精确的数字，都会为人类的未来埋下一块重要的铺路石。

当然，人类在小数点后付出的心血也的确能收获回报。你可以在白天与科学家同行们交流"µg"量级下新奇的实验现象，到晚上则提起货篮，在超市里买一个"kg"量级的西瓜大快朵颐，这两者背后是同样的质量单位和单位推导体系。维持这一切运转的，正是那些集全人类智慧头脑得到的小数点后八九位的数字。

所以，这本书里多次出现的"9192631770""299792458""6.62607015"，其实是多么美妙的数字啊！人类正是用这样的数字，架起了自己的家园与无垠的宇宙间的桥梁。我们每个人的生活从未改变，但我们每个人都正在无形中为未来添砖加瓦。我们每一次使用"米"，每一次称量"千克"，都在用宇宙的语言。

如果要为2019年5月20日正式生效的新国际单位制写一个评语，那也许就是"宇宙的浪漫"吧。人类用优雅的姿态与唯美的语言，为宇宙送去了自己的一份告白。

最后，让我们引用德国联邦物理技术研究院的科学家弗兰克·哈提格（Frank Härtig）在国际计量大会上的一句评语为全书收尾吧——

当我们提到"千克"时，其他的智慧文明将能够理解我们在说什么。

附录

1 与国际单位制相关的常用物理常数总结

注：本节各常数的参考数值引用自 2019 年 5 月 20 日之后科学技术数据委员会（CODATA）颁布的新数值。由于在基本单位改革后，许多物理常数的不确定度发生变化，这些数值也进行了相应修订。

国际单位制基本单位规定数值						
常量	符号	数值	单位	推导关系	是否精确	备注
铯辐射频率	$\Delta\nu_{Cs}$	9192631770	s^{-1}		是	
真空中光速	c	299792458	m/s		是	
普朗克常数	h	$6.62607015 \times 10^{-34}$	J·s		是	
阿伏伽德罗常数	N_A	$6.02214076 \times 10^{23}$	mol^{-1}		是	
玻尔兹曼常数	k_B	1.380649×10^{-23}	J/K		是	
元电荷电量	e	$1.602176634 \times 10^{-19}$	A·s		是	
标准发光功效	K_{cd}	683	cd·sr/W		是	
无量纲常数						
圆周率	π	$3.14159265358\cdots$			是	
精细结构常数	α	$7.2973525693(11)$ $\times 10^{-3}$		$\dfrac{e^2}{4\pi\varepsilon_0\hbar c}$	否	常表示为数值 $137.035999084(21)$ 的倒数
人为规定数值的常量						
标准大气压	atm	101325	Pa		是	最初以 0℃，标准重力下 760 mmHg 所对应的压强定义，后规定为定值
标准状况温度	STP	273.15	K		是	即 0℃
标准状况大气压	STP	101325（旧） 100000（新）	Pa		是	化学领域中，1982 年后将"标准状况下"的大气压改为 100 kPa，注意与"标准大气压"的区别

人为规定数值的常量

常量	符号	数值	单位	推导关系	是否精确	备注
标准重力加速度	g_0	9.80665	m/s^2		是	最初通过海平面上北纬45°的重力加速度测定，后规定为定值

其他通用常量

常量	符号	数值	单位	推导关系	是否精确	备注
万有引力常数	G	$6.67430(15) \times 10^{-11}$	kg^{-1}·m^3·s^{-2}		否	
约化普朗克常数	$\hbar$	$1.054571817\cdots \times 10^{-34}$	J·s	$\dfrac{h}{2\pi}$	是	由于推导关系中有无理数π，所以约化普朗克常数虽然是精确的，但会有无限多位
真空介电常数（电常数）	ε_0	$8.8541878128(13) \times 10^{-12}$	C^2·N^{-1}·m^{-2}	$\dfrac{e^2}{2\alpha hc}$	否	库仑定律中引进球面因子4π后得到的常数
真空磁导率（磁常数）	μ_0	$1.25663706212(19) \times 10^{-6}$	N·A^{-2}	$\dfrac{2\alpha h}{e^2 c}$	否	旧SI基本单位中，使用无限长导线定义的电流单位安培使得磁常数是一个精确的数值（等于$4\pi \times 10^{-7}$ H/m），但定义修改后，磁常数不再是精确数值

电磁学常量

常量	符号	数值	单位	推导关系	是否精确	备注
自由空间阻抗	Z_0	376.730313667(57)	Ω	$\mu_0 c$	否	与电阻同量纲，与真空中电磁场传播有关的参数
库仑常数	k_e	$8.9875518\cdots \times 10^9$	N·m^2·C^{-2}	$\dfrac{1}{4\pi\varepsilon_0}$	否	库仑定律中的比例常数，受基本单位定义变更的影响不再是精确值
约瑟夫森常数	K_J	$483597.8484\cdots \times 10^9$	s^{-1}·V^{-1}	$\dfrac{2e}{h}$	是	与测量普朗克常数和定义千克密切相关的两个重要物理常量
冯·克利青常数	R_K	$25812.80745\cdots$	Ω	$\dfrac{h}{e^2}$	是	
玻尔磁子	μ_B	$9.2740100783(28) \times 10^{-24}$	J/T	$\dfrac{e\hbar}{2m_e}$	否	与电子相关的磁矩基本单位

原子及核物理常量

常量	符号	数值	单位	推导关系	是否精确	备注
电子质量	m_e	$9.1093837015(28) \times 10^{-31}$	kg		否	

原子及核物理常量

常量	符号	数值	单位	推导关系	是否精确	备注
里德伯常数	R_∞	10973731.568160(21)	m^{-1}	$\dfrac{\alpha^2 m_e c}{2h}$	否	最初表示氢原子谱线波长的经验公式"里德伯公式"中的一个比例系数，后来由物理学家玻尔的原子模型给出物理解释
玻尔半径	a_0	5.29177210903(80) $\times 10^{-11}$	m	$\dfrac{\hbar}{\alpha m_e c}$	否	玻尔氢原子模型中电子最小轨道的半径
原子质量单位	u	1.66053906660(50) $\times 10^{-27}$	kg		否	根据碳−12原子质量的1/12得到，注意由于原子核中质子与中子结合会损失质量，单个质子和中子的质量都要大于$1u$，其他元素原子的质量也不是u的简单整数倍

物理化学常量

常量	符号	数值	单位	推导关系	是否精确	备注
气体常数	R	8.314462618…	$J\cdot mol^{-1}\cdot K^{-1}$	$N_A k_B$	是	来自理想气体状态方程 $pV=nRT$
法拉第常数	F	96485.33212…	$C\cdot mol^{-1}$	$N_A k_e$	是	1摩尔电子的电量
标准气体摩尔体积	V_m	22.71095464…$\times 10^{-3}$（新） 22.41396954…$\times 10^{-3}$（旧）	$m^3\cdot mol^{-1}$		是	受新旧标准状态影响，新标准状态大气压为100 kPa，旧标准状态为101.325 kPa
斯特藩−玻尔兹曼常数	σ	5.670374419…$\times 10^{-8}$	$W\cdot m^{-2}\cdot K^{-4}$	$\dfrac{\pi^2 k_B^4}{60\hbar^3 c^2}$	是	黑体单位面积内辐射功率与热力学温度的4次方的比值

2　常用的"数"与"量"表示方式总结

数的表示方式

	大数	小数	备注
印度–阿拉伯数字	1234567 m	0.001234567 m	
科学记数法	1.234567×10^6 m	1.234567×10^{-3} m	小数点前的第一位数不能为 0,小数点后必须写到正确的有效数字位数
科学记数法（替代）	1.234567E06 m	1.234567E-03 m	用于计算机显示等不方便书写科学记数法中幂指数的场合
现代汉语规范数字表示法	一百二十三万四千五百六十七米	零点零零一二三四五六七米	
中国古代基础记数法	一兆二亿三万四千五百六十七	零分零厘一毫二丝三忽四微五纤六沙七尘	基本顺序（从小到大,十进制）:尘、沙、纤、微、忽、秒（丝）、毫、厘、分、一、十、百、千、万、亿、兆、京、垓、秭
罗马数字	M̄C̄C̄X̄X̄X̄ĪV̄D̄LXVII		I–1,V–5,X–10,L–50,C–100,D–500,M–1000;上加一线表示乘以 1000。罗马数字没有成熟的十进制小数表示法
单位词头表示法（SI 符号）	1.234567 Mm (megametre) 或 1 Mm (megametre) 234 km (kilometre) 567 m (metre)	1.234567 mm (milimetre) 或 1 mm (milimetre) 234 μm (micrometre) 567 nm (nanometre)	基本单位词头（从小到大,千位进制）:femto（10^{-15}）、pico、nano、micro、mili、kilo、mega、giga、tera、peta（10^{15}）;kilo 以下的词头符号多为小写首字母,从 mega 开始多为大写的首字母。在规范的场合一般只使用一个单位（即采用前一种表示形式）
单位词头表示法（汉语规范）	一点二三四五六七兆米或一兆米二百三十四千米五百六十七米	一点二三四五六七毫米或一毫米二百三十四微米五百六十七纳米	汉字单位词头（从小到大,千位进制）:飞、皮、纳、微、毫、基准、千、兆、吉、太、拍。"兆"一般只用于单位词头,不用于记数
对数表示法	6.09 B（贝尔）= 60.9 dB（分贝）	–2.91 B（贝尔）= 29.1 dB（分贝）	以 1 m 为对数基准,大数是正值,小数是负值

量的扩展与分类

离散量 / 可定义数量		
整数量	5 个、100 次	
分数量（有理数量）	三圈半 $(3\frac{1}{2}$ 圈$)$、十元钱三个 $(10/3$ 元$)$、100.25 元	
可定义数量	$\sqrt{2}$、π	从几何图形的角度可以把 $\sqrt{2}$ 或 π 看成带有单位 m/m，但它们一定是可定义、无测量误差的
人为规定数值	$c = 299792458$ m/s、1 atm = 101325 Pa	对一些带有常量性质的物理量，通过人为规定的方式使其不再有测量误差，可以以此原理对基本单位进行定义

连续量 / 不可定义数量		
无因次连续量	纯度 99.998%、雷诺数 Re = 5、3 个苹果总质量与 1 个苹果质量之比 = 3.03	永远会受到测量精确度的影响，如果只写成简单的数字（及单位），则只是表示约数；严格的表示需要标注出测量的不确定度范围（同时也能表示测量的精确度）
有因次连续量	2.5 m、1.0032 g ± 1.5%、$G = 6.67430(15) \times 10^{-11}$ m^{3}kg^{-1}s^{-2}	

3　常见非国际单位制单位总结

				无因次单位		
中文名	英文名	符号	推导关系	注释	领域
弧度角	radian	rad	m/m	圆弧长与半径相等时，对应的圆心角为单位弧度，一个圆周的弧度为 2π	几何学
球面角	steradian	sr	m^2/m^2	一个立体角在球面上包围的面积正好为球半径的平方时，称此角为单位球面角。整个球面的立体角为 4π	
平面角	degree	°	$(\pi/180)$ rad		
角分	minute	′	1/60°		
角秒	second	″	1/60′		
百分率	percentage	%	1/100		十进制分数
千分率	permil	‰	1/1000		
百万分率	part per million	ppm	$1/10^6$		
十亿分率	part per billion	ppb	$1/10^9$		
贝尔	bel	B		对一个比值取基于 10 的对数	对数
分贝	decibel	dB	1/10 B		
奈培	neper	Np	8.686 dB	对一个比值取以 e 为底的自然对数	
比特	bit	b		一个二进制数位，又称"香农"(shannon)	信息技术
字节	byte	B	8 bit	编码单个字符所需要的二进制数位	

			时间			

国际单位制单位：秒（second）　符号：s 量纲：T

中文名	英文名	符号	推导关系	对应基本单位数值
分	minute	min	60 s	60 s
小时	hour	h (hr)	60 min	3600 s
日	day	d	24 h	86400 s
视太阳日	apparent solar day			86377~86430 s
平太阳日	mean solar day			86400 ± 1 s
恒星月	sidereal month		27.32166 d	
朔望月	synodic month		29.53059 d	
交点月	Draconic month		27.21222 d	
儒略年	Julian year	a (yr)	365.25 d	31557600 s
恒星年	sidereal year		365.256363004 d	31558149.76 s
回归年	tropical year		365.24219 d	31556925.22 s
近点年	anomalistic year		365.259636 d	
银河年	galactic year		2.25 亿~2.5 亿年	
刻	quarter		1/100 d（旧）15 min（新）	
时辰			1/12 d（2 h）	
更			2 h	
点			1/5 更（24 min）	
旬			10 d	
星期	week		7 d	
年代	decade		10 yr	
世纪	century		100 yr	
普朗克时间	Planck time	t_p		5.39116×10^{-44} s

注释	领域
	原子时制
观测每天太阳位置得到的实际一天时间	地球自转
将一年内视太阳日平均后的一天时间，根据与原子时的误差插入 1 个闰秒	
月球在天空中相对某一恒星的位置两次经过同一点的间隔时间，在古代天文学中常用于划分天空的区域	月球公转
月球完成一次月相变化（朔望）所需要的时间	
月球绕地球公转轨道平面和地球绕太阳公转轨道平面不重合，存在两个交点，月球两次通过同一交点的周期即为"交点月"，这一周期日食与月食紧密关联	
一般语境中的"一年"，用于表示宇宙、星球、地质演化等较长时间跨度的时间	地球公转
参考其他恒星，太阳在天球上返回同一位置的平均周期	
国际上定义为太阳两次经过春分点的平均周期。在古代文化里是根据日影长度判断的	
地球两次经过近日点的平均时间	
太阳绕银河系中心公转的周期	太阳公转
最初是一天的 1/100，清朝时改为一天的 1/96，即 15 分钟	中国古代时间
中国古代对一昼夜的划分，相对于后来的"小时"，也可称为"大时"	
中国古代对夜晚的划分	
	其他常用时间
有可能是宇宙中最小的时间间隔	自然单位

长度				
国际单位制单位：米（metre） 符号：m 量纲：L				
中文名	英文名	符号	推导关系	对应基本单位数值
市寸			1/10 市尺 (3.3 cm)	0.0333 m
市尺			1/3 m	0.333 m
市丈			10 市尺	3.33 m
市里			1/2 km	500 m
密尔	mil		1/1000 in (25.4 μm)	2.54×10^{-5} m
英寸	inch	in	2.54 cm	0.0254 m
英尺	foot	ft	12 in	0.3048 m
英码	yard	yd	3 ft	0.9144 m
英寻	fathom		2 yd	1.8288 m
弗隆	furlong		220 yd	201.1680 m
英里	mile	mi	1760 yd (24 furlong)	1609.344 m
海里	nautical mile	nmi		1852 m
点	point	pt	1/72 in (0.3528 mm)	3.528×10^{-4} m
埃	angstrom	Å	10^{-10} m	10^{-10} m
天文单位	astronomical unit	AU		149597870700 m
光年	light-year	ly	$c \times a$	9.4607×10^{15} m
秒差距	parsec	pc	64800/π AU (3.26 ly)	3.0857×10^{16} m
普朗克长度	Planck length	l_p		1.616×10^{-35} m

注释	领域
由民国政府 1929 年颁布的《度量衡法》规定	中国市制
用于美国的一些制造业领域	标准英制
在 1959 年规定为等于公制下 2.54 厘米	
起初是地球纬度上一角分（1/60 度）所对应的长度，后来规定为 1852 米	航海及航空
印刷排版中字型的大小，本书的字号大概是 12 点	印刷排版
"纳""皮"等词头出现前的表示微观长度的单位	科学习惯单位
地球到太阳的平均距离，目前被规定为一个基于米的数值	天文学
以光速 c 在真空中行进一年的距离，年基于"儒略年"(a)	
恒星、地球、太阳三者构成直角三角形，短直角边为日地平均距离（即天文单位）相对的夹角为 1 角秒时，直角三角形的另一直角边长	
可能是宇宙中最小的长度	自然单位

面积

国际单位制单位：平方米（square metre） 符号：m² 量纲：L²

中文名	英文名	符号	推导关系	对应基本单位数值
公亩	are	a		100 m²
公顷	hectare	ha	100 a	10000 m²
市亩			1/15 ha	666.7 m²
坪	tsubo			3.306 m²
英亩	acre	ac	660 ft × 66 ft	4046.9 m²
平方英寸	square inch	sq in	1 in² (6.45 cm²)	0.00064516 m²
平方英尺	square foot	sq ft	144 in² (929 cm²)	0.09290304 m²
平方英里	square mile	sq mi	1 mi² (2.59 km²)	2589988 m²
足球场	football field		105 m × 68 m	7140 m²

体积

国际单位制单位：立方米（cubic metre） 符号：m³ 量纲：L³

中文名	英文名	符号	推导关系	对应基本单位数值
升	litre	L	1 dm³	0.001 m³
立方英寸	cubic inch	in³	1 in³ (16.387 mL)	1.6387×10^{-5} m³
立方英尺	cubic foot	ft³	1728 in³ (28.32 L)	0.02832 m³
美制加仑	US gallon	gal	231 in³ (3.785 L)	0.003785412 m³
美制液体盎司	US fluid ounce	fl oz	1/128 gal (29.57 mL)	2.957×10^{-5} m³
美制品脱	pint	pt	1/8 gal (473 mL)	
美制夸脱	quart	qt	1/4 gal (946 mL)	
美制茶匙	teaspoon		1/6 fl oz (5 mL)	
美制汤匙	tablespoon		1/2 fl oz (15 mL)	
美制杯	cup		8 fl oz (240 mL)	
英制加仑	imperial gallon	gal	4.54609 L	0.00454609 m³
英制液体盎司	imperial fluid ounce	fl oz	1/160 gal (28.41 mL)	2.841×10^{-5} m³
桶（石油）	barrel	bbl	42 US gal (159 L)	0.159 m³
蒲式耳	bushel	bsh	2150.42 in³ (35.2 L)	0.0352 m³
奥林匹克泳池	Olympic swimming pool		50m × 25m × 3m	3750 m³

注释	领域
	SI 可并用单位
目前我国唯一允许使用的市制单位	中国市制
	日本传统单位
	标准英制
标准足球场面积，常用于形象地表示较大的面积	生活单位

注释	领域
	SI 可并用单位
	标准英制
由美国独立规定，与长度单位有关	英制（美式习惯）
由美制加仑等分而成，注意与表示质量的盎司区分	
由生活中使用的容器而来，存在与美式习惯单位挂钩和与公制挂钩的两套定义	
由 1824 年帝国制规定，最初是通过质量单位磅定义，与长度单位无关	英制（帝国制）
注意与美式液体盎司的换算不同	
常见于国际石油市场，但现在标准石油桶变成了 55 加仑，故这一单位仅做"每桶几美元"这样的概念使用	英制（贸易单位）
原本来自 8 倍干加仑，干加仑目前已不用，但此单位仍常见于美国的农产品期货交易	
和"足球场"类似的生活单位，用来表示较大的体积	生活单位

速度				
国际单位制单位：米每秒　符号：m/s　量纲：LT^{-1}				
中文名	英文名	符号	推导关系	对应基本单位数值
千米每小时	kilometre per hour	km/h		0.2778 m/s
英里每小时	mile per hour	mph		0.4470 m/s
英尺每秒	foot per hour	ft/s		0.3048 m/s
节	knot	kn	1 nmi/h (1.852 km/h)	0.5144 m/s
马赫数	Mach number	M	速度与音速的比值，无因次	
光速	speed of light	c		299792458 m/s

加速度				
国际单位制单位：米每平方秒　符号：m/s^2　量纲：LT^{-2}				
中文名	英文名	符号	推导关系	对应基本单位数值
伽利略	galileo	Gal	$1\ cm/s^2$	$0.01\ m/s^2$
标准重力加速度	standard gravity	g_0		$9.80665\ m/s^2$

质量				
国际单位制单位：千克（kilogram）　符号：kg　量纲：M				
中文名	英文名	符号	推导关系	对应基本单位数值
吨	tonne	t	1000 kg	1000 kg
克拉	carat	ct	200 mg	$2 \times 10^{-4}\ kg$
市斤			1/2 kg	0.5 kg
磅	pound	lb	0.45359237 kg	0.45359237 kg
常衡盎司	avoirdupois ounce	oz	1/16 lb (28.3 g)	0.02835 kg
金衡盎司	troy ounce	oz	192/175 常衡盎司	0.003110 kg
格令	grain	gr	1/7000 lb	$6.48 \times 10^{-4}\ kg$
美吨	short ton		2000 lb	907.18474 kg
英吨	long ton		2240 lb	1016.047 kg
斯拉格	slug		$lbf \cdot s^2/ft$	14.59390 kg

注释	领域
	SI 可并用单位
	标准英制
最初来自水手用绳索上冲走的绳结计算速度，后定义为"海里每小时"	航海及航空
表示物体运动速度与音速的接近程度，M>1 则会产生"音爆"。由于空气中音速随环境变化较大，M 是一个随环境变化的无因次数	
讨论相对论效应时使用，也常表示成无因次的比率，即"光速的几分之几"	科学习惯单位

注释	领域
原 CGS 制下的加速度单位，现在仍在一些地质学场合使用	CGS 制
常以无因次形式出现，可能与重力混淆，如"几个 G 的重力"	科学习惯单位

注释	领域
在英美被称为"公吨"	SI 可并用单位
非 SI 单位，但在 1907 年时全世界统一为公制下的 200 mg	贵金属及宝石
	市制
在 1959 年规定为等于公制下 0.45359237 千克（此数值正好与"大 K"精确到同一量级）	标准英制
只用于贵金属计量	
最初是一粒麦子的重量	
又称"短吨"	英制习惯单位
又称"长吨"	
根据"磅力"和单位是"英尺每平方秒"的加速度得出	英制（FPS 制）

质量

国际单位制单位：千克（kilogram） 符号：kg 量纲：M

中文名	英文名	符号	推导关系	对应基本单位数值
原子质量单位（道尔顿）	atomic mass unit (dalton)	u (Da)		$1.660539067 \times 10^{-27}$ kg
太阳质量	solar mass	M$_\odot$		1.98847×10^{30} kg
普朗克质量	Planck mass	m$_p$		2.176435×10^{-8} kg

力

国际单位制单位：牛顿（newton） 符号：N 量纲：MLT^{-2}

中文名	英文名	符号	推导关系	对应基本单位数值
达因	dyne	dyn	$1 \ g \cdot cm/s^2$	10^{-5} N
千克力	kilogram-force	kgf	$1 \ kg \times g_0$	9.806650 N
磅力	pound-force	lbf	0.4536 kgf	4.448222 N
磅达尔	poundal	pdl		0.138254954 N

压强

国际单位制单位：帕斯卡（pascal） 符号：Pa 量纲：$ML^{-1}T^{-2}$

中文名	英文名	符号	推导关系	对应基本单位数值
巴利	barye	Ba	$1 \ dyn/cm^2$	0.1 Pa
巴	bar	bar	$10000 \ N/m^2$	10000 Pa
技术气压	technical atmosphere	at	$1 \ kgf/cm^2$	98066.5 Pa
磅每平方英寸	pound per square inch	psi	$1 \ lbf/in^2$	6895 Pa
毫米汞柱	millimetre of mercury	mmHg		133.322368 Pa
英寸汞柱	inch of mercury	inHg		3376.85 Pa
厘米水	centimetre of water	cmH$_2$O		98.0665 Pa
托	Torr	torr	1/760 atm	133.3224 Pa
标准大气压	standard atmosphere	atm		101325 Pa

注释	领域
基态、静止且独立的碳 –12 原子质量的 1/12	科学习惯单位
常用于区分恒星的属性	天文学
可以形成黑洞的最小质量，或微观粒子所能拥有的最大质量	自然单位

注释	领域
CGS 制	CGS 制
1 千克物体所受的标准重力，现代单位制中已不建议使用	公制习惯单位
1 磅物体所受的标准重力	英制习惯单位
质量 1 磅的物体产生 1 英尺每平方秒加速度所需要的力	英制（FPS 制）

注释	领域
CGS 制	
1 千克的物体在 1 平方厘米面积上产生的压强，在现代单位制中已不建议使用	压力面积式定义
1 磅的物体在 1 平方英寸面积上产生的压强，"磅"指"磅力"	
1 毫米汞柱对应的气压，目前已由压强单位"帕斯卡"直接规定	液柱高度式定义
60℉ 温度下 1 英寸汞柱对应的气压	
4℃ 下密度最大时的水柱对应的液体压强	
标准大气压的 1/760，与毫米汞柱非常接近。注意该单位虽然来自科学家托里拆利但全名也只写作"Torr"	大气压式定义
规定为 101325 Pa，注意化学里的"标准状况"大气压在 1982 年以后已经不是 1 atm，而是 100000 Pa，即 1 bar	

能量				
国际单位制单位：焦耳（joule） 符号：J 量纲：M L² T⁻²				
中文名	英文名	符号	推导关系	对应基本单位数值
尔格	erg	erg	1 g·cm²/s²	10^{-7} J
英尺 - 磅	foot-pound	ft·lbf	1 lbf × 1 ft	1.3558 J
卡路里 （小卡）	calorie	cal	1 g × 1℃	4.184 J
大卡（食物 卡路里）	food calorie	Cal (kcal)	1 kg × 1℃	4184 J
英制热单位	British thermal unit	Btu	1 lb × 1℉	1055 J
千瓦时	kilowatt-hour	kW·h	1 kW × 1 h	3.6×10^{-6} J
电子伏特	electronvolt		1 e × 1 V	$1.602176634 \times 10^{-19}$ J
吨 TNT 当量	ton of TNT equivalent		10^6 Cal	4.184×10^9 J

功率				
国际单位制单位：瓦特（watt） 符号：W 量纲：M L² T⁻³				
中文名	英文名	符号	推导关系	对应基本单位数值
英制马力	horsepower	hp	550 lbf × 1 ft/s	754.7 W
公制马力	metric horsepower	PS/cv	75 kgf × 1 m/s	735.5 W
制冷吨	refrigeration ton	RT	12000 BTU/h	3500 W

温度				
国际单位制单位：开尔文（kelvin） 符号：K 量纲：Θ				
中文名	英文名	符号	推导关系	对应基本单位数值
摄氏度	degree Celsius	℃	℃ = K–273.15	1 K
华氏度	degree Fahrenheit	℉	℉ = ℃ × 9/5+32	0.556 K
兰氏度	degrees Rankine	℉R	℉R = ℉ +459.67	0.556 K
普朗克温度	Planck temperature	T_p		1.416785×10^{32} K

注释	领域
CGS 制	机械能
英制习惯单位中还存在一个"磅－英尺"，是力矩的单位，与能量单位"英尺－磅"同量纲	
又称为"小卡"，定义为使 1g 水升高 1℃所需的热量，但不同的初始温度会对数值产生细小的影响，"4.184 J"的定义被称为"热化学卡路里"，是根据理论计算得到的不受初始温度影响的数值	热量
一般被称为"食物卡路里"，等于"小卡"的 1000 倍，即 1 kcal，有时也会写成大写的"Cal"	
定义方式与"卡路里"类似，即使 1 磅水升温 1 华氏度所需的热量，同样会受不同初始温度的影响	
功率 1 千瓦的电器运转 1 小时消耗的电能，在中国也被称为"度"	电能
1 个电子在 1 伏特的电势差下加速所获得的动能，在数值上等于元电荷电量 e，由于相对论中质能等价，电子伏特也常常被用来表示粒子的质量	科学习惯单位
用来类比核武器、地震等短时间大幅度释放能量过程的生活单位。这个单位一般被规定为 1 百万大卡，合 4.184 GJ	生活单位

注释	领域
一匹马拉动 550 磅重的物体，每 1 秒上升 1 英尺，此时做功的功率	工程习惯单位
19 世纪使用公制的德国和法国创立的功率单位，在德国被称为"Pferdestärke"，在法国被称为"cheval vapeur"，都是"马力"的字面直译	
将 1 美吨的水在 24 小时内结成冰所需抽走的热量，在美国用于大型空调机的制冷性能	

注释	领域
按目前定义，摄氏度规定为在开尔文表示的温度上减去 273.15，且 1℃等于 1K	SI 导出单位
现代华氏度的标度与最初的华氏度有细微差别。由于华氏度与摄氏度的定义原理相同，现代华氏度也可以当做一个由"开尔文"间接规定的数值	英制习惯单位
基于华氏度的绝对温标，将 –459.67 ℉设为 0 度后得到	
有可能是宇宙中最高的温度，以及宇宙大爆炸第一个瞬间的温度	自然单位

	电磁学与放射性（高斯单位制）		
物理量	**中文名**	**英文名**	**符号**
电量	静库伦（富兰克林）	statcoulomb (Franklin)	statC (Fr)
电流	静库伦每秒		statC/s
电势 / 电压	静伏特	statvolt	statV
电阻	秒每厘米		s/cm
电容	厘米		cm
电导	厘米每秒		cm/s
自感	平方秒每厘米		s^2/cm
磁场强度	奥斯特	oersted	Oe
磁感应强度	高斯	gauss	G
磁通量	麦克斯韦	maxwell	Mx
放射性活度	卢瑟福	rutherford	Rd
	居里	curie	Ci
辐射暴露量	伦琴	roentgen	R
吸收剂量	拉德	rad	rad
等效剂量	人体伦琴当量	roentgen equivalent man	rem

推导关系	对应 SI 单位	SI 单位换算	注释
$cm^3/2g^1/2s^{-1}$	库伦（C）	3.33564×10^{-10} C	
$cm^3/2g^1/2s^{-2}$	安培（A）	3.33564×10^{-10} A	
$cm^1/2g^1/2s^{-1}$	伏特（V）	299.792458 V	
s/cm	欧姆（Ω）	8.98755×10^7 Ω	高斯单位制与国际单位制有完全不同的量纲，一般不能直接换算，这里的换算只表示两者在数值上的对应
cm	法拉（F）	1.11265×10^{-8} F	
cm/s	西门子（S）	1.11265×10^{-8} S	
s^2/cm	亨利（H）	8.98755×10^7 H	
$cm^{-1}/2g^1/2s^{-1}$	A/m	79.58 A/m	
$cm^{-1}/2g^1/2s^{-1}$	特斯拉（T）	10^{-4} T	可以与 SI 制直接换算
$cm^3/2g^1/2s^{-1}$	韦伯（Wb）	10^{-8} Wb	
$10^6\,s^{-1}$	贝克勒尔（Bq）	10^6 Bq	每秒有 100 万个原子核衰变时对应的放射性活度
$3.7 \times 10^{10}\,s^{-1}$		3.7×10^{10} Bq	以 1g 镭–226 为基准测量的放射活度
1 statC/0.001293 g	C/kg	2.58×10^{-4} C/kg	含义为标准温度和大气压下，使一定质量的空气电离产生一定电量的辐射剂量
100 erg · g^{-1}	格雷（Gy）	0.01 Gy	使一定质量的物质吸收一定能量的辐射剂量
100 erg · g^{-1}	西弗（Sv）	0.01 Sv	与吸收剂量同量纲，表示对生物体产生影响时的剂量